Robert A. Byers

dBASE IV
Programmierung für betriebswirtschaftliche Anwendungen

Robert A. Byers

dBASE IV
Programmierung für betriebswirtschaftliche Anwendungen

Bearbeitet und aktualisiert von
Joachim Drechsel

Springer Fachmedien Wiesbaden GmbH

Dieses Buch ist die deutsche Bearbeitung von

Robert A. Byers
dBASE III $PLUS_{TM}$ for Every Business

Übersetzung aus dem Amerikanischen
von Andreas Dripke und Angelika Schätzel, Wiesbaden.

Bearbeitung und Aktualisierung
von Joachim Drechsel, Frankfurt.

Das in diesem Buch enthaltene Programm-Material ist mit keiner Verpflichtung oder Garantie irgendeiner Art verbunden. Der Autor, die Übersetzer, der Bearbeiter und der Verlag übernehmen infolgedessen keine Verantwortung und werden keine daraus folgende oder sonstige Haftung übernehmen, die auf irgendeine Art aus der Benutzung dieses Programm-Materials oder Teilen davon entsteht.

Ursprünglich erschienen bei Vieweg & Sohn Verlagsgesellschaft mbH, Braunschweig 1989
Softcover reprint of the hardcover 1st edition 1989

Umschlaggestaltung: L. Markgraf, Wiesbaden
ISBN 978-3-322-92883-2 ISBN 978-3-322-92882-5 (eBook)
DOI 10.1007/978-3-322-92882-5

Additional material to this book can be downloaded from http://extras.springer.com.

Inhaltsverzeichnis

Einführung

Das Buch ist die erweiterte und aktualisierte Fassung des bekannten Titels *dBASE III PLUS - Kommerzielle Anwendungen.* Alle Programme, die auch auf der beiliegenden Diskette zur Verfügung stehen, laufen unter dBASE IV. Außerdem sind alle notwendigen Informationen zur neuen dBASE Version eingearbeitet, die insbesondere auch den Umsteigern auf dBASE IV von Nutzen sind.

Die Programme auf der beiliegenden Diskette wurden überarbeitet, um besonders das in dBASE IV neu eingeführte Menüsystem zur Geltung zu bringen. Dieses Menüsystem bildet eine neuartige Benutzerschnittstelle, aus der heraus alle Funktionen des Programmpakets zentral kontrolliert und abgerufen werden.

Dieses Buch wendet sich an dBASE IV-Programmierer und nicht an Erstbenutzer von dBASE IV. Sie sollten bereits Erfahrungen in dBASE IV oder einer der Vorgängerversionen besitzen oder aber anderweitige Programmierkenntnisse mitbringen.

Die Hauptaufgabe dieses Buches besteht in der Entwicklung eines Anwendungsprogrammes. Dabei soll die Bedeutung der dBASE IV Befehle im Zusammenhang aufgezeigt werden. Im Text werden die einzelnen Module erklärt. Die hier entwickelten Programme sind im vorliegenden Zustand im Geschäftsbereich nicht einsatzfähig, sie sind in erster Linie als Lehrmittel gedacht. Durch eine Anpassung und Erweiterung des Systems können sie aber durchaus die Grundlage für eine Geschäftsanwendung bilden. Sie werden bemerken, daß bestimmte Programme auch in anderem Zusammenhang eingesetzt werden können. Der Sinn und Zweck dieses Buches mit seinen Beispielen ist es, Ihnen die Verwendung aller wichtigen dBASE IV-Befehle zu zeigen. Sie sollen die optimale Nutzung der Leistungsmerkmale des dBASE IV erlernen.

Soweit möglich wurde versucht, auf eine gute Programmiertechnik und stilistische Feinheiten bei der Programmentwicklung einzugehen. Sie sollten diese Gelegenheit nutzen, sich einen guten Programmstil anzugewöhnen.

Das Buch ist in drei Abschnitte aufgeteilt. Die ersten drei Kapitel behandeln die Grundlagen von dBASE IV und bilden so eine breite Wissensbasis zur Benutzung des restlichen Buches. Das Buch kann "im Alleingang" benutzt werden, obwohl die Verwendung von Sekundärliteratur sicherlich hilfreich ist.

Der zweite Abschnitt besteht aus neun Kapiteln, die Lösungen zu häufig auftretenden Geschäftsproblematiken darstellen. Wir bauen damit die Grundlage für eine kommerziell nutzbare Software auf, die unter anderem die Kunden- und Inventarverwaltung sowie die Erstellung von Etiketten behandelt. Mit diesem Wissen wenden wir uns dann den dynamischen Problemen zu, die in Verbindung mit der Auftragsbearbeitung, Rechnungserstellung und Nachbestellung auftreten.

Die Programme des zweiten Abschnitts haben zwei Funktionen: Jedes für sich löst ein einfaches Problem des täglichen Geschäftslebens. Im Zusammenhang wird Ihnen die Programmiersprache dBASE IV nähergebracht. Der Leser wird durch die Programmierbeispiele vorbereitet. Der Hauptzweck der Programme besteht darin, dem Leser zu zeigen, wie ein spezielles Problem in dBASE IV gelöst werden kann. Das Softwaresystem stellt keinen Anspruch auf Vollständigkeit; es soll lediglich ein Modell für eine endgültige angepaßte Geschäftssoftware darstellen.

Text und Programme werden durch Bildschirm- und Beispielausdrucke erläutert. Die vollständigen Programme des Auftragsbearbeitungssystems finden Sie im Buch abgedruckt, wobei Namen (Variablen, Felder und Dateien) in Großbuchstaben erscheinen, während für den Rest Kleinschreibung gewählt wurde. Der Grund für die Wahl der Kleinbuchstaben für Befehle ist die bessere Lesbarkeit.

Der letzte Abschnitt besteht aus vier Kapiteln und behandelt Spezialthemen und Tricks.

Leser, die nicht mit dBASE oder anderen, heute gebräuchlichen Datenbanksystemen, vertraut sind, sollten Kapitel 1 besonders aufmerksam lesen. Kennen Sie sich in dBASE gut aus oder sind Sie *ein alter Hase*, können Sie diese Kapitel ganz überspringen.

Informationen zur Benutzung des Programms bzw. der Begleitdiskette finden Sie in Anhang E.

Teil 1

Grundlagen

Kapitel 1

Grundlagen von Datenbanken

Das Anlegen und Verwalten von Datenbeständen gehört zur alltäglichen Routine von Unternehmen und Behörden. Eine Schule führt beispielsweise Listen ihrer Lehrer und Schüler, ein Verein eine Mitgliederkartei, ein Rechtsanwalt eine Liste der Mandanten. Datenbanken werden heutzutage meist elektronisch gespeichert. Dazu wird ein Computer und ein *Datenbankverwaltungssystem* (DBMS *Database Management System*) wie zum Beispiel dBASE IV benötigt.

dBASE IV enthält auch eine Programmiersprache, mit der neue Datenverwaltungsprogramme geschrieben werden können. Die Datenverwaltung ist in dBASE IV wesentlich einfacher als dies mit anderen Programmiersprachen wie BASIC, FORTRAN oder COBOL der Fall ist.

Grundlegende Terminologie von dBASE IV

dBASE IV ist ein relationales Datenbanksystem. Relational bedeutet zunächst einmal, daß *Daten* in Form von Zeilen und Spalten gespeichert werden (siehe Bild 1.1). Eine Zeile besteht aus einem *Datensatz*, eine Spalte aus einem *Feld*. Die Spaltenbezeichnungen heißen *Feldnamen* und die Spaltenbreiten *Feldbreiten* oder *Feldlängen*. Die Art der gespeicherten Information ist der *Feldtyp*.

Jede Datenbank wird auf Diskette/Festplatte in einer Datei gespeichert. Die für die Dateinamen geltenden Regeln werden durch das Betriebssystem bestimmt.

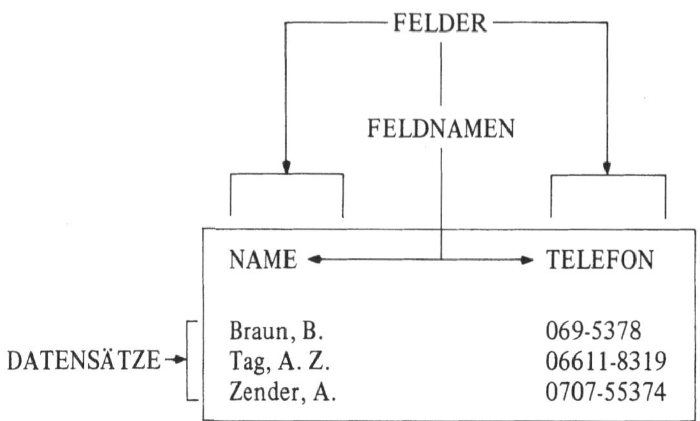

Bild 1.1 - Struktur einer Datenbank

Dateinamen

Dateinamen bestehen aus maximal acht Zeichen. Sie können Buchstaben, Zahlen und Unterstriche enthalten. Leerzeichen in der Mitte sind nicht erlaubt.

Gültige Dateinamen:	DATSATZ1 D_C_F ALPHA
Ungünstige/ungültige Dateinamen:	12A1 DAT SATZ J/F:3

Feldnamen

Die Regeln für die Feldnamen (Spaltenbezeichnungen) entsprechen weitgehend denen für Dateinamen. Feldnamen jedoch dürfen aus bis zu *zehn* Zeichen (Buchstaben, Ziffern oder Unterstrichen) bestehen. Sie müssen mit einem Buchstaben beginnen und dürfen keine Leerzeichen enthalten. In der Beispieldatenbank heißen die Feldnamen BESCHREIB, MENG, MINIMENG und STKPREIS.

Feldlänge

Die Feldlänge ist die Anzahl der Zeichen, die in eine Spalte eingegeben werden können.

Feldtyp

Der Feldtyp spezifiziert die Art der zu speichernden Daten in einem Feld. dBASE IV verfügt über fünf Feldtypen: Zeichen, Datum, logisch, Memo und numerisch.

Zeichenfelder: Diese Felder können Buchstaben, Ziffern, Leerzeichen und Sonderzeichen enthalten. Die meisten Felder einer Datenbank sind Zeichenfelder. Zeichenfelder können auch nur aus Ziffern bestehen (Beispiel: Postleitzahl), mit diesen Zahlen können dann aber keine Berechnungen ausgeführt werden. Zeichenfelder können bis zu 254 Zeichen breit sein.

Datumsfelder: In einem Datumsfeld kann nur ein Datum (in der Form *tt.mm.jj*) abgelegt werden. Datumsfelder werden von dBASE IV automatisch auf eine Feldlänge von acht Zeichen gesetzt.

Logikfelder: Logikfelder besitzen immer die Breite eines Zeichens. Diese Felder können nur *Wahr/Falsch-* bzw. *Ja/Nein-*Unterscheidungen speichern.

Memofelder: Diese Felder haben eine variable Länge und werden in erster Linie dazu verwendet, größere Texte wie Notizen, Briefe oder ähnliches zu speichern. Memofelder können bis zu 4096 Bytes lang sein. Ein Memofeld wird in einer *Datenbanktextdatei* gespeichert, also nicht in der normalen Datenbankdatei. Jedes Memofeld besitzt innerhalb der zugehörigen Datenbankdatei ein Feld von zehn Zeichen Breite. Diese zehn Zeichen (Bytes) enthalten einen *Zeiger* auf die Position der Textdaten in der Datenbanktextdatei (.DBT).

Numerische Felder: Diese Felder speichern Zahlen, die in Berechnungen verwendet werden können (Integer- oder Dezimalzahlen). Die Feldlänge muß der Zahl angepaßt sein und auch für das Dezimalzeichen Platz bieten. Ein Beispiel: Die Zahl 1.25 benötigt ein Feld mit mindestens vier Zeichen Länge (drei Ziffern und der Punkt).

Beziehungen zwischen Dateien

Oftmals sollen zwei oder mehr Datenbanken gleichzeitig verwendet werden. Ein Beispiel für die Verknüpfung von zwei Datenbanken ist in Bild 1.2 zu sehen. Die eine Datenbank enthält die Namen der Lehrer, die andere die Namen der Schüler. Beziehungen zwischen beiden Datenbanken können zum Beispiel über die Raumnummern hergestellt werden. Suchen Sie den Lehrer des Schülers *Martin Zimmer*; sehen Sie nach, in welchem Raum sich der Schüler befindet, und suchen diesen Raum in der Lehrerdatenbank. Der Lehrer von Martin muß im selben Raum sein. Dadurch verknüpfen Sie die Informationen einer Datei mit denen einer anderen.

Mehrerer Datenbankdateien lassen sich zu einer Datenbank verbinden.

Schüler	Raum	Klasse
Anderson, Angela	13	1
Mueller, Michael	26	1
Notmann, Pia	15	2
→ Zimmer, Martin	20	3

Lehrer	Raum	Klasse
Bertram, Berta	26	1
Newton, Katja	15	2
→ Platt, Dieter	20	3
Schuster, Rolf	13	1

Bild 1.2 - Beispiel einer relationalen Datenbank

Das grundlegende Vokabular

Mit *Befehlen* oder *Kommandos* können die Informationen einer Datenbank verändert, gelöscht, eingegeben oder selektiert werden. dBASE IV läßt sich als befehlsorientiertes oder (im ASSIST-Modus) als menügesteuertes System einsetzen. Die Befehle werden über die Tastatur eingegeben und gelangen unmittelbar zur Ausführung oder werden in *Kommandodateien* (*Programmen*) zusammengefaßt. Auf den folgenden Seiten finden Sie die meistbenutzten Befehle. Jeder Befehl ist ein Befehlsverb, dessen Bedeutung sich eng an den Sinn des englischen Wortes hält:

append	display	quit
average	edit	recall
browse	find	replace
change	index	report
copy	list	select
count	locate	sort
create	modify	store
delete	pack	sum
		use

Die meisten Befehlsverben können abgewandelt werden, so daß die geforderte Handlung genauer spezifiziert wird. Einige Beispiel dafür werden im folgenden dargestellt. Die vollständige Syntax der dBASE-Befehle ist in Anhang B zu finden.

Zur Erläuterung der Beispiele soll eine Datenbank mit den in Tabelle 1.1 gezeigten Informationen angelegt werden. Obwohl die Datenbank nur fünf Datensätze enthält, genügt sie zur Demonstration der aufgeführten Befehle. Datenbankbefehle verhalten sich bei großen Datenbanken genauso wie bei kleinen Datenbanken (abgesehen vom Zeitrahmen).

BESCHREIB	MENG	MINIMENG	STKPREIS
Perlenkette	6	6	100.99
Ring, Gold	4	6	59.00
Ring, Silber	8	5	34.50
Armband, Kupfer	5	3	9.90
Brosche, Silber	11	5	54.30

Tabelle 1.1 - Beispieldatenbank

Wie Sie dBASE IV in den Computer laden

Das Programm BASE IV ist in der Hauptdateie DBASE.EXE und mehreren Overlays enthalten. Weitere Dateien wie die beiden Helpdateien DBASE1.HLP und DBASE2.HLP oder ASSIST.DBS sind hilfreich, aber für den Programmlauf nicht unbedingt nötig.

Von besonderem Interesse sind die Dateien CONFIG.SYS und CONFIG.DB. CONFIG.SYS *muß* im Stammverzeichnis der Diskette/Platte vorhanden sein, von der der Computer gestartet wird. Die Datei wird beim Systemstart vom System gelesen, sie enthält mindestens zwei Anweisungen (siehe Tabelle 1.2). Zum Arbeiten mit dBASE IV ist die Datei CONFIG.SYS notwendig. DOS ist für gewöhnlich so konfiguriert, daß es acht Dateien zur Benutzung zuläßt. Vier davon werden für die Ein- und Ausgabe des Computers belegt. Die Datei CONFIG.DB dient der Anpassung von dBASE IV an spezielle Wünsche. CONFIG.DB wird in Anhang C ausführlich besprochen.

```
FILES = 20
BUFFERS = 15
```

Tabelle 1.2 - Die Datei CONFIG.SYS

Im Standardlaufwerk muß die Diskette mit den Overlaydateien liegen, damit dBASE IV arbeiten kann. DBASE.EXE kann sich in einem anderen Laufwerk befinden, weil das Programm, einmal geladen, im Speicher verbleibt (solange der Computer nicht ausgeschaltet wird). Die Diskette mit den Overlaydateien darf nicht aus dem Laufwerk entfernt werden. Generell ist die Arbeit mit dBASE IV nur mit einer Festplatte sinnvoll, dBASE IV benötigt wesentlich mehr Speicherplatz auf der Platte/Diskette als die vorherige Version dBASE III PLUS.

Zum Starten geben Sie hinter der Eingabeaufforderung (A> bzw. C>) *dbase* ein und betätigen die Return-Taste

```
A>dbase
```

oder

```
C>dbase
```

Beim Laden von dBASE IV werden auf dem Bildschirm die Lizenzvereinbarungen angezeigt. Anschließend meldet sich das Programm je nach Voreinstellung mit dem Befehlsmenü oder dem Punktzeichen (.) als Symbol zur Eingabeaufforderung.

Hinweis: Im folgenden wird nicht mit der Menüoberfläche, sondern im Direktmodus gearbeitet.

Wie Sie dBASE IV beenden

Zum Beenden von dBASE IV geben Sie *quit* ein und betätigen die Return-Taste:

```
.quit
```

Sie sollten dBASE IV *immer* mit dem Befehl *quit* verlassen. Dadurch werden alle offenen Dateien geschlossen und dBASE IV auf ordentlichem Weg verlassen. Der Versuch, das System auf andere Weise zu beenden (zum Beispiel durch Ausschalten des Computers), führt in der Regel zum Datenverlust.

Aufbau einer Datenbank

Zum Aufbau einer Datenbank geben Sie *create* ein. dBASE IV antwortet mit der Frage nach dem Namen der anzulegenden Datei.

```
.create
Geben Sie den neuen Dateiname ein: WARE
```

Die Eingabe eines gültigen Dateinamens bewirkt die Darstellung einer Dateneingabemaske auf dem Bildschirm. In der Maske können die Felder der Datenbank definiert werden. Die vollständige Bildschirmmaske der Beispieldatenbank WARE sehen Sie in Bild 1.3. Die Felddefinitionen stellen die *Struktur* der Datenbank dar.

Im oberen Bildschirmausschnitt werden die zur Eingabe benötigten Tasten angezeigt. Mit der Funktionstaste *F1* läßt sich dieser Hilfstext ein- und ausgeschalten.

Die Control-Taste Ctrl

Das Symbol ^ steht für die Control-Taste (*Ctrl*). Die Ctrl-Taste wird ähnlich den Umschalttasten verwendet, sie gibt vielen Tasten eine dritte Bedeutung. Die Ctrl-Taste ist gleichzeitig mit einer anderen Taste zu betätigen. ^U beispielsweise bedeutet, daß die Tasten Ctrl und U gleichzeitig zu betätigen sind. ^U löscht das Feld, auf dem der Cursor steht.

Zur Definition eines Feldes müssen Feldname, Typ und Länge eingegeben werden. Bei der Angabe des Feldtyps ist der erste Buchstabe des gewünschten Feldtyps (*C* für *Zeichen* (*character*), *D* für *Datum*, *L* für *Logik*, *M* für *Memo* und *N* für *Numerisch*) anzuschlagen. Die Anzahl der Dezimalstellen wird nur bei numerischen Feldern angegeben. Das Dezimalzeichen und die Nachkommastellen sind bei der Wahl der Feldlänge zu berücksichtigen.

Sind alle Felder der Struktur definiert, muß die Return-Taste betätigt werden, wenn die Eingabeaufforderung für das nächste Feld erscheint. Dadurch wird die Strukturdefinition abgeschlossen.

Layout Organize Append Go To Exit 1:48:25

Bytes remaining: 39

Num	Field Name	Field Type	Width	Dec	Index
1	BESCHREIB	Character	20		N
2	MENG	Numeric	3	0	N
3	MINIMENG	Numeric	3	0	N
4	STKPREIS	Numeric	7	2	N
5		Character			N

Database C:\vieweg\WARE Field 5/5

Enter the field name. Insert/Delete field:Ctrl N/Ctrl-U

Field names begin with a letter and may contain letters, digits and underscores

Bild 1.3 - Bildschirmmaske zum Anlegen einer Datenbank

dBASE IV fragt nun, ob Daten eingegeben werden sollen. Mit *J* wird die Dateneingabe gestartet. Das System befindet sich im *Append-Modus*, der auch durch Eingabe des Befehls *append* aktivierbar ist.

Benutzen einer Datenbank

Zum Aufruf einer Datenbank dient der Befehl *use*:

```
.use WARE
```

Der Befehl *use* öffnet die hinter dem Befehlswort spezifizierte Datenbank - in diesem Fall WARE.

Hinzufügen von Datensätzen

An eine bestehende Datenbank lassen sich mit dem Befehl *append* neue Sätze anhängen:

```
.append
```

Durch den Befehl wird eine neue Eingabemaske präsentiert, die für die Beispieldatenbank WARE folgendermaßen aussieht:

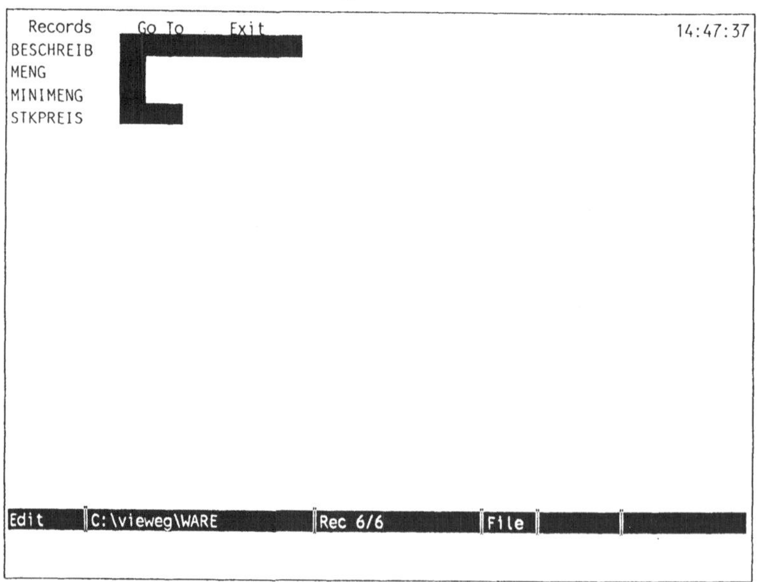

Bild 1.4 - Dateneingabebildschirm

append: Nachdem Sie *append* eingegeben haben, bleibt der Cursor am Anfang des ersten Feldes (BESCHREIB) eines neuen Datensatzes stehen. Es kann unmittelbar mit der Eingabe begonnen werden. Der Cursor kann sich dabei nur in dem in invertierter Darstellung angezeigten Feld bewegen. Innerhalb eines Datensatzes steuern Sie den Schreibpunkt mit den Cursortasten (Pfeiltasten). Um in einen vorherliegenen Datensatz zu springen, wird die *PgUp*-Taste verwendet, zum gerade bearbeiteten Datensatz gelangt man dann wieder mit *PgDn*. Die Funktionstaste *F1* schaltet das Hilfsmenü ein und aus.

Nach der vollständigen Eingabe eines Datensatzes (letztes Feld mit *Return* abgeschlossen) wird der Datensatz aus der Bildschirmanzeige gelöscht und die leere Eingabemaske erneut dargestellt. Jeder neu eingegebene Datensatz erhält eine *Datensatznummer*. Zum Verlassen des *append*-Modus wird die *Return*-Taste angeschlagen, wenn auf dem Bildschirm die leere Eingabemaske erscheint. Geben Sie die Daten der Tabelle 1.1 ein.

Verändern der Datenbank

In einer Datenbank können einzelne Datensätze verändert werden. Aber auch die gesamte Struktur einer Datenbank läßt sich mit dem Befehl *modify structure* modifizieren. Der Befehl ruft die Eingabemaske auf, die schon bei der Beschreibung des Befehls *create* (siehe Bild 1.4) gezeigt wurde. Mit *modify structure* können Felddefinitionen verändert und Felder hinzugefügt oder gelöscht werden. Bei Veränderungen von Feldnamen sollten nicht gleichzeitig Felder hinzugefügt oder gelöscht werden.

modify structure: Mit dem Befehl läßt sich eine Kopie der Datenbankstruktur im Speicher erstellen. Nach der Veränderung werden die Daten der alten Struktur in die neue Datenbank übernommen. Die Namenerweiterung der Datenbank mit der Ursprungsstruktur wird zu .BAK. Auf der Diskette/Platte muß genügend freier Speicherplatz zur Aufnahme beider Datenbanken vorhanden sein, andernfalls erscheint eine Fehlermeldung.

Verändern des Datensatzinhaltes

```
.edit 4
```

Wie im *append*-Modus bewegen die Pfeiltasten den Cursor in dem in inverser Darstellung erscheinenden Feld. Die Taste *PgUp* läßt den Schreibpunkt (Cursor) einen Datensatz zurückspringen, mit *PgDn* wird der Schreibpunkt einen Datensatz vorwärts bewegt. Das Hilfsmenü läßt sich mit der Funktionstaste *F1* sowohl einblenden als auch ausblenden.

change: Die Befehle *change* und *edit* verhalten sich gleichartig. In beiden Fällen ist die Spezifikation bestimmter Datensätze und Felder zugelassen. Der nächste Befehl editiert alle Datensätze, deren Feld BESCHREIB mit *Ring* beginnt:

```
.change for BESCHREIB = "Ring"
```

Das Wort *Ring* steht in Anführungszeichen. In diesem Zusammenhang werden Anführungszeichen als *Begrenzungen* verwendet. Begrenzungen (*delimiter*) müssen verwendet werden, wenn Zeichenketten (Strings) in Befehlen erscheinen. Auch Hochkommata und eckige Klammern lassen sich als Begrenzungen verwenden. Wichtig ist, daß dasselbe Zeichen zu Beginn und zum Ende des Strings erscheint (zum Beispiel immer Anführungszeichen).

browse: Mit dem Befehl *browse* kann über den gesamten Bildschirm editiert werden. Die Anzeige von Daten ist hier mit dem Editiervorgang verbunden. Bild 1.5 zeigt die Anwendung des Befehls auf die Datenbank WARE.

```
Records    Fields    Go To    Exit                          14:46:32

BESCHREIB           MENG  MINIMENG  STKPREIS

Perlenkette            6         6    100.99
Ring, Gold             4         6     59.00
Ring, Silber           8         5     34.50
Armband, Kupfer        5         3      9.90
Brosche, Silber       11         5     54.30

Browse  C:\vieweg\WARE        Rec 1/5      File

                        View and edit fields
```

Bild 1.5 - Verwendung von BROWSE mit der Datenbank WARE.

Der aktuelle Datensatz wird durch inverse Darstellung markiert. Der Inhalt kann durch Überschreiben geändert werden. Mit den Tasten *Cursor Nach Oben* bzw. *Nach Unten* lassen sich neue Datensätze auf den Bildschirm holen. Die Tasten *PgUp* und *PgDn* dienen dem Blättern. Das Hilfsmenü zeigt die verschiedenen Optionen, die dem Benutzer zur Verfügung stehen. Ein- und Ausblenden des Hilfsmenüs ist mit der Funktionstaste *F1* möglich.

replace: Mit *replace* können die Inhalte spezifizierter Felder und Datensätze verändert werden. Um den Inhalt von STKPREIS um 10 Prozent heraufzusetzen kann folgendes Kommando verwendet werden:

```
.replace all STKPREIS with STKPREIS *1.1
```

Das Multiplikationszeichen in dBASE ist der Asterisk (Stern).

Auflisten von Daten

Die Befehle *list* und *display* dienen der Datenausgabe. *list* zeigt alle Datensätze der Datenbank an, während der Befehl *display* nur den aktuellen Datensatz darstellt. Um alle Datensätze mit Hilfe des Befehls *display* einsehen zu können, wird der Befehl *display all*, wie in Bild 1.6 gezeigt, verwendet. Ist eine Bildschirmseite gefüllt, wird die Ausgabe unterbrochen; die Fortsetzung ist durch Betätigen einer beliebigen Taste möglich. Dieser Vorgang wiederholt sich, bis alle Datensätze auf dem Bildschirm abgebildet wurden.

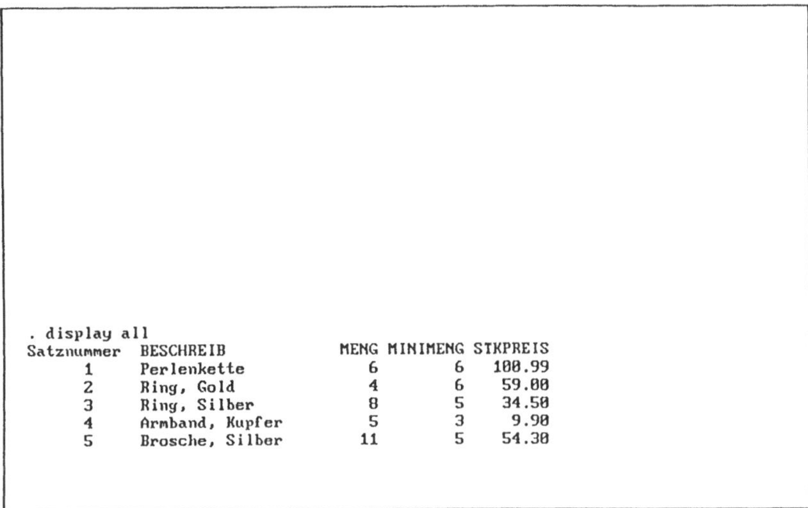

```
. display all
Satznummer  BESCHREIB               MENG MINIMENG STKPREIS
      1     Perlenkette                6        6   100.99
      2     Ring, Gold                 4        6    59.00
      3     Ring, Silber               8        5    34.50
      4     Armband, Kupfer            5        3     9.90
      5     Brosche, Silber           11        5    54.30
```

Bild 1.6 - Beispiel der Ausgabe mit DISPLAY ALL

Das Wort *for* dient der Spezifikation bestimmter Datensätze. In Bild 1.7 wird gezeigt, wie mit *for* Datensätze für die Anzeige ausgewählt werden. Im ersten Beispiel werden alle Datensätze herausgesucht, deren Feld BESCHREIB mit *Ring* beginnt. Die Bedingung BESCHREIB = "Ring" wird für *jeden* Datensatz der Datenbank geprüft. Nur die Datensätze, bei denen die Bedingung erfüllt ist, kommen zur Anzeige. Im zweiten Beispiel werden alle Datensätze herausgefiltert, bei denen der Inhalt des Feldes MENG kleiner ist als der Inhalt von MINIMENG.

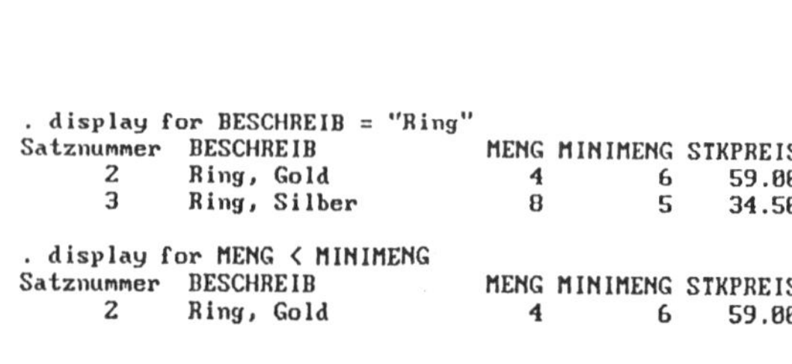

```
. display for BESCHREIB = "Ring"
Satznummer  BESCHREIB              MENG MINIMENG STKPREIS
       2    Ring, Gold                4        6    59.00
       3    Ring, Silber              8        5    34.50

. display for MENG < MINIMENG
Satznummer  BESCHREIB              MENG MINIMENG STKPREIS
       2    Ring, Gold                4        6    59.00
```

Bild 1.7 - Beispiel zur Verwendung von FOR

Es können auch nur ausgewählte Felder oder Ausdrücke angezeigt werden. In Bild 1.8 ist das Ergebnis einer Operation zu sehen, die als Operanden zwei Felder erfordert. Der Inhalt des Feldes MENG wird mit dem Inhalt des Feldes STKPREIS multipliziert. Ein Ausdruck kann aus Feldern, Konstanten und Operationen mit Feldern bestehen.

```
.display all BESCHREIB,STKPREIS*MENG
```

In Bild 1.9 ist das Ergebnis des Befehls *display structure* (angewendet auf die Datenbank WARE) zu sehen. Das in der Struktur erkennbare Datum bezeichnet den Tag, an dem die Datenbank letztmalig verändert wurde. Beachten Sie, daß die Datensatzlänge um ein Zeichen größer ist als die Summe der Feldlängen. dBASE IV verwendet ein Byte als Löschmarke.

```
. display all BESCHREIB, STKPREIS * MENG
Satznummer  BESCHREIB             STKPREIS * MENG
      1     Perlenkette                    605.94
      2     Ring, Gold                     236.00
      3     Ring, Silber                   276.00
      4     Armband, Kupfer                 49.50
      5     Brosche, Silber                597.30
.
```

Bild 1.8 - Anzeige ausgewählter Felder

Löschen von Datensätzen

Das Löschen von Datensätzen geschieht in zwei Schritten. Zunächst wird der betreffende Datensatz mit dem Befehl *delete* als zu löschend gekennzeichnet. Der Befehl fügt ein Asteriskzeichen (*) an den Anfang (erstes Byte) des zu löschenden Datensatzes an. Diese gekennzeichneten Datensätze werden mit dem Befehl *pack* aus der Datenbank entfernt. Die verbleibenden Datensätze werden mit *pack* zusammengeschoben. Die durch *delete* gesetzte Löschmarkierung kann durch den Befehl *recall* widerrufen werden. Im folgenden einige Beispiele zur Verwendung von *delete:*

```
.delete
.delete next 3
.delete for BESCHREIB='Ring'
```

Nachstehend Beispiele zum Befehl *recall*:

```
.recall
.recall next 3
.recall for BESCHREIB='Ring'
.recall all
```

```
. display structure
Datenbankstruktur      : C:WARE.dbf
Anzahl der Datensätze :      5
Letztes Änderungsdatum: 21.08.87
Feld   Feldname    Typ         Länge  Dez
    1  BESCHREIB   Zeichen       20
    2  MENG        Numerisch      3
    3  MINIMENG    Numerisch      3
    4  STKPREIS    Numerisch      7     2
** Gesamt **                     34
```

Bild 1.9 - Die Struktur der Datenbank WARE

Der Vorgang des Datensatzlöschens ist in Bild 1.10 zu sehen. Beachten Sie, daß die Datensätze 4 und 5 durch die Operation *pack* zu Datensätzen 3 und 4 werden.

Kopieren einer Datenbank oder Teilen davon

Mit dem Befehl *copy* lassen sich bestimmte Felder oder Datensätze spezifizieren, erfolgt keine Angabe im Befehl, wird die gesamte Datenbank kopiert. Das Beispiel soll die Verwendung des Befehls *copy* verdeutlichen. Die Datenbank WARE wird in die neue Datenbank DEMO kopiert.

```
. list
Satznummer  BESCHREIB            MENG MINIMENG STKPREIS
     1      Perlenkette           6        6   100.99
     2      Ring, Gold            4        6    59.00
     3      Ring, Silber          8        5    34.50
     4      Armband, Kupfer       5        3     9.90
     5      Brosche, Silber      11        5    54.30

. delete record 3
     1 Satz gelöscht
. pack
     4 Sätze kopiert
. list
Satznummer  BESCHREIB            MENG MINIMENG STKPREIS
     1      Perlenkette           6        6   100.99
     2      Ring, Gold            4        6    59.00
     3      Armband, Kupfer       5        3     9.90
     4      Brosche, Silber      11        5    54.30
```

Bild 1.10 - Kennzeichnen und Löschen von Datensätzen

```
.copy to DEMO
.copy fields BESCHREIB, MENG to DEMO
.copy next 5 to DEMO
.copy for BESCHREIB='Ring'to DEMO
```

Der Befehl *copy* erlaubt auch das Kopieren einer Datenbankstruktur. Die Befehlssyntax dazu lautet *copy structure*:

```
.copy structure to DEMO
.copy structure fields BESCHREIB, MENG to DEMO
```

Herauslösen einzelner Bestandteile

Mit den Befehlen *average*, *count* und *sum* lassen sich der Datenbank bestimmte Informationen entnehmen. Der Befehl *average* bildet den Mittelwert:

```
.average MENG
.average MENG,MENG*STKPREIS
.average MENG,MENG*STKPREIS for BESCHREIB="Ring"
```

Der Befehl *count* zeigt die Anzahl der Datensätze an, die eine bestimmte Bedingung erfüllen.

```
.count
.count for BESCHREIB ="Ring"
```

Der Befehl *sum* addiert die Inhalte von Feldern (oder Ausdrücken, die sich auf Felder beziehen).

```
.sum MENG
.sum MENG, MENG*STKPREIS
.sum MENG, MENG*STKPREIS for BESCHREIB="Ring"
```

Sortieren und Indizieren

Zur Veränderung der Datensatzreihenfolge stehen folgende Befehle zur Verfügung: *sort* und *index*. Die Befehle können die Datenbank nach alphabetischen, chronologischen oder numerischen Kriterien sortieren.

sort: Der Befehl *sort* legt eine Kopie der Datenbank an. Die Datensätze der kopierten Datei werden gemäß dem Inhalt des spezifizierten Feldes sortiert. Die Sortierung kann in abnehmender oder ansteigender Reihenfolge erfolgen. Der Befehl *sort* kann für jedes Schlüsselfeld unabhängig festgelegt werden. Ein Beispiel: Die Datenbank WARE soll nach dem Inhalt des Feldes BESCHREIB sortiert werden. Das Ergebnis sehen Sie in Bild 1.11.

Die Datensatznummern werden beim Sortiervorgang neu zugeordnet. Die physikalische Reihenfolge der Datensätze entspricht der des logischen Ordnungskriteriums (alphabetisch, chronologisch oder numerisch) des Schlüsselfeldes.

index: Beim Indizieren wird eine neue Datei angelegt, die *Indexdatei* genannt wird. Die Indexdatei ist keine Kopie der Datenbankdatei. Wird eine Indexdatei mit einer Datenbank zusammen verwendet, scheinen die Datensätze der Indexdatei sortiert zu sein. Die Datensätze sind in einer logischen Reihenfolge verkettet. In Bild 1.12 wird die Datenbank mit dem Schlüsselfeld BESCHREIB indiziert dargestellt. Die Datensätze erscheinen nach Alphabet sortiert, die Datensatznummern weisen aber keine sequentielle Reihenfolge auf. Die Datenbank ist nicht verändert worden, lediglich die Indexdatei ist sortiert.

```
. sort on BESCHREIB to DEMO
  100% sortiert       4 Sätze sortiert
. use DEMO
. list
Satznummer  BESCHREIB                 MENG MINIMENG STKPREIS
       1    Armband, Kupfer              5        3     9.90
       2    Brosche, Silber             11        5    54.30
       3    Perlenkette                  6        6   100.99
       4    Ring, Gold                   4        6    59.00
```

Bild 1.11 - Beispiel zum Befehl SORT

Solange eine Indexdatei benutzt wird, erfolgt der Zugriff auf die Datenbank über den Index. Datensätze werden in der durch die Indizierung festgelegten Reihenfolge gesucht, nicht nach Datensatznummern. Einige Datenbankoperationen arbeiten mit indizierten Datenbanken langsamer als ohne Index.

Indizieren weist gegenüber dem Sortieren eine Reihe von Vorteilen auf. Es kann mit mehreren Indizierungen einer Datenbank zu gleicher Zeit gearbeitet werden. Alle Indexdateien werden automatisch angeglichen, wenn die Mutterdatenbank verändert wird (zum Beispiel Hinzufügen, Löschen oder Editieren eines Datensatzes). Die Datensätze können in der gewünschten Reihenfolge verwendet werden, indem die entsprechende Indexdatei gewählt wird. Die Verwendung einer Indexdatei bietet die Möglichkeit, direkt über den Indexschlüssel auf die Datei zuzugreifen.

Bestehende Indexdateien zu einer Datenbank können bei der Aktivierung der Datenbank mit dem Befehl *use* spezifiziert werden:

```
.use WARE index BESCHR,MENGE,...
```

Mehrere Indexdateinamen werden durch Kommata getrennt. Der kontrollierende Index ist der erste der Liste.

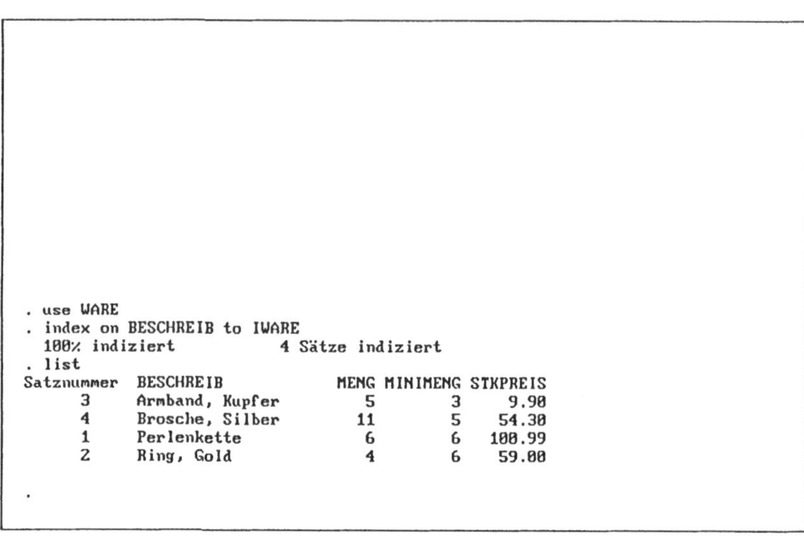

```
. use WARE
. index on BESCHREIB to IWARE
  100% indiziert            4 Sätze indiziert
. list
Satznummer  BESCHREIB              MENG MINIMENG STKPREIS
       3    Armband, Kupfer          5        3     9.90
       4    Brosche, Silber         11        5    54.30
       1    Perlenkette              6        6   100.99
       2    Ring, Gold               4        6    59.00

.
```

Bild 1.12 - Die Verwendung des Befehls INDEX

Finden von Datensätzen

Die Befehle *locate* und *find* dienen dem Heraussuchen von bestimmten Datensätzen. *locate* ist der umfassendere Befehl; er kann mit einem beliebigen Feld oder einer Feldverknüpfung verwendet werden. Der Befehl *find* kann einen Datensatz nur anhand des Schlüsselindexes finden.

```
.find for BESCHREIB="KETTE"
```

Der Befehl *locate* beginnt die Suche am Datenbankbeginn. Alle Datensätze werden auf das Suchkriterium hin untersucht, bis die gesuchte Spezifikation gefunden wurde. Die Datensätze werden in der gegebenen Reihenfolge (physikalisch oder logisch) durchsucht, was unter Umständen sehr zeitintensiv sein kann.

```
.find KETTE
```

Mit *find* wird die Indexdatei nach der unmittelbar hinter dem Befehlswort spezifizierten Zeichenfolge durchsucht. Die Zeichenkette ist nicht in Begrenzungszeichen (zum Beispiel Anführungszeichen) einzuschließen. Die Indexsuche arbeitet nach dem Prinzip der sog. *Binärsuche*, wodurch eine hohe Ablaufgeschwindigkeit erzielt wird.

Berichte erstellen

Der Befehl *report* bietet die Möglichkeit zur Erstellung von Berichtsformaten, die mit den Daten einer Datenbank aufgefüllt werden. Ein Beispiel ist in Bild 1.13 zu sehen. Das Format wird anhand einfacher Fragen bezüglich Format und Inhalt erstellt.

```
Seite     1
22.08.87


                              Beispielbericht

Artikel                 Lagerbestand Minimal-    Preis      Lager-
                                     bestand                  wert


Perlenkette                        6       6  100.99        605.94
Ring, Gold                         4       6   59.00        236.00
Armband, Kupfer                    5       3    9.90         49.50
Brosche, Silber                   11       5   54.30        597.30
*** Gesamt ***
                                  26                       1488.74
```

Bild 1.13 - Beispiel für einen dBASE-Bericht

Berichtsformate werden durch den Befehl *create report* erzeugt. Die Gliederung des Reports und der Inhalt der auszufüllenden Felder wird durch ein Menüsystem eingegeben, dabei wird die bezogene Datenbank formatiert ausgegeben. Innerhalb eines Reports kann die Datenbank in *Gruppen* aufgeteilt und ausgewertet werden. Die Auswertung einer Datenbank durch den Befehl *report from* kann also sowohl gruppen- als auch spaltenorientiert arbeiten.

Zur Gruppenfestlegung wird meist ein gemeinsames Schlüsselfeld verwendet, so zum Beispiel ein Feld, das sowieso einzelne Gruppen von Daten kennzeichnet.

Zur Spaltenfestlegung gehören Inhalt, Name und Breite der Spalte. Bei numerischen Feldern kann auch die Anzahl der anzuzeigenden Nachkommastellen angegeben werden. Zur Ausgabe eines Berichts auf Drucker dient das Kommando

```
.report form dateiname to print
```

Die Verwendung mehrerer Datenbankdateien

dBASE IV erlaubt die Benutzung von bis zu zehn Datenbankdateien gleichzeitig. Für jede Datenbank wird ein Arbeitsbereich benötigt. Die Arbeitsbereiche werden mit den Zahlen *1* bis *10* oder den Buchstaben *A* bis *J* bezeichnet. In einem Arbeitsbereich kann nur eine Datenbank geöffnet sein. Sollen die beiden Datenbanken SCHULE und LEHRER zur gleichen Zeit geöffnet vorliegen, müssen die folgenden Befehle eingegeben werden:

```
.select 1
.use LEHRER
.select 2
.use SCHULE
.select LEHRER
.select 2
```

Mit *select* erfolgt die Auswahl der Arbeitsbereiche, mit *use* die Öffnung der Datenbanken. Die Arbeitsbereiche können über den Datenbanknamen oder die Bereichsbezeichnung angesprochen werden. Jeder Arbeitsbereich verfügt über einen eigenen Datensatzzeiger. Dadurch bleibt der Status einer Datenbank erhalten, wenn der Arbeitsbereich gewechselt wird.

dBASE IV als Programmiersprache

Mit dBASE IV kann sowohl objekt- als auch prozedurorientiert gearbeitet werden. Objektorientiert bedeutet, daß im Unterschied zu Sprachen wie BASIC, PL/1, FORTRAN oder COBOL in dBASE IV lediglich spezifiziert werden muß, *was* getan werden soll, nicht *wie* es zu tun ist. Obwohl die Befehle in dBASE objektorientiert sind, können sie zu Prozeduren (Programmen) zusammengestellt werden. Wie PL/1 und Pascal ist dBASE IV eine strukturierte Programmiersprache.

dBASE IV ist eine interpretierende Sprache, das heißt, die Befehle werden bei jedem Aufruf neu gelesen und interpretiert. Der Vorteil des dBASE-Interpreters: Programme können sofort nach der Eingabe oder Fehlernachbesserung ausprobiert werden. Bei kompilierenden Sprachen muß das fertige Programm erst kompiliert, das heißt, in Maschinensprache übersetzt, werden. Der Mikroprozessor arbeitet das kompilierte Programm ab. Der Kompiliervorgang ist auch zum Austesten von Programmen oder Programmteilen erforderlich. Interpretierende Sprachen sind daher für Softwareentwickler komfortabler als kompilierende. Andererseits sind kompilierte Programme bei der Ausführung schneller.

Geschichtlicher Überblick über dBASE IV

Die Entwicklung von dBASE IV kann bis in die 60er Jahre zurückgeführt werden. Damals gab es ein Informationssystem namens RETRIEVE, das von der *Tymshare Corporation* vermarktet wurde. Das *Jet Propulsion Laboratory* in Pasadena, Kalifornien, benutzte RETRIEVE, bis in den späten 60er Jahren drei Rechner vom Typ UNIVAC 1108 angeschafft wurden, auf denen RETRIEVE nicht lauffähig war. Jeb Long sollte ein Programm für UNIVAC-Computer entwickeln, das die gleichen Funktionen wie RETRIEVE enthielt. Das von Long entwickelte System erhielt den Namen JPLDIS. Das Programm wurde die nächsten Jahre über weiterentwickelt, und sogar heute arbeiten noch viele UNIVAC-Computer der 1100er-Klasse damit.

Ratliff, der über einen Vertrag mit der Martin Marietta Corporation am JPL Viking-Marsprojekt gearbeitet hatte, interessierte sich für ein Datenbanksystem auf Mikrocomputern. Er entwickelte ein System, daß aus Benutzersicht JPLDIS ähnelte.

Ratliff brachte eine Mikrocomputerversion unter dem Namen *Vulcan* auf den Markt. Das System wurde entwickelt und verfeinert, der Absatz blieb aber gering; bis 1980 hatten sich nur 60 Abnehmer gefunden. Durch eine Anzeige in der Zeitschrift *Byte* aufmerksam geworden, stiegen die Unternehmer Georg Tate und Hal Lashley in Rattliffs Geschäft ein. Das Datenbankverwaltungssystem Vulcan erhielt einen neuen Namen - dBASE II. Zur Vermarktung wurde eine neue Gesellschaft gegründet - Ashton-Tate.

dBASE II erfreute sich zunehmender Beliebtheit auf dem Markt. Es war ein Produkt, das auf dem 8-bit-Betriebssystem CP/M basierte. Ratliff entwickelte aber in kurzer Zeit auch eine 16-bit-Version von dBASE II. Weitere Mitarbeiter des JPL schlossen sich Ashton-Tate an. So blühte das Unternehmen auf und sorgte für die Entwicklung einer neuen dBASE-Generation: dBASE III und dBASE III PLUS und die neueste Version dBASE IV.

Kapitel 2

Überblick über die Leistungsmerkmale von dBASE IV

dBASE IV verwendet bis zu elf verschiedene Dateiarten, die durch unterschiedliche Dateinamenerweiterungen gekennzeichnet sind:

Dateibezeichnung	Dateinamenerweiterung
Datenbank	.DBF
Datenbankmemo	.DBT
Bildschirmformat	.SCR
Format	.FMT
Filter	.QRY
View	.VUE
Index	.NDX
Multiple Indexdatei	.MDX
Etikettenformat	.LBL
Speichervariablen	.MEM
Programm	.PRG
Berichtsformat	.FRM
Text	.TXT
Sicherheitskopie	.BAK

Dateien haben in dBASE IV einen Namen aus bis zu acht Zeichen und eine Dateinamenerweiterung aus drei Zeichen, die von dBASE IV bereitgestellt wird. Name und Namenerweiterung sind durch einen Punkt getrennt. Der Dateiname darf Buchstaben, Ziffern und Unterstreichungszeichen (_) enthalten. Das erste Zeichen muß ein Buchstabe sein.

Zum Öffnen der Datenbank BEISPIEL.DBF genügt folgender Befehl:

```
.use BEISPIEL
```

Die Erweiterung (in diesem Fall .DBF) wird von dBASE IV wie bei anderen Kommandos auch automatisch angehängt.

Der Benutzer kann die von dBASE IV bereitgestellten Dateinamenerweiterungen überschreiben. In diesem Fall muß der vollständige Dateiname einschließlich Erweiterung eingegeben werden. Ein Beispiel: Die Datenbank BEISPIEL.88 ist mit nachstehendem Kommando zu aktivieren:

```
.use BEISPIEL.88
```

Die grundlegenden Dateiarten sind im folgenden dargestellt.

Datenbankdateien (.DBF)

Datenbankdateien werden in Tabellen mit Zeilen und Spalten gespeichert. In Bild 2.1 wird das verdeutlicht. Eine Zeile entspricht einem Datensatz, eine Spalte einem Feld. Die Bezeichnungen der Spalten sind die Feldnamen. Die Breite einer Spalte entspricht der Feldlänge. Die Art der gespeicherten Information eines Feldes entspricht dem Feldtyp.

Eine Datenbank kann bis zu einer Milliarde Datensätze oder zwei Milliarden Bytes enthalten. Ein Datensatz darf aus maximal 256 Feldern mit insgesamt 4000 Bytes bestehen. Jeder Datensatz erhält bei der Zuweisung zu einer Datenbank eine Datensatznummer.

NAME	TELEFON
Braun, B.	069-5378
Tag, A.Z.	06611-8319
Zender,A.	0707-55374

Bild 2.1 - Speicherung einer Datenbank in Zeilen und Spalten

Multiple Indexdateien (.MDX)

Die Indices von maximal 47 Feldern einer Datenbank können zu einer multiplen Indexdatei zusammengefasst werden. Diese multiplen Indexdateien werden automatisch zusammen mit der zugehörigen Datenbank verwaltet und bei der Ersterstellung (z.B mit *create*) erzeugt.

Memodateien (.DBT)

Eine Memodatei ist eine Hilfsdatei für eine Datenbankdatei gleichen Namens. Die Namenerweiterung *muß* .DBT und der Name gleich dem der Datenbank sein. Die Datei wird angelegt, wenn eine Datenbank ein Memofeld besitzt. Memodateien nehmen die Inhalte der Memofelder auf.

Indexdateien (.NDX)

Indexdateien erlauben es, Datensätze in der alphabetischen, numerischen oder chronologischen Reihenfolge eines Schlüssels zu verwenden, ohne die physikalische Anordnung der Sätze zu verändern. Der Zugriff erfolgt hier über das Schlüsselfeld.

Der Schlüssel ist auf 100 Zeichen begrenzt, er kann aus einem oder mehreren Feldern bestehen. Je länger der Schlüssel ist, desto langsamer arbeiten Suchbefehle, die den Index nutzen. Für die Erstellung einer Indexdatei zur Datenbank KUNDE mit dem Feld NAME als Schlüssel ist folgendes einzugeben:

```
.index on NAME to KUNDNAME
```

Der Befehl zur Öffnung der Datenbank KUNDE mit den Indexdateien KUNDNAME und PLZ lautet

```
.use KUNDE index KUNDNAME,PLZ
```

Es können bis zu sieben Indexdateien pro aktivierter Datenbank gleichzeitig verwendet werden. Die im Kommando *use* als erstes genannte Indexdatei kontrolliert den Datenbankzugriff, das heißt, die logische Reihenfolge der Datensätze. Die offenen Indexdateien werden bei Änderungen in der Datenbank automatisch aktualisiert.

Programmdateien (.PRG)

Programmdateien dienen der Aufnahme gültiger dBASE-Programmcodes im ASCII-Format (Codes 0 bis 127). Eine ASCII-Tabelle finden Sie in Anhang A. Programmdateien können mit Hilfe der dBASE-internen Textverarbeitungssoftware angelegt und verändert werden (*modify command*). Es kann aber auch jedes andere Textverarbeitungsprogramm genutzt werden, das ASCII-Dateien erzeugen kann.

Berichtsformatdateien (.FRM)

Diese Dateien werden mit dem Befehl *report* zur Formatierung von Berichten verwendet. Mit dem Befehl *create report* wird eine Formatmaske angelegt, für Veränderungen steht *modify report* zur Verfügung. Im Gegensatz zu dBASE-Programmdateien liegen die Berichtsformatdateien nicht in ASCII-Form vor und können daher auch nicht mit einem Textverarbeitungssystem geändert werden.

Etikettenformatdateien (.LBL)

Etikettenformatdateien werden zusammen mit dem Befehl *label* zum Bedrucken von Etiketten verwendet. Analog zur Syntax für Berichtsformate dienen die Befehle *create label* und *modify label* zum Anlegen und Modifizieren der Etikettenformatdateien. Die Dateien liegen nicht im ASCII-Format vor.

Bildschirmformatdateien (.SCR)

Mit den Kommandos *create screen* und *modify screen* läßt sich ein seitenorientierter, menügesteuerter Editor aufrufen, der die Definition von Eingabemasken erlaubt.

Formatdateien (.FMT)

Formatdateien können als Nebenprodukt von Bildschirmformatdateien (*modify screen*) oder separat in einem Texteditor (*modify command*) erstellt werden. Die Dateien enthalten Eingabemasken. Beim Aufruf von *modify command* muß die Dateinamenerweiterung explizit spezifiziert werden:

```
.modify command dateiname.FMT
```

Textdateien (.TXT)

Textdateien lassen sich zum Datenaustausch mit anderen Programmen verwenden. Sie werden mit dem Kommando *copy* erzeugt und können mit *append* in eine Datenbank eingelesen werden.

Filterdateien (.QRY)

In Filterdateien lassen sich Datensatz- oder Datenfeldfilter ablegen, die auf eine Datenbank "aufgesetzt" werden können. Durch den Filter werden nur die Informationen durchgelassen, die die festgelegten Bedingungen erfüllen. Die Erstellung von Filterdateien erfolgt mit dem Kommando *modify query*.

Speichervariablendateien (.MEM)

Die Dateien dienen der Aufnahme von Variablen nebst Inhalten. Mit dem Befehl *save* werden Speicherdateien angelegt. Der Inhalt einer Speicherdatei kann mit *restore* in den Hauptspeicher eingelesen werden. Speicherdateien sind keine ASCII-Dateien.

Variablen

Variablen bieten die Möglichkeit zur Datenspeicherung außerhalb der Datenbanken. Die Variableninhalte werden im Hauptspeicher des Computers abgelegt. Beim Beenden der Arbeit mit dBASE IV gehen die Variablen verloren, sofern sie nicht in einer Speicherdatei mit der Erweiterung .MEM abgelegt wurden.

Eine Variable wird durch eine Zuweisung erzeugt. Nachstehend wird der Variablen *X* durch jede der beiden Anweisungen der Wert *3* zugewiesen:

```
.X = 3
.store 3 to X
```

Es gibt vier Variablenarten, die den Feldtypen entsprechen: *Zeichen-*, *Datums-*, *logische* und *numerische* Variablen.

Die Variablennamen können aus bis zu zehn Buchstaben, Ziffern und Unterstrichen bestehen, müssen aber mit einem Buchstaben beginnen. Tragen eine Variable und ein Datenbankfeld denselben Namen, besitzt das Feld den Vorrang. In diesem Fall kann die Variable mit M-> explizit angesprochen werden. Existieren zum Beispiel das Feld NAME und die Variable NAME, ist die Variable mit folgender Anweisung erreichbar:

```
M->NAME
```

Empfehlenswerter ist es, für Variablen und Felder grundsätzlich unterschiedliche Namen zu verwenden. Beispielsweise kann man alle Variablennamen mit dem Buchstaben *V* beginnen lassen, während man bei Feldern alle Buchstaben außer *V* verwendet.

Variablen können entweder PUBLIC (*global*) oder PRIVATE (*lokal*) sein. Im Direktmodus eingegebene Variablen sind immer global. Variablen, die in einem Programm erzeugt werden, sind lokal und damit nur im Programmbereich verfügbar. Soll die Variable auch außerhalb des Programms existieren, muß sie als global deklariert werden. Auf diese Weise werden Konflikte vermieden, die auftreten können, wenn mehrere Variablen den selben Namen tragen. Programmvariablen werden bei der Beendigung des Programms gelöscht, wenn sie nicht zu PUBLIC deklariert sind.

Arbeitsbereiche

dBASE IV stellt zehn voneinander unabhängige Arbeitsbereiche zur Verfügung. Jeder Arbeitsbereich kann eine geöffnete Datenbank, sieben Indexdateien, eine Verknüpfung zu der Datenbank eines anderen Arbeitsbereiches, ein Filter und eine Formatdatei beherbergen. Es dürfen insgesamt bis zu 15 Dateien geöffnet sein, allerdings nur eine Datenbank pro Arbeitsbereich.

Nur die Datenbank des aktuellen Arbeitsbereichs, die aktive Datenbank, kann verändert werden. Der aktuelle Arbeitsbereich wird mit dem Befehl *select* gewählt.

Die Programmiersprache dBASE IV

Die Abfrage- und Programmiersprache von dBASE IV setzt sich aus Befehlen, Funktionen und Operatoren zusammen. Die Befehlsworte sind Verben, wie *count* oder *display*, denen weitere Worte hinzugefügt werden können. Funktionen werden in Verbindung mit Befehlsworten verwendet. Im Unterschied zu Befehlen können Funktionen in mathematischen Ausdrücken enthalten sein. Die Funktion *sqrt()* errechnet beispielsweise die Quadratwurzel des Arguments. Mit Operatoren lassen sich arithmetische, logische und relationale Operationen ausführen.

Arithmetische Operatoren

dBASE IV stellt eine Vielzahl von Operatoren zur Verfügung:

Mathematische und relationale Operatoren

+	Addition
-	Subtraktion
*	Multiplikation
/	Division
^	Exponentiation
<	Kleiner als
>	Größer als
=	Gleich
#	Ungleich
<>	Ungleich
<=	Kleiner als oder gleich
>=	Größer als oder gleich
()	Klammern für die Abarbeitungsfolge

Logische Operatoren

dBASE IV bietet folgende Boolesche Operatoren:

.NOT.	Logisches NOT
.AND.	Logisches UND
.OR.	Logisches ODER

Dieses Beispiel zeigt die Verwendung des logischen Operators UND:

```
.display for RAUM="3".and.KLASSE="5"
```

Durch das Kommando werden alle Datensätze angezeigt, deren Feld RAUM gleich 3 ist und deren Feld KLASSE eine 5 enthält.

Stringoperatoren

Zur Manipulation von Strings (Zeichenketten) sind folgende Operatoreneinsetzbar:

+ Strings verknüpfen:
 "alpha"+"bet"="alphabet"

- Strings verknüpfen (Leerzeichen werden nach rechts verschoben):
 "alpha "-"bet"="alphabet "

& Makrooperator, ersetzt den Namen einer Variablen mit deren Inhalt.

Funktionen

Das Funktionsangebot läßt sich in folgende fünf Gebiete unterteilen: Zeit und Datum, Stringmanipulation, Mathematik, Zeichenumwandlung und Spezialtests. Funktionen weisen stets ein Argument in runden Klammern auf. Nachfolgend finden Sie eine Auswahl der wichtigsten Funktionen.

Datum und Zeit

CDOW(Datum)	Wochentag (zum Beispiel *Dienstag*).
CTOD('18.11.86')	Umwandlung String nach *date()*-Format
CMONTH(Datum)	Kalendermonat (zum Beispiel *Mai*)
DATE()	Systemdatum in der Form *tt.mm.jj*.
DAY(Datum)	Tag des Monats.
DOW(Datum)	Wochentag (zum Beispiel *Dienstag* gleich *3*).
DTOC(Datum)	Umwandlung: Datumswert in Datumsstring.
MONTH(Datum)	Monat des Jahres (z.B. *Januar* gleich *1*).
TIME()	Systemzeit (*hh:mm:ss*).
YEAR(Datum)	Jahr des Datums (zum Beispiel *1986*).

Stringmanipulation

AT(string1,string2)	Übergibt eine Zahl, die die Startposition des *string1* im *string2* wiedergibt.
LOWER('ALPHA')	Konvertiert in Kleinbuchstaben (hier: *alpha*).
SPACE(n)	Erzeugt *n* Leerzeichen.
SUBSTR(string,a,n)	Extrahiert einen Unterstring von *n* Zeichen Länge (beginnend bei Position *a*) des spezifizierten Strings.
TRIM(string)	Löscht Leerzeichen am Ende eines Strings.
UPPER('alpha')	Konvertierung in Großbuchstaben

Mathematische Funktionen

EXP(x)	Exponentiation zur Basis *e*.
INT(x)	Dezimalstellen werden abgeschnitten.
LOG(x)	Berechnet den natürlichen Logarithmus
ROUND(x,n)	Rundet die Zahl *x* auf die durch *n* spezifizierte Anzahl Nachkommastellen.
SQRT(x)	Berechnet die Quadratwurzel.

Zeichenumwandlung

ASC('L')	Gibt als Funktionswert den ASCII-Code des spezifizierten Zeichens zurück.
CHR(n)	Gibt als Funktionswert das Zeichen zurück, das dem ASCII-Code *n* entspricht.
STR(n,x,y)	Konvertiert die Zahl *n* in einen Zeichenstring der Länge *x* mit *y* Nachkommastellen.
VAL('123')	Gibt als Funktionswert den numerischen Wert der Zeichenkette zurück.

Spezielle Tests

BOF()	Datenbankbeginn.
COL()	aktuelle Cursorspalte
DELETED()	Gekennzeichneter Datensatz.
EOF()	Datenbankende.
FILE('dateiname')	*logisch wahr*, wenn die Datei existiert.
LEN('string')	Die Stringlänge ist der Funktionswert.
PCOL()	Spaltenposition des Druckers.
PROW()	Zeilenposition des Druckers.
RECNO()	Nummer des aktuellen Datensatzes.
ROW()	aktuelle Cursorzeile
TYPE('ausdruck')	Liefert *logisch wahr* bei einem gültigen Ausdruck.

Ähnlich wie die Funktionen können auch die Befehle in Kategorien eingeteilt werden, wobei ein Befehl mehreren Funktionsgruppen angehören kann. Eine vollständige Liste der dBASE IV-Befehle mit Syntaxbeschreibungen ist in Anhang B zu finden. Die Kategorien sind:

Anlegen von Datenbankdateien	Dateneingabe
Anlegen anderer Dateien	Positionierung
Auswahl von Datenbanken	Programmierunterstützung
Ändern von Datenbankdateien	Speichervariablen
Sortieren und Indexieren	Allgemeine Dateioperationen
Informationen auswählen	Spezialfunktionen
Informationen einsehen	Verarbeitungsparameter

Anlegen von Datenbankdateien

Die folgenden Befehle können zum Anlegen einer Datenbank verwendet werden:

create
copy
copy file
join
sort
total

Basierend auf den Inhalten bereits bestehender Datenbanken können mit den Befehlen *copy*, *copy file*, *join*, *sort* und *total* neue Datenbankdateien erstellt werden. Der Befehl *create* legt eine Datenbank an, ohne auf Daten anderer Datenbankdateien zurückzugreifen.

Anlegen anderer Dateien

Die folgenden Kommandos dienen der Erzeugung anderer Dateien als Datenbanken:

create report
modify report
modify file
create label
modify label
create view
modify view
create screen
modify screen
create query
modify query
modify command
copy file
index
save

Auswahl von Datenbanken

Zur Aktivierung einer Datenbank stehen zur Verfügung:

use
select

use BEISPIEL schließt die aktive Datenbank und öffnet die Datenbank BEISPIEL.DBF. Bis zu zehn Datenbankdateien können gleichzeitig offen sein. Jede geöffnete Datenbank liegt in einem anderen Arbeitsbereich vor.

select wird zum Wechsel zwischen den einzelnen Arbeitsbereichen verwendet. Die Auswahl erfolgt anhand der Bereichsnummer oder mit dem Datenbanknamen:

```
select 2
```

oder

```
select BEISPIEL
```

Ändern von Datenbankdateien

Eine Datenbank kann auf zwei Arten verändert werden - entweder wird die Struktur oder der Inhalt der Datenbank modifiziert. Befehle, mit denen Datenbanken verändert werden können, sind:

append
browse
change
delete
edit
insert
modify structure
pack
read
recall
replace
update

modify structure: Dient der Neudefinition der Struktur einer existierenden Datenbank. Verändert werden können Feldnamen, Feldtypen und Feldlängen.

append: Fügt neue Datensätze an das Ende der Datenbank an.

insert: Fügt einen Datensatz in eine Datenbank ein.

delete: Markiert einen Datensatz, der zu löschen ist.

recall: Entfernt die Löschmarkierung eines Datensatzes.

pack: Entfernt die zur Löschung vorgesehenenen Datensätze und numeriert die verbleibenden Sätze neu.

Befehle, die auch den Datensatzinhalt verändern können, sind:

browse: Bildschirmorientiertes Editierfenster über mehrere Datensätze.

change: Bildschirmorientiertes Editieren ausgewählter Datensätze und Felder.

edit: Editieren eines Datensatzes am gesamten Bildschirm.

read: Editieren im Zusammenhang mit dem Befehl *get*.

replace: Ersetzen von Feldinhalten.

update: Aktualisierung ausgewählter Felder und Datensätze.

Sortieren und Indexieren

Befehle, die Datenbanken sortieren und indexieren, sind

sort
index
reindex

sort: Erzeugt eine Kopie einer Datenbank, wobei die Datensätze der Kopie nach einem oder mehreren Schlüsseln sortiert werden. Die Sortierung kann in alphabetischer, chronologischer oder numerischer Reihenfolge erfolgen.

index: Erzeugt eine Indexdatei, in der die Datensatznummern gemäß der Schlüsseldefinition angeordnet sind.

reindex: Aktualisiert eine Indexdatei zur aktivierten Datenbank.

Informationen einsehen und auswählen

Folgende Befehle können (wie auch *edit*, *browse* und *change*) zur Auswahl und Anzeige von Informationen verwendet werden:

?
??
average
count
display
list
report
@zeil,spal...say
@zeil,spal...get
sum

display: Zeigt einen oder mehrere Sätze der Datenbank. Die Ausgabe wird unterbrochen, sobald der Bildschirm mit Daten gefüllt ist. Zur Fortsetzung muß eine Taste betätigt werden.

list: Listet die gesamte Datenbank oder einen Teil davon auf. Im Unterschied zu *display* wird die Ausgabe nicht unterbrochen, wenn eine Bildschirmseite gefüllt ist.

?: Zeigt Informationen an. ? ohne weitere Angaben erzeugt eine Leerzeile.

??: Arbeitet ähnlich wie *?*. Die Informationen werden jedoch an der aktuellen Cursorposition bzw. Position des Druckkopfes dargestellt, während *?* die Anzeige an den Beginn einer neuen Zeile verschiebt.

@zeil,spal...say: Zeigt Informationen ab der spezifizierten Bildschirmposition (Zeile und Spalte) an.

@zeil,spal...get: Zeigt den Inhalt eines Feldes oder einer Variable an der durch Zeile und Spalte spezifizierten Bildschirmposition an. Die mit *get* dargestellten Informationen können über *read* verändert werden.

sum: Summiert die Inhalte von Ausdrücken auf.

count: Zählt Datensätze.

average: Bildet die Mittelwerte von Ausdrücken.

report: Bereitet standardisierte Berichte aufgrund des Inhalts einer Datenbank vor.

Positionierung

Zur Bewegung des Datensatzzeigers bietet dBASE IV nachstehende Kommandos an:

continue
find
goto
locate
seek
skip

find: Sucht anhand des Indexes nach einem bestimmten Datensatz, auf den der Datensatzzeiger gerichtet wird.

seek: Sucht anhand des Indexes nach einem bestimmten Datensatz, auf den der Datensatzzeiger gerichtet wird.

locate: Stellt den Zeiger auf den ersten Datensatz, der die spezifizierten Bedingungen erfüllt. Die Suche folgt der physikalischen Reihenfolge der Datensätze.

continue: Setzt die mit *locate* eingeleitete Suche nach weiteren Datensätzen fort.

goto: Stellt den Zeiger auf den spezifizierten Datensatz.

skip: Bewegt den Zeiger vorwärts oder rückwärts um die angegebene Anzahl von Datensätzen, wobei jeder Satz auf die Löschmarke geprüft wird.

Drucken

Für die Druckerausgabe und -steuerung bieten sich folgende Kommandos an:

set print on/off
set device to print/screen

set margin to n

eject

Dateneingabe

Die im allgemeinen zur Dateneingabe benutzten Befehle lauten:

accept
browse
change
edit
input
read
set fields to
set filter to
set format to
set view to
wait

change: Editieren über die gesamte Bildschirmoberfläche, wobei ausgewählte Datensätze und Felder zur Anzeige gelangen.

edit: Editieren eines Datensatzes über die gesamte Bildschirmoberfläche.

read: Editieren im Zusammenhang mit dem Befehl *get.*

set fields to: Auswahl bestimmter Felder.

set filter to: Aktivierung einer Filterdatei.

set format to: Ruft spezielle Bildschirmmasken auf, die mit *append*, *change*, *edit* und *read* verwendet werden können.

set view to: Aktivierung einer View-Datei.

input: Gibt eine Eingabeaufforderung aus und nimmt eine Benutzereingabe entgegen.

accept: Fordert den Benutzer auf, Zeichendaten einzugeben.

wait: Erwartet vom Benutzer einen Tastenanschlag, der in einer 1-byte-Variablen gespeichert wird.

Programmierunterstützung

Eine Reihe von dBASE IV-Kommandos eignet sich besonders für die Verwendung in Programmen:

do: Ruft ein dBASE-Programm auf.

do with parameter: Ruft ein dBASE-Programm auf und übergibt Parameter.

load: Lädt ein Binärprogramm in den Speicher.

call: Führt ein im Speicher befindliches Binärprogramm aus.

release module: Löscht ein Binärprogramm aus dem Speicher.

do case/endcase: Wählt eine von mehreren Verzweigungsmöglichkeiten aus.

do while/enddo: Wiederholt die Befehle zwischen *do while* und *enddo*, solange die angegebene Bedingung erfüllt ist.

return: Beendet das laufende Programm und übergibt die Kontrolle an die nächsthöhere Ebene.

if/endif: Führt die Befehle zwischen *if* und *endif* aus, wenn die angegebene Bedingung erfüllt ist. *else* kann ebenfalls verwendet werden: *if/else/endif.*

loop: Programmausführung kehrt an den Beginn einer *do*-Schleife zurück.

note oder *: Ermöglicht die Aufnahme von Kommentarzeilen in ein Programm.

cancel: Beendet das laufende Programm und kehrt auf die Direkteingabeebene zurück.

parameters: Erlaubt die Übergabe von Parametern.

Variablen

Die Handhabung von Variablen ist in dBASE IV einfach:

average: Mittelwertbildung.

store: Weist einer Variablen einen Wert zu.

count: Speichert das Ergebnis einer Zähloperation.

sum: Speichert das Ergebnis einer Summierung.

input: Speichert numerische oder logische Daten, die per Tastatur eingegeben werden, in einer Variablen.

accept: Speichert Zeichen aus einer Tastatureingabe in einer Variablen.

release: Löscht Variablen oder LOAD-Module.

save: Legt Variablen in einer Datei ab.

read: Erlaubt die Eingabe von Daten bei der Editierung des gesamten Bildschirms, die mit @...*get* angezeigt werden.

restore: Liest den Inhalt einer Datei, die Variablen enthält, in den Speicher.

wait: Unterbricht den Programmablauf, bis eine beliebige Taste betätigt wird.

public: Deklariert Variablen als global.

private: Deklariert Variablen als lokal.

Allgemeine Dateioperationen

Für den Umgang mit Dateien bietet dBASE IV folgende Kommandos:

dir: Listet das Dateiverzeichnis auf.

display status: Zeigt die aktuelle Datenbank, Indexdateien, Indexschlüssel und den Status der Verarbeitungsparameter an.

display structure: Zeigt die Struktur der aktuellen Datenbank an.

export: Datenaustausch über Pfs-Dateien (dBASE-Daten ausgeben).

import: Datenaustausch über Pfs-Dateien (Pfs-Daten einlesen).

set alternate: Mit der Option *to* kann der Name der Protokolldatei spezifiziert werden. *on/off* schaltet den Protokollmodus ein bzw. aus. Protokolldateien besitzen die Namenerweiterung .TXT.

close alternate: Schließt die geöffneten Protokolldateien.

erase: Löscht eine spezifizierte Datei.

rename: Ändert den Namen einer Datei.

copy file: Erzeugt eine Kopie der genannten Datei. Die Datei darf während des Kopiervorgangs nicht geöffnet sein.

Spezialfunktionen

quit: Beendet dBASE IV.

text/endtext: Zeigt einen Textblock ohne Begrenzungen an.

Verarbeitungsparameter

Es gibt in dBASE IV eine Reihe von Systemparametern, die vom Benutzer verändert werden können. Zwei Arten von Parametern sind zu unterscheiden: *set...to* und *set...on/off*. Die *set...on/off*-Parameter sind in dBASE IV vordefiniert. Die Standardeinstellung wird in der folgenden Auflistung in Großbuchstaben angezeigt.

set alternate to: Speichert die Bildschirmausgabe in der genannten Datei.

set alternate on/OFF: Schaltet die Ausgabe, die auf die Protokolldatei gerichtet ist, ein und aus.

set autosave on/OFFf: Nach jeder Disketten- oder Festplattenoperation werden die geänderten Datensätze sofort auf die Diskette/Platte geschrieben.

set bell ON/off: Schaltet die Glocke ein und aus.

set blocksize to <ausdr_N>: Einstellen der maximalen Größe der Memofelder in 512 Byte Blöcken.

set border to: bestimmt den Rand bei Menüs, Windows und @ Kommandos.

set carry on/OFF: Schreibt den Inhalt des letzten eingegebenen Datensatzes in einen neuen Datensatz im *append*-Modus. Dies ist nützlich, wenn sich die Inhalte der eingegebenen Datensätze ähneln.

set catalog ON/off: Legt fest, ob die geöffnete Katalogdatei aktualisiert wird.

set catalog to: Öffnet und erstellt eine Katalogdatei oder schließt den aktuellen Katalog.

set century on/OFF: Schaltet die Datumsanzeige zwischen vier bzw. zwei Stellen für die Jahreszahl um.

set clock on/OFF: zeigt die Systemzeit in Zeile 0, Spalte 69 an

set clock to: Zeigt die Systemzeit an der gewünschten Bildschirmposition

set color to: Setzt die Bildschirmattribute.

set confirm on/OFF: Normalerweise wird beim seitenorientierten Editieren automatisch zum nächsten Datenpunkt gesprungen. Bei gesetztem *confirm* ist zum Wechsel ein Anschlag der *Return*-Taste nötig.

set console ON/off: Beendet die Anzeige von Daten auf dem Terminal.

set currency to: Währungssymbol einstellen

set currency left/right: Anzeige des Währungssymbols links oder rechts von einer Zahlenausgabe

set date: Legt das Datumsformat fest.

set debug ON/off: Lenkt Kommando- und Kontrollzeilen von *set step on* auf einen Drucker um.

set decimals to: Spezifiziert die Anzahl der Nachkommastellen bei numerischen Berechnungen (nur für die Anzeige).

set default to: Erlaubt die Spezifikation des Standardlaufwerkes.

set deleted on/OFF: "Versteckt" die als zu löschend markierten Datensätze.

set delimiters on/OFF: Schaltet spezielle Bildschirmbegrenzungen ein und aus.

set delimiters to: Dient der Festlegung von Begrenzungszeichen.

set design ON/OFF: sperrt den Zugang zum Änderungsmodus für Datenbanken, Reports, Labels usw.

set development ON/off: Vergleicht das Datum von .PRG und .DBO Datei, wenn nötig, wird die .PRG Datei neu kompiliert.

set device to: lenkt die Ausgabe von *@...SAY* auf den Bildschirm, Drucker oder in eine Datei.

set display to: stellt den Bildschirmmodus ein

set dohistory on/OFF: Schaltet die Einbeziehung von Programmbefehlen in den HISTORY-Modus ein bzw. aus. Dieser Schalter ist nur aus Gründen der Kompatibilität zu dBASE III PLUS vorhanden, es wird in dBASE IV nicht ausgeführt.

set echo on/OFF: Zeigt Befehlszeilen aus Programmen an.

set encryption on/OFF: schaltet die Verschlüsselung von neu erstellten Datenbanken ein oder aus, wenn PROTECT aktiv ist.

set escape ON/off: Je nach Einstellung kann die Escape-Taste verwendet werden, um Programme oder Befehle abzubrechen.

set exact on/OFF: Ist die Einstellung *on* gültig, wird bei Stringvergleichen eine völlige Gleichheit der Zeichenketten gefordert.

set exclusive on/OFF: Läuft dBASE IV auf einem Mehrplatzsystem, wird die Datenbank für alleinigen Zugriff reserviert.

set fields on/OFF: Legt fest, ob nur die Felder der Feldliste bei Operationen wie *edit* oder *list* verwendet werden.

set fields to: Dient der Festlegung der Feldliste.

set filter to: Aktiviert eine Filterdatei.

set fixed on/OFF: Schaltet eine feste Dezimalstellenzahl ein bzw. aus.

set function n to: Erlaubt die Zuordnung von Zeichenfolgen zu einer Funktionstaste.

set format to: Erlaubt die Auswahl von Formatdateien zum Editieren.

set fullpath on/OFF: dient zur Kompatibilität mit dBASE III PLUS. Funktionen, die einen Dateinamen übergeben, geben optional den kompletten Pfadnamen an.

set heading ON/off: Schaltet die Anzeige von Spaltenbezeichnungen bei Befehlen wie zum Beispiel *display*, *list* oder *sum* aus.

set help ON/off: Entscheidet, ob dem Benutzer im Fehlerfall aus der Datei HELP.DBS Hilfsmeldungen angeboten werden.

set history to: Legt die Anzahl der im HISTORY-Modus zu speichernden Befehle fest.

set hours to: Zeitanzeige im 12 oder 24 Stunden Modus.

set index to: Erlaubt die Auswahl von Indexdateien.

set instruction ON/off: dient zur Steuerung des dBASE Prompts.

set intensity ON/off: Schaltet inverse Darstellung ein und aus.

set lock ON/OFF: Blockiert einen Record im Netzwerk

set margin to: Setzt den Abstand des linken Randes für Druckausgaben.

set memowidth to: Stellt die Ausgabespaltenbreite von Memofeldern ein.

set mark to: Einstellen des Trennzeichens für die Datumsanzeige.

set menus on/OFF: Legt fest, ob Menüs eingeblendet werden sollen. Diese Funktion ist nur aus Kompatibilitätsgründen zu dBASE III PLUS vorhanden und hat keine Funktion in dBASE IV.

set message to: Bestimmt, welche Meldung bei seitenorientierten Kommandos wie *append* oder *edit* angezeigt werden.

set near on/OFF: dient zur ungefähren Positionierung des Record Pointers nach einer erfolglosen Suche.

set order to: Setzt eine beliebige Indexdatei als Steuerdatei ein.

set odometer: Festlegen der Schrittweite, in der der Recordzähler auf dem Bildschirm angezeigt wird.

set pause to: Die Bildschirmanzeige bei SQL Abfragen stoppt nach jeweils 24 Zeilen.

set point to: Einstellen des Dezimalpunkts.

set precision to: Einstellen der Rechengenauigkeit.

set path to: Erlaubt die Spezifikation der Dateiverzeichnisse, in denen nach einer Datei gesucht werden soll.

set printer on/OFF: Leitet die Ausgabe an einen angeschlossenen, betriebsbereiten Drucker um bzw. desaktiviert die Umleitung.

set printer to: Leitet die Druckerausgabe in eine Datei oder einen Netzwerkpfad um.

set procedure to: Öffnet eine Prozedurdatei.

set refresh to: Zeitintervall zur Aktualisierung im Netzwerk.

set relation to: Spezifiziert die Verknüpfung zweier Datenbanken.

set reprocess to: Anzahl der Zugriffsversuche im Netzwerk bei blockierten Records oder Datenbanken.

set safety ON/off: Entscheidet, ob dem Benutzer mitgeteilt wird, wenn bestimmte Befehle Daten löschen können.

set scoreboard ON/off: Legt fest, ob Statusmeldungen in der obersten Bildschirmzeile eingeblendet werden.

set separator to: Trennzeichen für die Vorkommastellen bei numerischen Augaben.

set skip to: Bestimmt die Reihenfolge, in verkettete Datenbanken durchsucht werden.

set space ON/off: Trennzeichen Leertaste zwischen den einzelnen Angaben bei ? und ??.

set sql on/OFF: aktiviert den interaktiven SQL Abfragemodus.

set status on/OFF: Schaltet die Statuszeile ein bzw. aus.

set step on/OFF: Erlaubt die schrittweise Ausführung eines Programms.

set talk ON/off: Schaltet die normale dBASE IV-Ausgabe aufgrund von Befehlen an und aus.

set title ON/off: Schaltet die Eingabeaufforderung für den Titel der Verzeichnisdatei ein bzw. aus.

set typeahead to: Legt die Länge des TYPEAHEAD-Puffers fest.

set trap on/OFF: aktiviert bei einem Laufzeitfehler den dBASE IV Debugger.

set typeahead to: spezifiziert die Größe des Tastatureingabepuffera.

set unique on/OFF: Entscheidet, ob Datensätze mit doppelten Schlüsseln in eine Indexdatei aufgenommen werden.

set view to: Öffnet eine View-Datei.

set window: aktiviert ein dBASE IV Window.

Kapitel 3

Programmieren für Anfänger

Sollten Sie mit den Grundlagen des Programmierens in dBASE IV vertraut sein, können Sie dieses Kapitel überspringen und zu Kapitel 4 übergehen.

Im folgenden soll eine einfache Programmieraufgabe gelöst werden.

Dazu verwenden wir die Datenbank SCHULE, die Informationen über die Schüler der Klassenstufen 1 bis 6 enthält. Das Feld KLASSE enthält die Klassenstufen. Von Zeit zu Zeit interessiert, wie sich die Schüler auf die Klassen verteilen. Mit folgenden Kommandos wird die Anzahl der Schüler in den verschiedenen Klassen festgestellt:

```
.use SCHULE
.count for KLASSE='1'
 78
.count for KLASSE='2'
 81
.count for KLASSE='3'
 79
.count for KLASSE='4'
 74
.count for KLASSE='5'
 80
.count for KLASSE='6'
 81
```

Ein einfaches Programm zum *klassenweisen* Zählen der Schüler ist nachstehend aufgelistet (Listing 3.1). Das Programm mit dem Namen ZAEHLER enthält die gleichen Kommandos, die im Direktmodus zum Einsatz kamen. Der Unterschied zwischen Programm und Direkteingabe besteht darin, daß das Programm beliebig oft ausgeführt werden kann, ohne daß die Befehle immer wieder neu einzugeben wären. Vielmehr läßt sich das einmal geschriebene Programm mit einem Kommando starten:

```
.do ZAEHLER
```

Hier das Programm ZAEHLER:

```
use SCHULE
count for KLASSE='1'
count for KLASSE='2'
count for KLASSE='3'
count for KLASSE='4'
count for KLASSE='5'
count for KLASSE='6'
```

Listing 3.1 - ZAEHLER.PRG

Zum Erstellen des Programms in Listing 3.1 dient der Befehl *modify command*, der im Direktmodus einzugeben ist. Programme sind Dateien, die (wie alle Dateien) einen Namen benötigen. Der Programmname kann aus bis zu acht Buchstaben und Ziffern bestehen, er darf keine Leerzeichen enthalten.

```
.modify command zaehler
```

Die Dateinamenerweiterung .PRG (Programm) wird von dBASE automatisch angefügt, so daß der vollständige Dateiname ZAEHLER.PRG lautet.

Das Kommando *modify command* ruft das dBASE-interne Textverarbeitungssystem auf, in das das Programm eingegeben werden kann. Die im Direktmodus sichtbaren Punkte sind *nicht* einzugeben. Sie schreiben zum Beispiel *use SCHULE* statt *.use SCHULE.* Jeder Befehl muß in eine neue Zeile geschrieben werden. Mit den Cursortasten kann zu fehlerhaften Eingaben zurückgegangen werden und der Fehler wird einfach überschrieben. Zum Beenden der Programmeingabe betätigen Sie die Tasten *Ctrl-End*. Dadurch wird das Programm auf Diskette bzw. Festplatte gespeichert.

Im Direktmodus führt dBASE mit Ihnen einen "Dialog": Das System reagiert auf die Eingaben und zeigt an, woran es arbeitet oder welche Fehler gegebenenfalls aufgetreten sind. Beim Ablauf eines Programms stellt dBASE nur die Programmausgaben auf dem Bildschirm dar, die Programmbefehle, die den Eingaben entsprechen, bleiben unsichtbar. Hier das Ergebnis der Ausführung des Programms ZAEHLER:

```
.do zaehler
78
81
79
74
80
81
```

Zur Darstellung der Programmbefehle während des Ablaufs muß das Programm am Anfang mit der Anweisung *set echo on* versehen werden. Am Programmende ist *set echo off* anzugeben. Wir wollen unser Zählprogramm entsprechend erweitern (Listing 3.2):

```
set echo on
use SCHULE
count for KLASSE='1'
count for KLASSE='2'
count for KLASSE='3'
count for KLASSE='4'
count for KLASSE='5'
count for KLASSE='6'
set echo off
```

Listing 3.2 - Das modifizierte Programm ZAEHLER.PRG

Die Ausgabe des modifizierten Programms ZAEHLER lautet nun:

```
count for KLASSE='1'
 78
count for KLASSE='2'
 81
count for KLASSE='3'
 79
count for KLASSE='4'
 74
count for KLASSE='5'
 80
count for KLASSE='6'
 81
```

Der Befehl *set echo on* wird im allgemeinen nur zur Fehlersuche in Programmen verwendet. Für das Festhalten von Ergebnissen können beispielsweise globale Variablen angelegt werden, die nach der Programmbeendigung untersucht werden können.

In bis zu 256 Variablen können Zahlen, Zeichen oder Datumsangaben im Arbeitsspeicher des Computers abgelegt werden. Im Unterschied zu den Datenbanken gehen die Variablen beim Ausschalten des Geräts verloren. Mit *average*, *count*, *store*, *sum* und anderen Befehlen können Variablen erzeugt und mit Daten belegt werden. Durch folgende Anweisung wird der Variablen BREITE der Wert 275 zugewiesen:

```
.store 275 to BREITE
```

Zum Abruf des Variableninhalts ist der Variablenname anzugeben. Die Regeln für Variablennamen entsprechen denen für Feldnamen. Bei gleichnamigen Datenbankfeldern und Variablen wird das Feld angesprochen, wenn die Variable nicht ausdrücklich spezifiziert wird.

Durch die Anweisung *set echo on* wird die Kommunikation zwischen Programm und Benutzer ausgeweitet, *set talk off* bewirkt das Gegenteil. Mit *set talk off* wird nicht nur die Darstellung der Programmbefehle unterbunden, sondern es wird auch die Ausgabe der Ergebnisse unterdrückt. Bildschirmausgaben erfolgen nur bei speziellen Ausgabekommandos. Mit *set talk on* läßt sich die normale Kommunikation wieder einschalten.

Im folgenden Programm werden die Ergebnisse der Zählvorgänge mit *count* in den Variablen *KLASSE1* bis *KLASSE6* gespeichert und anschließend mit Anweisungen, die mit dem Befehlszeichen ? beginnen, auf dem Bildschirm ausgegeben:

```
set talk off
use SCHULE
count for KLASSE='1'to KLASSE1
count for KLASSE='2'to KLASSE2
count for KLASSE='3'to KLASSE3
count for KLASSE='4'to KLASSE4
count for KLASSE='5'to KLASSE5
count for KLASSE='6'to KLASSE6
? KLASSE1,'IN KLASSE 1'
? KLASSE2,'IN KLASSE 2'
? KLASSE3,'IN KLASSE 3'
? KLASSE4,'IN KLASSE 4'
? KLASSE5,'IN KLASSE 5'
? KLASSE6,'IN KLASSE 6'
set talk on
```

Listing 3.3 - Eine weitere Version von ZAEHLER.PRG

Das Programm in Listing 3.3 erzeugt folgende Bildschirmausgabe:

```
.do ZAEHLER
         78 IN KLASSE1
         81 IN KLASSE2
         79 IN KLASSE3
         74 IN KLASSE4
         80 IN KLASSE5
         81 IN KLASSE6
```

Das Programm ZAEHLER muß für jede Zählung die komplette Datenbank durchsuchen, insgesamt sind sechs Suchvorgänge erforderlich. Bei umfangreichen Datenbanken ist diese Art des Datenzugriffs sehr zeitintensiv. Die Suchgeschwindigkeit ist sowohl von der Software als auch von der Hardware abhängig. Computersysteme mit Festplattenlaufwerken sind im Durchschnitt zehnmal schneller als Geräte mit Floppies. Aber auch bei Platten kann die Ausführung einer Suchfunktion ohne weiteres mehrere Minuten benötigen.

Ein Beispiel: Die Durchsuchung einer Datenbank mit 160000 Bytes Umfang dauert bei einem System, das 1600 Bytes pro Sekunde lesen kann, 100 Sekunden. Für sechs Suchvorgänge (wie sie für die sechs Schulklassen notwendig sind) werden immerhin schon 10 Minuten benötigt. Bei einem Programm, das mehrmals am Tag eingesetzt wird, ist diese Zeitspanne zu groß, um akzeptabel zu sein. Um alle sechs Klassen mit einem Suchdurchlauf zählen zu können, muß die Datenbank nach dem Feld KLASSE sortiert (*sort*) oder indiziert (*index*) werden.

Bei einer sortierten oder indizierten Datenbank könnte unser Programm wie folgt aussehen:

```
set talk off
use SCHULE index KLASSE
count while KLASSE='1' to KLASSE1
count while KLASSE='2' to KLASSE2
count while KLASSE='3' to KLASSE3
count while KLASSE='4' to KLASSE4
count while KLASSE='5' to KLASSE5
count while KLASSE='6' to KLASSE6
```

```
? KLASSE1,'IN KLASSE 1'
? KLASSE2,'IN KLASSE 2'
? KLASSE3,'IN KLASSE 3'
? KLASSE4,'IN KLASSE 4'
? KLASSE5,'IN KLASSE 5'
? KLASSE6,'IN KLASSE 6'
set talk on
```

Listing 3.4 - ZAEHLER.PRG in Verbindung mit einer indizierten Datenbank

Beachten Sie, wie beim Öffnen der Datenbank mit *use* auch die Indexdatei mit *index* geöffnet wird. Die Ausgabe entspricht der bisherigen Version des Programms.

Durch die Verwendung der Anweisung *while* machen wir uns die vorgegebene Gruppierung der Datensätze (Sortierung oder Indizierung) zunutze. Die mit *while* versehenen Kommandos (*count*) werden nur abgearbeitet, solange die jeweilige Bedingung (zum Beispiel KLASSE='1') erfüllt ist. Dadurch können alle sechs Klassen in einem Suchdurchlauf gezählt werden.

Indizieren

Bei Verwendung einer Indexdatei erfolgt der Datenzugriff einer *einzelnen* Anweisung langsamer. Der Grund: Die Daten werden nicht in ihrer tatsächlichen (physikalischen) Reihenfolge angesprochen, sondern in der logischen Reihenfolge, wie sie in der Indexdatei festgelegt ist. Der Index wirkt wie eine Zugriffsumleitung. Dadurch können sequentielle Zugriffsoperationen in einer indizierten Datenbank beträchtlich langsamer ablaufen als in einer sortierten Datenbank.

Zwei Zugriffsarten sind grundsätzlich zu unterscheiden: sequentieller und direkter Zugriff. Beim *sequentiellen Zugriff* wird der Datensatzzeiger satzweise durch die Datenbank bewegt. Mit anderen Worten, zum Lesen eines bestimmten Datensatzes müssen zunächst die davorstehenden Sätze der Datenbank gelesen werden. Viele dBASE-Kommandos wie *list*, *count* oder *sum* arbeiten sequentiell. *Direkter Zugriff* erlaubt das direkte Ansprechen eines Datensatzes unabhängig von anderen Sätzen.

Prozedur- und objektorientiertes Programmieren

Die am Anfang des Kapitels gezeigten Programme waren objektorientiert, das heißt, es wurde spezifiziert, *was* geschehen soll, nicht, *wie* es zu tun ist. Im Zuge der Weiterentwicklung wurde das Zählprogramm immer mehr prozedurorientiert. Die nachstehende Programmversion ist vollkommen prozedural. Es wird programmiert, *wie* zu zählen ist, nicht nur, *was* zu zählen ist. Dazu kommen die Programmiersprachenkonstrukte *do while/enddo* und *if/endif* zum Einsatz. *do while/enddo* bewirkt, daß die zwischen *do while* und *enddo* stehenden Anweisungen ausgeführt werden, solange die nach dem Befehlswort *while* angegebene Bedingung erfüllt (*logisch wahr*) ist. Die Anweisungen zwischen *if* und *endif* werden ausgeführt, wenn die Bedingung hinter *if* erfüllt ist.

Das folgende Programm führt die Klassenzählung rein prozedural durch. Das Feld KLASSE wird Satz für Satz überprüft und der Zählerstand für jeden Satz in den entsprechenden Variablen (zum Beispiel KLASSE5) um eins erhöht. Zum Weiterschalten von einem Datensatz auf den nächsten wird der Datensatzzeiger mit *skip* bewegt und der Prozeß wiederholt. Nach Durchsuchung der gesamten Datenbank wird der Prozeß beendet und die Bildschirmanzeige erzeugt. Der Ausdruck EOF() bei *while* wird bei Erreichen des Datenbankendes *logisch wahr*. Hier das Programm:

```
set talk off
use SCHULE
store 0 to KLASSE1,KLASSE2,KLASSE3,KLASSE4,KLASSE5,KLASSE6
do while .NOT.EOF()

if KLASSE = '1'
        store KLASSE1 + 1 to KLASSE1
endif
if KLASSE = '2'
        store KLASSE2 + 1 to KLASSE2
endif
if KLASSE = '3'
        store KLASSE3 + 1 to KLASSE3
endif
if KLASSE = '4'
        store KLASSE4 + 1 to KLASSE4
endif
if KLASSE = '5'
        store KLASSE5 + 1 to KLASSE5
endif
if KLASSE = '6'
        store KLASSE6 + 1 to KLASSE6
endif
```

```
skip

enddo
? KLASSE1,'IN KLASSE 1'
? KLASSE2,'IN KLASSE 2'
? KLASSE3,'IN KLASSE 3'
? KLASSE4,'IN KLASSE 4'
? KLASSE5,'IN KLASSE 5'
? KLASSE6,'IN KLASSE 6'
set talk on
```

Listing 3.5 - Eine prozedurale Lösung des ZAEHLER-Problems

Das Programm setzt die Variablen von *KLASSE1* bis *KLASSE6* auf Null. Der Ausdruck *KLASSE='n'* in den *if*-Anweisungen vergleicht die Inhalte der Felder *KLASSEn* mit den Konstanten 1 bis 6. Die Suche nach nur einer Klasse, zum Beispiel KLASSE1, kann wie folgt programmiert werden:

```
do while .NOT.EOF()
        if KLASSE='1'
                store KLASSE1 + 1 to KLASSE1
        endif
        skip
enddo
? KLASSE1
```

Das Programm entspricht der Anweisung *count for KLASSE='1'*.

Eine weitere Alternative wäre die Anwendung des *do case .. endcase* Konstrukts, siehe Listing 3.6

```
set talk off
use SCHULE

KLASSE1 = 0      && Die Speichervariablen KLASSE? werden gleichzeitig
KLASSE2 = 0      && angelegt und initialisiert
KLASSE3 = 0
KLASSE4 = 0
KLASSE5 = 0
KLASSE6 = 0

do while .not. eof()
        do case
                case KLASSE = '1'
                        KLASSE1 = KLASSE1 + 1
                case KLASSE = '2'
                        KLASSE2 = KLASSE2 + 1
```

```
                case KLASSE = '1'
                        KLASSE3 = KLASSE3 + 1
                case KLASSE = '1'
                        KLASSE4 = KLASSE4 + 1
                case KLASSE = '1'
                        KLASSE5 = KLASSE5 + 1
                case KLASSE = '1'
                        KLASSE6 = KLASSE6 + 1
        endcase
enddo

use
```

Listing 3.6 - Die Verwendung von do case ..endcase

Sie sehen, es gibt viele Möglichkeiten zur Lösung eines Programmierproblems. Die Vorliebe für eine bestimmte Lösung hängt häufig von persönlichen Neigungen des Programmierers ab.

Programmierstil

Wenn Sie öfter in dBASE programmieren, werden Sie schnell Ihren eigenen, persönlichen Programmierstil finden. Es gibt aber ein paar allgemeine Tips und Ratschläge, die die Programmerstellung und -pflege vereinfachen und damit auch die Erstellung größerer Programmpakete erst ermöglichen.

Benennung von Speichervariablen

Sie sollten den verwendeten Speichervariablen eindeutige, dem Sinn der Variable entsprechende Namen geben. Verwenden Sie gezielt Groß- und Kleinschreibung, um Variablenklassen zu kennzeichnen. Es hat sich unter dBASE Programmierern eingeübt, alle Speichervariablen mit dem Präfix M zu versehen. Hierzu einige Beispiele :

```
Mzaehler = 0            && eine Zählvariable
Mstring = " "           && eine Zeichenkette
Mnetto = 0              && ein Betrag
Mval = .t.              && eine logische Variable
```

Kommentare und Einrückungen

dBASE IV besitzt einen eingebauten Compiler, Sie können also ohne Rücksicht auf Laufzeiten Kommentare und Einrückungen vornehmen. Wenn Sie nach einem halben Jahr einen Programmteil ändern oder anpassen möchten, wird dies Ihre Arbeit wesentlich erleichtern.

Abfangen fehlerhafter Daten

Falls in einem Programm Entscheidungen getroffen werden, sollten Sie berücksichtigen, daß unter Umständen auch einmal fehlerhafte Eingabedaten vorhanden sein können. Sehen Sie also eine entsprechende Fehlernehandlung vor. Systemfehler, also zum Beispiel Meldungen wie *Programm nicht gefunden* oder *Dateiende* können Sie mit dem dBASE Befehl *on error* und einer Fehlerbehandlungsroutine abfangen.

Beim Öffnen einer Datenbank sollte immer der Arbeitsbereich (work area), in dem Sie eine Datenbank verwenden, mit select spezifiziert werden, geben Sie dabei auch den alias Namen der Datenbank mit an. Vermerken Sie gleichfalls den Programmautor, Datum und Zeit der Erstellund und der letzten Änderung. In Listing 3.7 ist das Programm aus Listing 3.6 noch einmal in professioneller Form dargestellt.

```
*       Programmname:           ZAEHLER.PRG
*       Autor:                  Mackie Messer
*       Erstellung:             13.12.88
*       letzte Änderung: 14.12.88
*
*       Das Programm zählt die Anzahl der Schüler in den einzelnen Klassen,
*       verarbeitet wird dabei die Datenbank SCHULE.DBF

set talk off

select 1
use SCHULE alias SCHULE

Mklasse1 = 0     && Die Speichervariablen werden gleichzeitig angelegt und
Mklasse2 = 0     && initialisiert.
Mklasse3 = 0
Mklasse4 = 0
Mklasse5 = 0
Mklasse6 = 0
```

```
do while .not. eof()
        do case
                case KLASSE = '1'
                        Mklasse1 = Mklasse1 + 1
                case KLASSE = '2'
                        Mklasse2 = Mklasse2 + 1
                case KLASSE = '1'
                        Mklasse3 = Mklasse3 + 1
                case KLASSE = '1'
                        Mklasse4 = Mklasse4 + 1
                case KLASSE = '1'
                        Mklasse5 = Mklasse5 + 1
                case KLASSE = '1'
                        Mklasse6 = Mklasse6 + 1
                otherwise
                        ? "Ungültige Klassenbezeichnung !"
        endcase
enddo

use && Schließen der Datenbank SCHULE

? "Schüler in Klasse 1 : ", Mklasse1
? "Schüler in Klasse 2 : ", Mklasse2
? "Schüler in Klasse 3 : ", Mklasse3
? "Schüler in Klasse 4 : ", Mklasse4
? "Schüler in Klasse 5 : ", Mklasse5
? "Schüler in Klasse 6 : ", Mklasse6
```

Listing 3.7 - professionelle Ausführung des Programms aus Listing 3.6

Teil 2

Kommerzielle Anwendungen

Kapitel 4

Ein Beispiel für eine Geschäftsanwendung

Wir wollen im weiteren Verlauf des Buches eine Reihe von Programmodulen für ein Buchgroßhandelsunternehmen (Buchgrossisten) entwickeln. Anhand des Beispiels werden die Funktionsmerkmale von dBASE IV vorgestellt und Programmiertechniken erläutert, die auch bei der Entwicklung von Anwendungsprogrammen verfügbar sind.

Unser fiktives Buchunternehmen kauft Bücher von Verlagen ein und setzt sie an Buchhandlungen wieder ab. Der überwiegende Teil der Tagesarbeit besteht aus der Bearbeitung der eingehenden Aufträge, der Lagerverwaltung und dem Ausschreiben von Bestellungen an die Verlage. Folgende Aspekte sind zu berücksichtigen:

Pflege der Kundendatei;

Erstellen von Versandlisten und Adreßaufklebern;

Verwaltung der Lagerbestände;

Auftragsbearbeitung;

Rechnungsstellung;

Überwachung eingehender Zahlungen;

Überwachung ausgehender Rechungen.

Grundlegendes über Programme

Ein Programm ist eine Datei, die gültige dBASE-Befehle enthält. Programmname und Dateiname sind identisch, die Datei sollte die Namenerweiterung .PRG tragen. Zur Erstellung von Programmtext steht in dBASE der Befehl *modify command* zur Verfügung:

```
.modify command MEN
```

Das Programm erhält den Namen MENU.PRG. Nach Aufruf des Textsystems können die Programmbefehle zeilenweise eingegeben werden (Abschluß jeder Zeile durch Betätigung der Taste *Return*). Zum Beenden der Eingabe ist *Ctrl-End* anzuschlagen. Das Programm wird auf Diskette bzw. Festplatte gespeichert. Die standardmäßige Dateinamenerweiterung lautet .PRG. Durch Betätigung der Taste *Esc* läßt sich die Programmeingabe jederzeit abbrechen, ohne daß eine Programmdatei angelegt wird. Der dBASE-Texteditor kann auch mit anderen Textdateien (außer .PRG-Dateien) arbeiten, indem die Dateinamenerweiterung explizit spezifiziert wird:

```
.modify command BRIEF.TXT
```

Die Programme werden als ASCII-Dateien gespeichert. Statt des dBASE-Editors lassen sich auch andere Textverarbeitungssysteme zur Programmerstellung heranziehen, sofern sie ASCII-Texte lesen und schreiben können (ohne Formatierungs- und Steuerzeichen).

Der Start eines Programmes erfolgt mit dem Kommando *do*, entweder in einem Programm oder im Direktmodus:

```
.do MENU
```

Von der Betriebssystemebene aus läßt sich ein dBASE-Programm mit folgender Anweisung starten:

```
A>DBASE MENU
```

Soll ein Programm bereits beim Systemstart geladen und ausgeführt werden, muß die Anweisung

```
command = do PROGRAMMNAME
```

in die Datei CONFIG.DB eingefügt werden.

Ein dBASE-Programm muß nicht unbedingt die Dateinamenerweiterung .PRG besitzen. Jede andere Namenerweiterung ist ebenfalls zulässig, vordefinierte Erweiterungen wie beispielsweise .DBF sollten allerdings keine Verwendung finden. Bei anderen Namenerweiterungen als .PRG muß der vollständige Name einschließlich Dateinamenerweiterung beim Programmaufruf angegeben werden (zum Beispiel MENU.NEU):

```
.do MENU.NEU
```

Programmnamen

Es empfiehlt sich, Programme generell mit aussagekräftigen Namen zu versehen. Das Dateiverzeichnis wird dadurch überschaubarer, vor allem, wenn es umfangreich ist. Wird in der Namensgebung einem bestimmten Prinzip gefolgt, sieht der Programmierer oder Anwender sofort, welche Dateien zu einem bestimmten Programmsystem gehören.

Das Hauptprogramm unserer Beispielanwendung soll MENU.PRG heißen. Die Namen der vom Hauptprogramm aufgerufenen Programme ergeben sich aus den Nummern der Menüleisten, aus dem Sie aufgerufen wurden, sowie der Nummer der Menüauswahl.

Programme, die von der Menüleiste 1 aufgerufen werden, tragen die Bezeichnungen MEN11, MEN12 usw. Die von diesen *Unterunterprogrammen* aufgerufenen Routinen werden mit Buchstaben an letzter Stelle des Namens bezeichnet. Das erste Unterprogramm von MEN11 heißt also MEN11A. Die Buchstaben S und P stehen für Programme, die Bildschirm- (S) und Druckformate (P) enthalten. S steht für *Screen* (zu deutsch: Bildschirm) und P für *Printer* (zu deutsch: Drucker). Ein Beispiel: MEN1S ist das Bildschirmprogramm, das von MEN1 aufgerufen wird. Die Startprogramme (Initialisierungsprogramme) sind unter dem Namen INIT abgelegt. Das folgende Diagramm verdeutlicht die Syntax der Namensgebung.

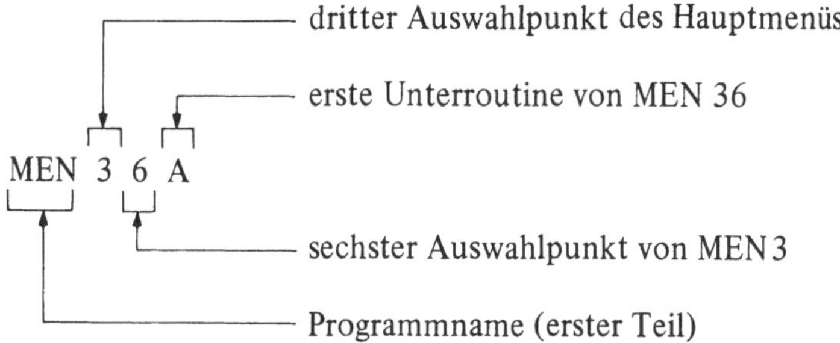

Bild 4.1 - Namensgebung der Programme der Geschäftsanwendung

Nun werden die Untermenüs in der Reihenfolge des Auftretens im Hauptmenü besprochen. Dadurch wird nicht nur ein kontinuierlicher Übergang von leichteren zu schwierigeren Programmen erreicht, sondern die verschiedenen Programmkomponenten werden auch in ihrer logischen Reihenfolge dargestellt. Beispielsweise werden eine Kundendatei und eine Lagerdatei benötigt, um die Auftragsbearbeitung durchführen zu können.

Vor der Erstellung eines Programmes sollte man eine klare Vorstellung von den Aufgaben des Systems haben. Häufig wird hierzu ein Pflichtenheft angelegt.

Als Programmiertechnik empfiehlt sich die Methode des *strukturierten Programmierens*. Das bedeutet, daß das Gesamtsystem aus einer Reihe kleinerer Module aufgebaut wird, von denen jedes eine klar umrissene Aufgabe erfüllt. Mit dieser Methode läßt sich nicht nur die Entwicklungszeit reduzieren, sondern auch die Fehleranfälligkeit bei Änderungen und Erweiterungen minimieren.

Strukturiertes Programmieren beginnt auf der höchsten Programmebene, dem Hauptprogramm. Von dort arbeitet sich der Programmierer "nach unten" zu den Modulen durch. Man spricht von *Top-Down-Design*. In unserem Beispielprogrammsystem besteht die oberste Ebene aus einer Menüauswahl, anhand derer der Bediener das Programm steuert.

Das Menüprogramm faßt die Programmodule zu einem System zusammen und dient als zentrale Verteilerstelle. In Bild 4.2 wird exemplarisch ein Blockdiagramm eines Menüprogrammes gezeigt. Von der US-Raumfahrtbehörde NASA forcierte Untersuchungen haben ergeben, daß die Menüauswahl am effizientesten ist, wenn fünf bis neun Auswahlpunkte vorhanden sind. Sind wesentlich mehr Positionen zu berücksichtigen, empfiehlt sich die Aufteilung in ein Hauptmenü und Untermenüs. Bei Anwahl eines Hauptmenüpunktes erscheinen die zugehörigen Untermenüpositionen, aus denen die durchzuführende Operation auszuwählen ist.

Unser Beispielprogrammsystem arbeitet mit Haupt- und Untermenüs. Die Programmlogik des Systems ist aus Bild 4.3 ersichtlich. Sie erkennen einen hierarchischen Aufbau, dessen Verzweigungen an die Verästelungen eines Baumes erinnern. Die *Äste* werden oftmals auch als *Pfade* bezeichnet. Um zu einer bestimmten Operation zu gelangen, muß der dahin führende Pfad durchlaufen werden.

Der Vorteil eines Menüsystems ist offensichtlich. Der Bediener kann sich schrittweise zu den Funktionen "vortasten", die er benötigt. Stünden ihm alle Möglichkeiten gleichzeitig offen (zum Beispiel in einem einzigen großen Menü), würde er unnötig verwirrt. Will der Bediener beispielsweise Informationen über einen Kunden eingeben, wählt er zuerst das Untermenü *Kundendatei* und anschließend das Unterprogramm zur Dateneingabe.

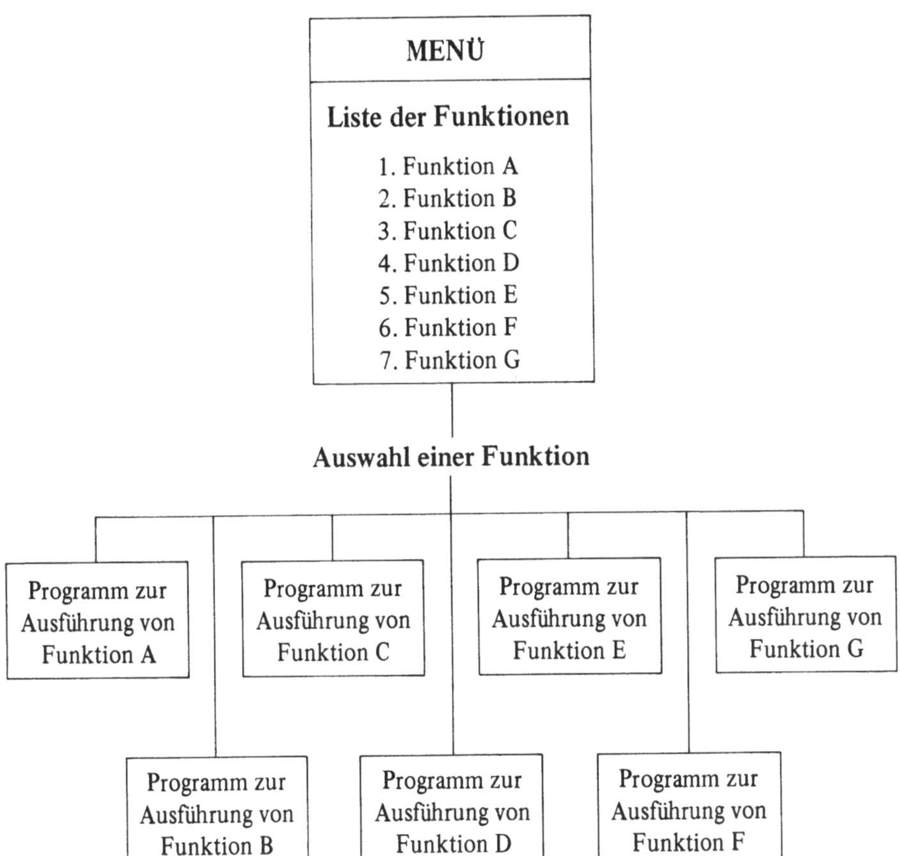

Bild 4.2 - Diagramm eines einfachen Menüsystems

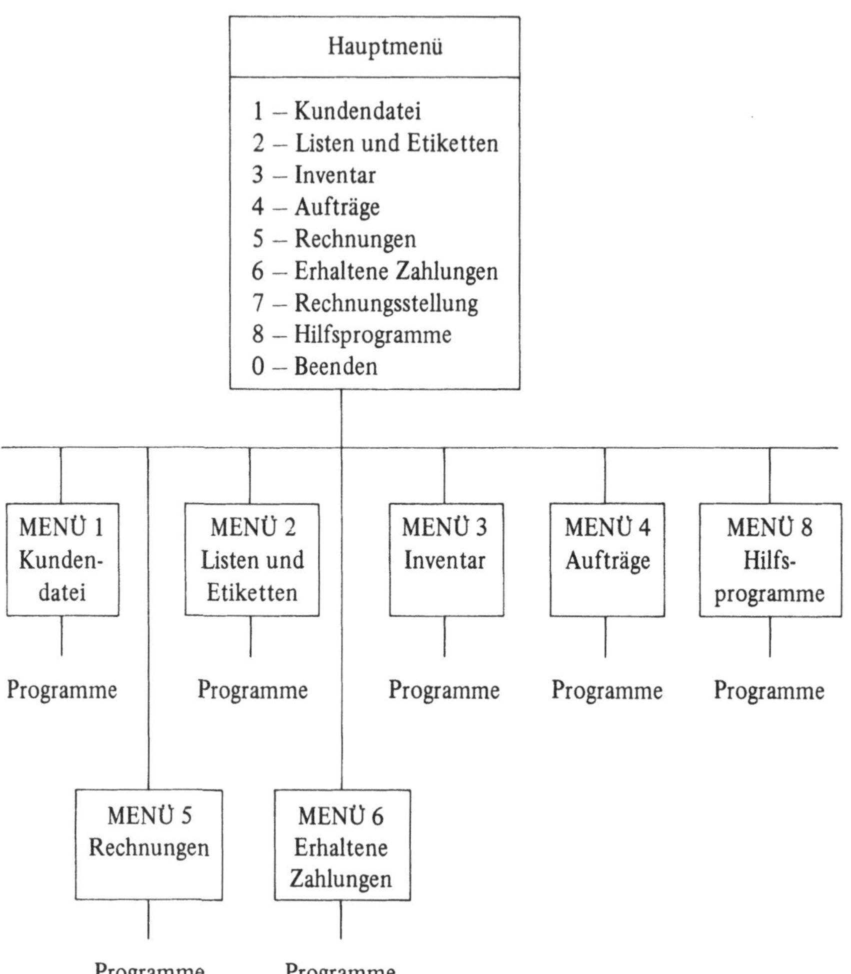

Bild 4.3 - Menüdiagramm des Buchgroßhandels

Das Programmsystem

Das Hauptprogramm soll die in Bild 4.4 gezeigte Bildschirmdarstellung erzeugen. Der Bediener kann über die Cursortasten die gewünschte Menüleiste auswählen und dann daraus eine Funktion abrufen.

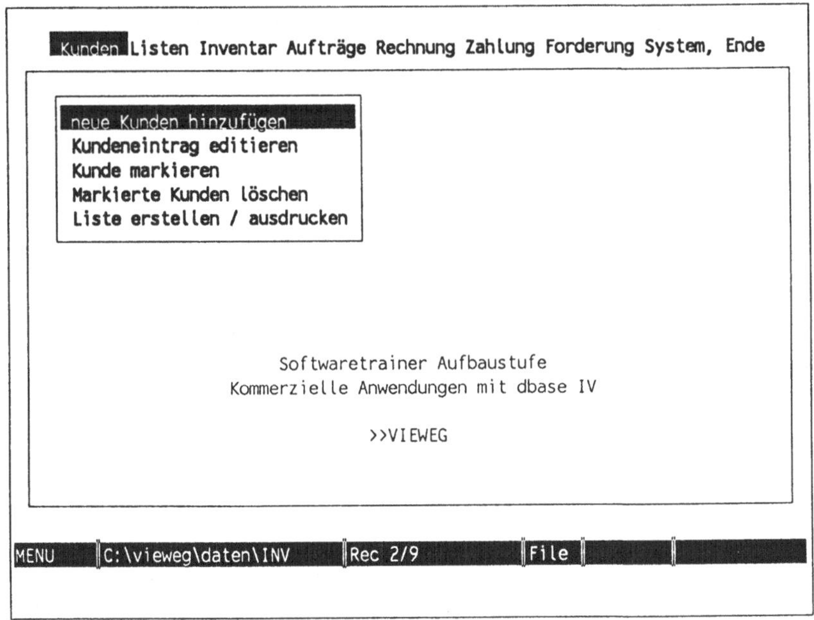

Bild 4.4 - Bildschirmdarstellung des Hauptmenüs

Die meisten Programme bestehen aus drei Teilen: einem Vorspann, dem Hauptteil und dem Nachspann. Den Vorspann unseres Menüprogrammes bilden die Kommandos, die vor der Anweisung *do while* erscheinen. Der Hauptteil befindet sich zwischen *do while* und *enddo* und der Nachspann besteht lediglich aus dem Befehl *quit*. Im folgenden werden die verschiedenen Anweisungen des Programms genauer erläutert.

* (Asteriskzeichen)

Kommentarzeilen beginnen in dBASE mit dem Asteriskzeichen (*). Kommentare dienen der Programmdokumentation, sie beeinflussen nicht Geschwindigkeit der Ausführung da dBASE IV die Programme sofort kompiliert und dabei auch alle Kommentare entfernt. Eine präzise Programmdokumentation, insbesondere hinsichtlich der wenig offensichtlichen Aspekte, ist unbedingt empfehlenswert. Hingegen sind langatmige Erklärungen im allgemeinen unangebracht, zumal, wenn sie mitten im Programmcode stehen und das Programm unübersichtlich werden lassen. Am Programmanfang sollten stets der Programmname, die Funktion des Programmes, der Name des Autors und das Datum der letzten Programmänderung stehen.

set default to C:

Das System dBASE IV befindet sich im allgemeinen auf einer Festplatte. *set default* spezifiziert das Laufwerk (hier Laufwerk C:) auf der Programme und Dateien abgelegt sind. Über die Eingabe eines vollständigen Pfadnamens kann aber auch auf ein anderes Laufwerk zugegriffen werden.

set default to kontrolliert einen der Verarbeitungsparameter in dBASE IV. Der Status dieses Verarbeitungsparameters kann, wie die Statusinformation über die geöffneten Datenbanken und deren Indexdateien auf den verschiedenen Arbeitsflächen, durch den Befehl *display status* angezeigt werden.

set path to C:\BUCH\PROGRAMM,C:\BUCH\DATEN

set path legt die Reihenfolge der Verzeichnisse fest, in denen nach einer bestimmten Datei gesucht werden soll, sofern sie nicht im *Arbeitsverzeichnis* (dem Verzeichnis, das gerade benutzt wird) gefunden wird. Das Betriebssystem DOS verwendet ein hierarchisches Verzeichnissystem. Eine Beispieldarstellung sehen Sie in Bild 4.5. Ein Diskettenverzeichnis kann Dateien und Unterverzeichnisse enthalten. Das oberste Verzeichnis wird *Stammverzeichnis* oder *Urspungsverzeichnis* genannt und mit einem umgekehrten Schrägstrich \ bezeichnet. Das ist normalerweise das Verzeichnis, mit dem das System nach dem Start arbeitet. Unterverzeichnisse *müssen* nicht verwendet werden.

Aber: Unterverzeichnisse können bei der Verwaltung von Dateien helfen. Enthält ein Verzeichnis sehr viele Dateien, ist eine Aufteilung in Unterverzeichnisse sinnvoll. Unterverzeichnisse werden mit dem DOS-Befehl *mkdir* erstellt. Um die beiden Unterverzeichnisse BUCH\PROGRAMM und BUCH\DATEN anzulegen, sind folgende Befehle anzuwenden:

```
mkdir \BUCH
mkdir \BUCH\PROGRAMM
mkdir \BUCH\DATEN
```

Soll ein Programm oder eine Datei in einem bestimmten Unterverzeichnis abgelegt werden, muß der vollständige Pfadname angegeben werden.

```
.modify command\BUCH\PROGRAMM\programmname
```

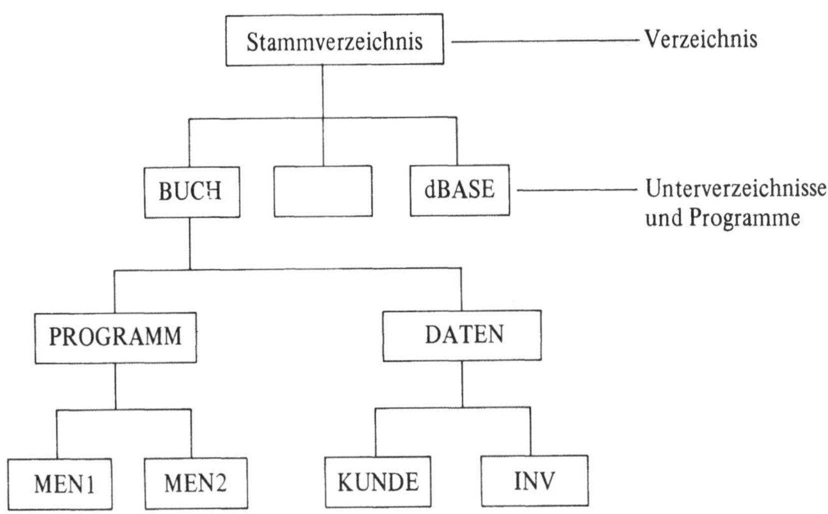

Bild 4.5 - Verzeichnisse

Ein Pfadname besteht aus den Namen der beteiligten Verzeichnisse. Pfadnamen, die mit einem umgekehrten Schrägstrich beginnen, sind absolute Pfadnamen. Sie beginnen ihren Pfad beim Stammverzeichnis. Pfadnamen ohne diesen Schrägstrich sind relativ und gehen vom *aktiven* (*aktuellen*) Verzeichnis aus.

Pfaddefinitionen und Standardfestlegungen sollten immer zu Beginn eines Programmes erscheinen. Dateien können dann gleich in das richtige (Unter-)Verzeichnis übergeben werden. Ein Zugriff auf eine dieser Dateien ist ohne weitere Suche möglich. Außerdem erhöht sich die Zugriffsgeschwindigkeit durch die Spezifikation des vollständigen Dateinamens (beispielsweise: \BUCH\MEN).

close databases

Dieser Befehl schließt alle offenen Datenbanken und Indexdateien.

clear all

Alle vorher angelegten Variablen werden gelöscht, der belegte Speicher wird wieder freigegeben.

do INIT

Der Systemstart wird mit dem Programm INIT.PRG in Listing 2 abgeschlossen. Alle Anweisungen dieses Programmes lassen sich in das Hauptmenüprogramm einfügen. Trotzdem soll hier eine eigene Datei verwendet werden. Mit dieser Datei werden die Datenbankdateien, die entsprechenden Indexdateien und die Formatdateien geöffnet. Außerdem werden die Systemvariablen und Verarbeitungsparameter festgelegt.

do def_mens

Mit dem Aufruf der Prozedur *def_mens* wird das Menüsystem initialisiert.

on pad ...

Mit den nächsten acht Anweisungen wird die Zuordnung der POPUP Menüs zu den einzelnen PADs festgelegt. Sobald das Auswahlfeld auf eines der PADs positioniert wird, stellt dBASE das entsprechende POPUP auf dem Bildschirm dar.

on selection popup ...

Wenn in einem der POPUP Menüs eine Auswahl mit RETURN abgerufen wurde, führt dBASE ein entsprechendes Unterprogramm aus. Die Prozedur *callsbr* wertet dann die Informationen über das gewählte Feld aus und ruft das entsprechende Unterprogramm auf.

Mexit = .T.

Die Speichervariable *Mexit* dient zur Kontrolle der folgenden *do..while* Schleife. Sobald *Mexit* = *.F.* ist, wird die Schleife.

Mpad = "A"

In dieser Speichervariablen wird das Pad festgelegt, das als erstes mit dem Befehl *activate menu* angezeigt wird. *Mpad* wird beim Aufruf eines PADs auf die Nummer dieses PADs gesetzt, nach der Bearbeitung der eigentlichen Programmfunktion wird dann das Menü mit diesem PAD wieder aufgerufen.

do while Mexit

Die Befehle zwischen *do while* und *enddo* werden so lange wiederholt, wie der Bedingungsausdruck hinter *do while* wahr ist. In diesem Fall wird die Schleife also so lange durchlaufen, bis in irgendeinem Programmteil die Variable *Mexit* auf *.F.* gesetzt wird. Das Konstrukt *do while/enddo* wird oft nur *do*-Schleife genannt. Im Programm sind zwei *do*-Schleifen zu erkennen, eine innere und eine äußere. *do*-Schleifen dürfen sich nicht überschneiden. Hinter den Befehlen *enddo* (siehe Programm) und *endif* darf in der gleichen Zeile ein Kommentar erscheinen.

set color of box to w/n

Die Farbe der die Menüleisten umschließenden Kästchen wird mit diesem Befehl eingestellt. Mit dem Befehl *set color* können auch die Farben und Rahmenformen von anderen dBASE Bildschirmausgaben frei eingestellt werden.

clear

Mit dem Befehl *clear* wird die aktuelle Bildschirmdarstellung gelöscht.

@ 2, 1 to 20, 78

zeichnet einen Rahmen auf dem Bildschirm

@...say...

Zeilen, die mit diesem Befehl beginnen, zeigen den hinter @...*say* spezifizierten Text auf dem Bildschirm an. Die Zahlen hinter dem Klammeraffensymbol @ sind die Zeilen- und Spaltenposition, bei denen der Text beginnt. Der Bildschirm besitzt 24 nutzbare Zeilen (Zeilennummern 0 bis 23), wobei Zeile 0 nicht verwendet werden sollte, da dBASE IV diese Zeile für Statusmeldungen benötigt. Die Anzahl der Spalten beträgt 80 (Spalte 0 bis 79). Zur Anzeige mehrerer Zeichenketten müssen die einzelnen Zeichenketten durch das Symbol + miteinander verknüpft werden.

deactivate menu

Das mit *activate menu* aktivierte Menüsystem wird desaktiviert, der Bildschirm wird wieder freigegeben.

return

Mit der Anweisung *return* verlässt dBASE das momentane Programm und kehrt zur nächsthöheren Ebene zurück. In diesem Fall wurde das Programm aus dem dBASE Punktmodus aufgerufen, also kehrt die Kontrolle wieder dorthin zurück.

procedure def_mens

Mittels dieser Prozedur wird das Menüsystem definiert. Ein Menüsystem besteht in dBASE aus PADs und, optional, zugehörigen POPUPs.
Bei diesem Verfahren werden die PADs in einer Zeile, meist in einer der oberen Bildschirmzeilen, dargestellt, sie dienen als Hauptauswahl des

Menüsystems. In diesem Programm wird zu jedem PAD ein weiteres Menü angegeben, aus dem dann die eigentliche Funktion ausgewählt und ausgeführt wird.

define menu main

Das Menü bekommt einen Namen zugewiesen anhand dessen es während des Programmlaufs mit der Anweisung activate menu aufgerufen wird.

define pad ...

Als nächster Schritt werden alle Bestandteile des Menüs eingegeben, dabei kann optional zu jedem PAD ein Kommentar in der untersten Bildschirmzeile eingeblendet werden.

define popup ...

Ein POPUP besteht aus einzelnen Balken die untereinander angeordnet sind, diese 'PADs' werden beginnend mit 1 durchlaufend nummeriert.

procedure callsbr

Diese Prozedur wird aufgerufen, wenn aus einem der Menüs eine Funktion mit der Taste RETURN ausgewählt wurde. Die Nummer des aktiven PADs wird in der Speichervariablen *Mbar*, die Nummer des ausgewählten Menübalkens in der Speichervariablen *Mbar*. In der nachfolgenden *do case* Anweisung wird die Speichervariable *Mpad* ausgewertet, der Name des aufzurufenden Unterprogramms wird aus *Mpad* und *Mbar* gebildet. Bei dieser Anwendung sind innerhalb der einzelnen *case* Zweige Vorbereitungsbefehle bzw. weitere *case* Anweisungen zur Unterscheidung der Auswahlen enthalten. Im Zweig *case Mpad = "C"* wird ein weiteres POPUP Menü aufgerufen.
Am Ende der Prozedur wird das Menü durch die Anweisung *deactivate menu* desaktiviert.

INIT.PRG

Im folgenden soll das Programm INIT.PRG näher untersucht werden. Dort wird zuerst der Bildschirminhalt gelöscht und eine Nachricht eingeblendet: *Laden der Datenbanken...* Anschließend werden alle offenen Datenbank- und Indexdateien geschlossen und etwaige Speichervariablen gelöscht. Die dBASE IV-Verarbeitungsparameter werden gesetzt und alle Datenbanken und Indexdateien ausgewählt. Alle durch das gesamte System verwendeten Speichervariablen werden gesetzt. Bei Verwendung mehrerer *set*-Befehle sollte auf eine alphabetische Reihenfolge geachtet werden.

? 'Laden der Datenbanken...

Der Befehl ? dient der Bildschirmanzeige. Jeder gültige dBASE IV-Ausdruck kann damit angezeigt werden. Gültige Ausdrücke können aus Feldern, Speichervariablen und Texten bestehen. Texte, wie *Laden der Datenbanken...* müssen in Begrenzungen eingeschlossen werden. Begrenzungen sind entweder Hochkommata oder Anführungszeichen. Der Text muß immer mit derselben Begrenzung beendet werden, mit der er eröffnet wurde. Wenn mehrere Datenbankdateien und deren Indexdateien geöffnet werden, kann eine zeitliche Verzögerung eintreten. Die Meldung versichert dem Benutzer, daß kein Fehler nach der Befehlseingabe aufgetreten ist.

clear all

Der Befehl *clear all* versetzt dBASE IV in den Anfangsstatus. Alle Dateien sind geschlossen. Es existiert keine Speichervariable im Speicher und die gewählte Arbeitsfläche trägt die Nummer 1.

```
* init.prg

clear
? 'Laden der Datenbanken...'

clear all

set bell off
set device to screen
set function 2  to ";"
set function 3  to ";"
set function 4  to ";"
set function 5  to ";"
set function 6  to ";"
set function 7  to ";"
set function 8  to ";"
set function 9  to ";"
set function 10 to ";"
set help off
set margin to 0
set menus on
set procedure to MENPROZ
set safety off
set talk off
```

```
select 1
use KUNDE index KUNDNR,KUNDNAME
select 2
use KONTROL
if year(RECHDAT) = 0
   replace RECHDAT with date()
endif
select 3
use INV index ISBN alias INVENTAR

public ANTWORT , STRICH, GLOCKE, CDATUM, WAHL, DRWAHL

A       = date()
ANTWORT = space(1)
STRICH  = chr(205)
do while len(STRICH) < 78
   STRICH = STRICH + STRICH
enddo
STRICH = substr(STRICH,1,78)
GLOCKE = chr(7)
CDATUM = str(day(A),2)+'. '+cmonth(A) + str(year(A),5)

if month(KONTROL->RECHDAT) # month(date())
   do MEN7.prg
endif
```

Listing 42 - INIT.PRG

Als nächstes sollen die Verarbeitungsparameter auf den gewünschten Status gesetzt werden. Automatisch erfolgt eine sinnvolle Einstellung zum Arbeiten mit der Tastatur. Die Parameter sollten in alphabetischer Reihenfolge gesetzt werden.

set bell off

Die Glocke ertönt, wenn ein Datensatz im Full-Screen-Modus (Datensätze können über den gesamten Bildschirm editiert werden) gefüllt ist. Die Glocke wird oftmals als störend empfunden. Sie soll daher nur ertönen, wenn ein Fehler auftritt.

set escape off

Die Taste *Esc* unterbricht die Programmausführung. Das kann für den Benutzer unter Umständen störend sein. *set escape off* entbindet die Escape-Taste von dieser Funktion. Dieser Befehl sollte erst verwendet werden, wenn alle Programme durchgetestet sind. Die einzige Alternative, ein Programm anders zu beenden, liegt in der Tastenkombination *Ctrl-Alt-*

Del. Die Zeile kann schon in das Programm eingefügt werden, ein vorgesetztes Asteriskzeichen (Stern) macht sie dann (vorläufig) zu einer Kommentarzeile. Ist das Programm komplettiert, läßt sich das Asteriskzeichen einfach entfernen. Fügen Sie die Zeile in das Programm INIT.PRG hinter *set bell off* ein.

set function n to ";"

Die Leistungen der Funktionstasten sollten während der Ausführung von Programmen unterbunden werden. Das versehentliche Anschlagen einer Funktionstaste kann zu unkontrollierbaren Ergebnissen führen. *set function n to ";"* gibt den Funktionstasten eine neue Bedeutung. Hier entspricht das Anschlagen einer Funktionstaste dem Betätigen der *Return*-Taste. Die Funktion der Taste *F1* kann nicht unterdrückt werden. *F1* stellt immer die Hilfsfunktionen bereit. Mit folgendem Befehl kann die Bedeutung der Funktionstasten zu Null definiert werden: *set function n to* "" oder *set function n to chr(0)*. Eine Betätigung der Funktionstasten hat (mit dieser Bedeutung) absolut keine Auswirkungen mehr.

set help off

Bei Angabe dieses Befehls wird im Fehlerfall keine Hilfe von dBASE angeboten.

set margin to 0

Der Standardrand des Druckers ist in dBASE auf Null gesetzt. Der Steuerparameter wird hier nur aufgeführt, damit der Benutzer erkennt, daß zwischen dem Blattrand und dem linken Rand des Textes keine Zeichen freigelassen werden, der Ausdruck beginnt direkt am Papierrand. Falls ein linker Rand gewünscht wird (z.B. beim Ausdruck in einer anderen Schriftart), kann hier statt des Wertes 0 ein anderer Wert eingesetzt werden.

set menus on

Dieser Befehl stellt ein Hilfsmenü bei Full-Screen-Editierbefehlen wie *append*, *browse*, *create* und *edit* bereit.

set procedure to dateiname

Die Prozedurdatei ist ein Spezialfall der Programmdatei. Sie kann bis zu 32 Prozeduren enthalten, wobei jede Prozedur einen eigenen Prozedurnamen haben muß. Der Name einer Prozedur kann bis zu zehn Zeichen lang sein. Eine Prozedur kann einem anderen Programm völlig gleichen, muß jedoch mit dem Befehl

```
procedure PROZEDURNAME
```

beginnen und mit einer *return*-Anweisung enden.

Die Prozedurdatei des Systems trägt den Namen MENPROZ.PRG. Die Namenerweiterung von Prozedurdateien ist, wie für reguläre Programmdateien, .PRG. Prozeduren sind für kleine Dienstprogramme nützlich, die eine schnelle Antwort erfordern. Prozedurnamen unterscheiden sich von anderen Dateinamen in diesem Buch dadurch, daß ihre Aufgabe durch ihren Namen beschrieben wird.

Alle Prozeduren werden mit dem Befehl *procedure PROZEDURNAME* geöffnet. Die Verwendung einer Prozedur gilt nicht als zusätzliche geöffnete Datei. Wird eine Prozedurdatei geöffnet, rastert dBASE IV die Datei ab und legt im Speicher eine Tabelle an, die die Prozedurnamen und die dazugehörigen Adressen (der Diskette) enthält. Eine Prozedur hat immer Vorrang gegenüber einem Programm gleichen Namens.

Zum besseren Verständnis von Prozedurdateien soll im folgenden eine Prozedur entwickelt werden. Prozeduren bestehen aus Funktionen, die wiederholt in einem Programm aufgerufen werden. Die Prozedurdatei wird zu einer Bibliothek von kleinen Unterroutinen. Es gibt aber keine Regel, die besagt, daß Prozeduren klein sein müssen.

```
* menproz.prg    Prozedurdatei für Menüsystem
* uebschr       - druckt Bildschirmüberschriften
* drwahl        - fragt, ob Drucker betriebsbereit
* wahl          - wählt Menüoption

procedure UEBSCHR
parameter UEBSCHR
clear
@ 2,2  say cdow(date())
@ 2,(78-LEN(UEBSCHR))/2 say UEBSCHR
@ 2,78 - len(CDATUM) say CDATUM
@ 3,1  say STRICH
return

procedure DRWAHL
@ 08,20 say 'Ist der Drucker betriebsbereit (J/N)? '
do wahl with 58,'JN'
```

```
clear gets
drwahl=wahl
return

procedure WAHL
parameters SPAL, BEREICH
WAHL = ' '
ZEIL = row()
do while .not. WAHL $ BEREICH
   @ ZEIL,SPAL get WAHL picture '!'
   read
enddo
return
```

Listing 4.3 - Beginn der Prozedurdatei MENPROZ.PRG

Mit dem Befehl *modify command* kann die Datei MENPROZ.PRG angelegt werden. Die Prozedur wird so in die Datei gespeichert, wie es in Listing 4.3 zu sehen ist. Das überarbeitete Menüprogramm wird in Listing 4.4 gezeigt.

Nachdem die Entwicklung des Gesamtsystems abgeschlossen ist, sollen dieser Datei noch weitere Prozeduren hinzugefügt werden. Die komplette Datei MENPROZ ist in den Anhängen zu finden. Eine Prozedurdatei kann auf diese Weise sehr lang werden. Die Dateigröße eines Programmes, das mit dem internen Editor bearbeitet werden kann, beträgt maximal 4096 Bytes. Die Größe einer Datei kann mit dem Befehl *dir* sofort ermittelt werden:

```
.dir PROGRAMM\MENPROZ.PRG
```

Die drei Prozeduren in Listing 4.3 unterscheiden sich geringfügig vom Originalprogramm (MENU.PRG). Diese Veränderungen erlauben es, die Prozedur auch in anderen Programmen zu benutzen. Die drei Prozeduren werden in diesem Kapitel noch besprochen.

set safety off

Vor der Zerstörung von Daten gibt dBASE IV eine Meldung aus, die einen Benutzer verunsichern kann. *set safety off* unterdrückt diese Warnungsmeldung.

set talk off

Für gewöhnlich sollte dieser Befehl schon sehr früh in einem Programm verwendet werden. Wenn dBASE IV von der Tastatur aus bedient wird, erfolgt auf jeden eingegebenen Befehl eine Antwort. Bei Programmbefehlen ist das oft nicht wünschenswert. Mit diesem Befehl wird die Kommunikation seitens dBASE IV vollkommen abgeschaltet. Es wird nichts auf Bildschirm oder Drucker ausgegeben, was nicht durch einen expliziten Befehl als eine solche Ausgabe spezifiziert wird. Fehlermeldungen von dBASE IV oder dem Betriebssystem können mit *set talk off* nicht unterdrückt werden.

select n

dBASE IV verfügt über zehn voneinander unabhängige Arbeitsflächen. Beim Programmstart von dBASE wird automatisch Arbeitsfläche 1 als aktive Arbeitsfläche angewählt. Eine Arbeitsfläche kann eine Datenbankdatei, eine Formatdatei und bis zu sieben Indexdateien gleichzeitig enthalten. Jede Arbeitsfläche verfügt über einen eigenen Datensatzzeiger, der immer auf den aktuellen Datensatz (dieser Arbeitsfläche) zeigt. In dBASE IV dürfen zu gleicher Zeit höchstens 15 geöffnete Dateien existieren. Für das hier entwickelte Programmsystem benötigen Sie DOS ab Version 3.0. Bei Verwendung von niedrigeren DOS-Versionen kann eine Fehlermeldung erscheinen, die sich auf die Anzahl der geöffneten Dateien bezieht.

Der Befehl *select* erlaubt, zwischen den Arbeitsflächen auszuwählen. Das erste mal muß eine Arbeitsfläche durch die zugehörige Nummer angesprochen werden, später ist dies dann mit Hilfe des Namens der auf dieser Arbeitsfläche geöffneten Datenbank möglich. Es kann auch ein beim Öffnen der Datenbank zugewiesener ALIAS-Name verwendet werden.

use DATEINAME index [liste der indexdateien] alias NAME

Diese Befehlszeile schließt die geöffneten Dateien einer Arbeitsfläche und öffnet die genannte Datenbankdatei und deren Indexdateien (sofern spezifiziert). Die Namen der Indexdateien müssen durch Kommata getrennt werden. Die erste Indexdatei der Liste bestimmt den kontrollierenden Index. Der optionale Name hinter *alias* kann bis zu zehn Zeichen lang sein.

Die drei von diesem Programm geöffneten Dateien werden von den meisten Menüs verwendet.

public ANTWORT,STRICH,GLOCKE, CDATUM,...

Speichervariablen sind dem Ursprungsprogramm und den damit verbundenen Unterprogrammen zugänglich. Die Variablen werden üblicherweise bei der Programmbeendigung gelöscht. Sie sollen aber auch nach der Beendigung des Programmes INIT weiterbestehen. Der Befehl *public* deklariert die Variablen ANTWORT, STRICH, GLOCKE, CDATUM usw. als global. Eine Variable muß als global deklariert werden, bevor sie von anderen Programmen benutzt werden kann.

Die Variablen sollten immer in alphabetischer Reihenfolge aufgelistet werden. Man gewinnt einen besseren Überblick, wenn alle Variablen in einem Programm deklariert werden.

A = date()

Dieser Befehl erzeugt eine Speichervariable mit dem Namen *A* und speichert das aktuelle Datum unter diesem Variablennamen. *date()* ist eine Datumsfunktion. *A* ist eine vereinbarte Variable, die statt *date()* verwendet wird. Das Systemdatum liegt in der Form *tt.mm.jj* vor.

```
STRICH  = chr(205)
do while len(STRICH) < 78
   STRICH = STRICH + STRICH
enddo
STRICH = substr(STRICH,1,78)
```

Die Funktion *chr(n)* gibt das ASCII-Äquivalent der Zahl *n* aus. *chr(65)* entspricht dem Großbuchstaben *A*. *chr(7)* läßt die Glocke ertönen und *chr(205)* stellt eine Doppellinie dar. In Anhang A finden Sie eine vollständige ASCII-Tabelle.

Die *do*-Schleife gibt immer wieder die Variable STRICH aus. Nur Zeichenvariablen können auf diese Weise miteinander verbunden werden. Kinder sagen oft: 2 + 2 = 22. Wenn die Zweien als *Zeichen* gespeichert sind, stimmt das auch für dBASE. Bei jedem Schleifendurchlauf wird die Länge des Striches verdoppelt.

Ist die Variable lang genug, wird die Funktion *substr* benutzt, um die Größe der Variable festzulegen. Eine Alternative bietet diese Prozedur:

```
procedure DUPLIZIER
      parameter ZEICHEN, WIEVIEL, ZEIL, SPAL
      do while len(ZEICHEN) < WIEVIEL
              ZEICHEN = ZEICHEN + ZEICHEN
      enddo
      @ ZEIL, SPAL say substr(ZEICHEN,1,WIEVIEL)
return
```

GLOCKE = chr(7)

chr(7) ist der ASCII-Code, der die Glocke ertönen läßt. Im Programm könnte dieser Code auch direkt verwendet werden, die Variable GLOCKE macht das Ganze aber leichter verständlich.

CDATUM = str(day(A),2) + '. ' + cmonth(A) + str(year(A),5)

Diese Speichervariable speichert das Systemdatum in der Form *Tag. Monat Jahr*. Hier wurden die Funktionen *cmonth()*, *day()*, *year()* und *str()* benutzt. *cmonth()* gibt den Kalendermonat in Form eines Wortes aus. *day()* gibt den Tag des Monats als Zahl aus und die Ausgabe der Funktion *year()* ist eine vierstellige Zahl (z.B. 1985). Um all diese Informationen in einer einzigen Variable unterzubringen, müssen alle Informationen Zeichenausdrücke sein. Sie können dann in beliebiger Form aneinandergefügt werden. *str()* wiederum wandelt einen numerischen Wert in eine Zeichenkette um.

store space(1) to ANTWORT,WAHL

store bietet eine weitere Möglichkeit zur Erzeugung von Speichervariablen. Sie sollten von diesem Befehl Gebrauch machen, wenn mehreren Variablen der gleiche Wert zugewiesen werden soll. Hier speichert der Befehl ein Leerzeichen in die Variablen ANTWORT und WAHL.

```
*       MENU.PRG
*
*       Verwendung und Definition von Menüstrukturen unter dBASE IV.
*
*       Alle Funktionen werden aus einer horizontalen Menüfolge abgerufen,
*       zu jedem der aufgerufenen Punkte kann dann in einer vertikalen
*       Menüleiste das aktuelle Kommando abgerufen werden.


set default to C:
set path to C:\VIEWEG\PROGRAMM,C:\VIEWEG\DATEN
set date german
set status on

clear
? "Prüfen der Datenbanken und Indexdateien..."
if .not. file("BESTELL.DBT")
        @ 12,0 SAY "MEMO DATEI BESTELL.DBT nicht vorhanden!"
        wait
        return
endif
if .not. file("BESTKOP.DBT")
        @ 12,0 SAY "MEMO DATEI BESTKOP.DBT nicht vorhanden!"
        wait
        return
endif
if .not. file("KONTROL.DBF")
        @ 12,0 SAY "Datenbank KONTROL.DBF nicht vorhanden!"
        wait
        return
endif
if .not. file("KUNDE.DBF")
        @ 12,0 SAY "Datenbank KUNDE.DBF nicht vorhanden!"
        wait
        return
else
        if .not. file("KUNDNR.NDX")
                use kunde
                index on kundnr to DATEN\KUNDNR
        endif
        if .not. file("KUNDNAME.NDX")
                use kunde
                index on NAME TO DATEN\KUNDNAME
        endif
endif
```

```
if .not. file("INV.DBF")
        CLEAR
        @ 12,0 SAY "Datenbank INV.DBF nicht vorhanden!"
        wait
        return
else
        if .not. file("ISBN.NDX")
                use inv
                index on ISBN to DATEN\ISBN
        endif
endif
if .not. file("VERLEGER.DBF")
        CLEAR
        @ 12,0 SAY "Datenbank VERLEGER.DBF nicht vorhanden!"
        wait
        return
else
        if .not. file("VERLCODE.NDX")
                use VERLEGER
                index on VERLCODE to DATEN\VERLCODE
        endif
endif
if .not. file("BESTELL.DBF")
        CLEAR
        @ 12,0 SAY "Datenbank BESTELL.DBF nicht vorhanden!"
        wait
        return
else
        if .not. file("ISBN-O.NDX")
                use BESTELL
                index on ISBN to DATEN\ISBN-O
        endif
endif
if .not. file("ZAHLUNG.DBF")
        CLEAR
        @ 12,0 SAY "Datenbank ZAHLUNG.DBF nicht vorhanden!"
        wait
        return
else
        if .not. file("ZAHLUNG.NDX")
                use ZAHLUNG
                index on KUNDNR to DATEN\ZAHLUNG
        endif
endif
```

```
if .not. file("BEZAHLT.DBF")
        CLEAR
        @ 12,0 SAY "Datenbank BEZAHLT.DBF nicht vorhanden!"
        wait
        return
else
        if .not. file("BEZAHLT.NDX")
                use BEZAHLT
                index on KUNDNR to DATEN\BEZAHLT
        endif
endif
if .not. file("BERECH.DBF")
        CLEAR
        @ 12,0 SAY "Datenbank BERECH.DBF nicht vorhanden!"
        wait
        return
else
        if .not. file("BERECH.NDX")
                use BERECH
                index on KUNDNR to DATEN\BERECH
        endif
endif
close databases
clear all
do INIT.PRG
clear
Mxoffset        = 4
Msbr            = " "

do def_mens

on pad A of main  activate popup KUNDEN_POP
on pad B of main  activate popup LISTEN_POP
on pad C of main  activate popup INVENT_POP
on pad D of main  activate popup AUFTRG_POP
on pad E of main  activate popup RECHNG_POP
on pad F of main  activate popup ZAEING_POP
on pad G of main  activate popup RSTELL_POP
on pad H of main  activate popup UTILIT_POP
```

```
on selection popup KUNDEN_POP do callsbr
on selection popup LISTEN_POP do callsbr
on selection popup INVENT_POP do callsbr
on selection popup AUFTRG_POP do callsbr
on selection popup RECHNG_POP do callsbr
on selection popup ZAEING_POP do callsbr
on selection popup RSTELL_POP do callsbr
on selection popup UTILIT_POP do callsbr

Mexit = .t.
Mpad  = "A"
do while Mexit
        set color of box to w/n
        clear
        @  2, 1 to 20, 78
        @ 14,22 say "     Softwaretrainer Aufbaustufe      "
        @ 15,22 say "Kommerzielle Anwendungen mit dbase IV"
        @ 17,22 say "              >>VIEWEG                "
        activate menu main pad &Mpad
enddo
deactivate menu
return

procedure       def_mens

        *       Definition der Menüleiste am oberen Rand des Bildschirms,
        *       aus jedem dieser "PADs" kann ein POPUP abgerufen werden.

        define menu main
        define pad A of main prompt "Kunden"       at 1, 0 + Mxoffset message
"Pflege der Kundendatenbank"
        define pad B of main prompt "Listen"       at 1, 7 + Mxoffset message
"Kundenlisten erstellen und ausdrucken, Etiketten drucken"
        define pad C of main prompt "Inventar"     at 1,14 + Mxoffset message
"Pflege der Lagerdatenbank, Bestellungen und Lagerhaltung"
        define pad D of main prompt "Aufträge"     at 1,23 + Mxoffset message
"Aufträge erstellen, Verkaufsberichte, offene Aufträge"
        define pad E of main prompt "Rechnung"     at 1,32 + Mxoffset message
"Rechnungen und Nachbestellungen"
        define pad F of main prompt "Zahlung"      at 1,41 + Mxoffset message
"Kundenzahlungen verbuchen"
        define pad G of main prompt "Forderung"    at 1,49 + Mxoffset message
"Forderungen und Sammelrechnungen"
        define pad H of main prompt "System, Ende" at 1,59 + Mxoffset message
"Dienstprogramme"
```

```
*       Definition der einzelnen PopUp-Menüs

define popup KUNDEN_POP from 3, 0 + Mxoffset
define bar 1 of KUNDEN_POP prompt " neue Kunden hinzufügen"
define bar 2 of KUNDEN_POP prompt " Kundeneintrag editieren"
define bar 3 of KUNDEN_POP prompt " Kunde markieren"
define bar 4 of KUNDEN_POP prompt " Markierte Kunden löschen "
define bar 5 of KUNDEN_POP prompt " Liste erstellen / ausdrucken "

define popup LISTEN_POP from 3, 7 + Mxoffset
define bar 1 of LISTEN_POP prompt " Ausdruck alphabetisch"
define bar 2 of LISTEN_POP prompt " Ausdruck alphabetisch nach PLZ "
define bar 3 of LISTEN_POP prompt " Ausdruck nach Kundennummern"
define bar 4 of LISTEN_POP prompt " Spezifikation eingeben"
define bar 5 of LISTEN_POP prompt " Etiketten drucken"


define popup INVENT_POP from 3,14 + Mxoffset
define bar 1 of INVENT_POP prompt " Titel hinzufügen"
define bar 2 of INVENT_POP prompt " Titel zum Löschen markieren "
define bar 3 of INVENT_POP prompt " markierte Titel löschen"
define bar 4 of INVENT_POP prompt " Bestellsystem"
define bar 5 of INVENT_POP prompt " Lagerbestand aktualisieren ... "

define popup LAGERH_POP from 8,24 + Mxoffset
define bar 1 of LAGERH_POP prompt " Bücher bestellen"
define bar 2 of LAGERH_POP prompt " Liste der bestellten Bücher "
define bar 3 of LAGERH_POP prompt " Liste drucken"


define popup AUFTRG_POP from 3,23 + Mxoffset
define bar 1 of AUFTRG_POP prompt " neuen Auftrag erstellen"
define bar 2 of AUFTRG_POP prompt " Auftrag editieren"
define bar 3 of AUFTRG_POP prompt " Auftrag stornieren "
define bar 4 of AUFTRG_POP prompt " Auftrag drucken"
define bar 5 of AUFTRG_POP prompt " Verkaufsbericht vorbereiten "
define bar 6 of AUFTRG_POP prompt " suche offene Aufträge"
define bar 7 of AUFTRG_POP prompt " lösche alte Aufträge"

define popup RECHNG_POP from 3,32 + Mxoffset
define bar 1 of RECHNG_POP prompt " Erfüllen eines Auftrages"
define bar 2 of RECHNG_POP prompt " Rechnung editieren"
define bar 3 of RECHNG_POP prompt " Rechnung drucken"
define bar 4 of RECHNG_POP prompt " Anzeige der Nachbestellungen"
define bar 5 of RECHNG_POP prompt " Erfüllen einer Nachbestellung "
```

```
        define popup ZAEING_POP from 3,41 + Mxoffset
        define bar 1 of ZAEING_POP prompt " Kundenzahlung"
        define bar 2 of ZAEING_POP prompt " Zusammenfassung drucken "

        define popup RSTELL_POP from 3,49 + Mxoffset
        define bar 1 of RSTELL_POP prompt " monatliche Forderungsauflistung  "
        define bar 2 of RSTELL_POP prompt " Sammelrechnungen ausgeben"
        define bar 3 of RSTELL_POP prompt " Sammelrechnung für einen Kunden"
        define bar 4 of RSTELL_POP prompt " monatliche Zahlungsauflistung"

        define popup UTILIT_POP from 3,60 + Mxoffset
        define bar 1 of UTILIT_POP prompt " Sicherheitskopien auf Diskette  "
        define bar 2 of UTILIT_POP prompt " Daten restaurieren"
        define bar 3 of UTILIT_POP prompt " Datenbanken neu indexen"
        define bar 4 of UTILIT_POP prompt " Disketten formatieren"
        define bar 5 of UTILIT_POP prompt " Programm beenden"
        define bar 6 of UTILIT_POP prompt " zurück zu DOS"
return


*       Die ausgewählte Menüoption wird an diese Prozedur übergeben, hier
*       wird der Namen des aufzurufenden Programm aus den übergebenen Para-
*       metern gebildet und ausgeführt.

procedure CALLSBR
Mbar = str( bar(), 1)
Mpad = pad()
        do case
                case Mpad = "A"
                        select KUNDE
                        set index to KUNDNAME,KUNDNR
                        Msbr = "men1" + str( bar(), 1)
                        do &Msbr
                case Mpad = "B"
                        select KUNDE
                        do case
                                case bar() = 1
                                        set index to KUNDNAME
                                        do MEN2P.PRG with "Alphabetische
                                                                Kundenliste"
                                case bar() = 2
                                        index on PLZ+NAME to DATEN\PLZ
                                        do MEN2P.PRG with "Kundenliste nach
                                        Postleitzahlen"
```

```
                case bar() = 3
                        set index to KUNDNR
                        do MEN23.PRG with "Kundenliste nach
                                                   Kundennummern"
                case bar() = 4
                        set index to KUNDNAME
                        do MEN24.PRG
                case bar() = 5
                        set index to KUNDNAME
                        do UEBSCHR with "Etiketten drucken"
                        @ 04,10 say "Legen Sie bitte die Etiketten
                                                   in den Drucker!"
                        do drwahl
                        if drwahl="J"
                                set console off
                                label form MEN25 sample to print
                                set console on
                        endif
        endcase
case Mpad = "C"
        Mbar = str( bar(), 1)
        @ 20,4 say "Datenbanken werden geöffnet, Moment bitte..."
        do init3.prg
        select INVENTAR
        set relation to VERLCODE into LIEFERER
        do case
                case Mbar = "1"
                        do Men31
                case Mbar = "2" .or. Mbar = "3" .or. Mbar = "4"
                        if .not. (eof() .and. bof())
                                Msbr = "men3" + Mbar
                                do &Msbr
                        endif
                case Mbar = "5"
                        on selection popup LAGERH_POP do men35.prg
                        activate popup LAGERH_POP
        endcase
        select 1
        use KUNDE index KUNDNR,KUNDNAME
case Mpad = "D"
        do INIT4.PRG
        select VERKAUF
        if .not. (eof() .and. bof())
                Msbr = "men4" + Mbar
                do &Msbr
        endif
```

```
        case Mpad = "E"
                do INIT5.PRG
                select RECHGEN
                if .not. (eof() .and. bof())
                        Msbr = "men5" + Mbar
                        do &Msbr
                else
                        do Men51
                endif
        case Mpad = "F"
                select 4
                use ZAHLUNG index ZAHLUNG
                Msbr = "men6" + Mbar
                do &Msbr
        case Mpad = "G"
                do init7.prg
                select KUNDE
                select 4
                use
                select 5
                use
                select 3
                use INV index ISBN alias INVENTAR
                Msbr = "men7" + Mbar
                do &Msbr
        case Mpad = "H"
                close databases
                do case
                        case Mbar = "5"
                                Mexit = .f.
                        case Mbar = "6"
                                quit
                        otherwise
                                Msbr = "men8" + Mbar
                                do &Msbr
                                do INIT.PRG
                endcase
    endcase
    deactivate menu
return
```

Listing 4.5 - das vollständige Menüprogramm MENU.PRG

Die Endversion des Programmes MENU.PRG enthält einige Abfragen auf das Vorhandensein der einzelnen Datenbanken und Indexdateien (*if .not file(...)*). Bei Nichtvorhandensein einer Datenbank oder Indexdatei wird eine Meldung angezeigt (für Datenbanken) oder die Indexdatei neu erstellt.

Kapitel 5

Die Kundendatei

Ein Buchgrossist (Großhandel für Bücher) benötigt ein Programmsystem zur Bearbeitung von Kundeninformationen (Firmenname, Adresse, Telefonnummer, Ansprechpartner und Informationen wie Kreditlimit oder Kreditstand). Der Zugriff auf die Informationen soll über den Kundennamen erfolgen.

Geschäfte müssen Aufzeichnungen über Kunden, Lieferanten und Angestellte machen, Schulen über Studenten und die Lehrer; Regierungen sammeln Informationen über jedermann. Die Informationen werden in Form von Datensätzen in *Namensdateien* gespeichert. Namensdateien sind Dateien, auf die der Zugriff in erster Linie über den Namen einer Person erfolgt. In diesem Kapitel sollen Programme entwickelt werden, mit denen Datensätze einer Namensdatei gelöscht, editiert und aufgelistet werden können. Außerdem können Datensätze hinzugefügt werden.

Datensätze müssen oft mit Datensätzen aus anderen Dateien, wie in unserem Fall der Auftragsbearbeitungsdatei verknüpft werden. Ein Namensfeld stellt nicht immer eine geeignete Verbindung zwischen Dateien dar. Vielleicht beinhaltet die Datei auch Datensätze von Kunden gleichen Namens. Die fiktive Buchhandlung kann zum Beispiel mehrere Kunden des Namens *Buchhandlung Meier* haben.

Bestimmte Kundendatensätze können mit Datensätzen anderer Dateien über Kundennummern verknüpft werden. Eine Kundennummer identifiziert einen Kunden eindeutig. In unserem System gibt es keine zwei Kunden, die dieselbe Kundennummer besitzen. Wird ein neuer Kundendatensatz hinzugefügt, wird eine neue einzigartige Kundennummer vergeben. Die Nummern sollen in einem Abstand von 17 vergeben werden. Der Vorteil einer solchen Verteilung liegt in der geringeren Fehlerquote bei manueller Eingabe. Bei nur einer falsch eingegebenen Ziffer der Kundennummer resultiert daraus keine gültige Kundennummer. Alternativ kann zur eindeutigen Kennzeichnung eines Kunden Datum bzw. Zeit (sicherheitshalber) der Erstellung des Kundendatensatzes hinzugefügt werden. Datum und Zeit werden von der Systemuhr bereitgestellt, und die letzte vergebene Kundennummer muß nicht notiert werden.

Die Buchhandlung verfügt über zwei Datenbankdateien im Kundensystem: KUNDE und KONTROL. Die Datenbankpläne der beiden Dateien sind aus den Tabellen 5.1 und 5.2 ersichtlich. Weitere Felder können den Dateien jederzeit hinzugefügt werden. Zum Anlegen der Dateien im Unterverzeichnis \BUCH\DATEN muß der vollständige Pfadname verwendet werden.

```
.create c:\BUCH\DATEN\KUNDE
.create c:\BUCH\DATEN\KONTROL
```

Indexdateien ermöglichen die indizierte Darstellung von Datensätzen nach einem bestimmten Feld oder anderen Kriterien. In der Buchgroßhandlung wird direkter Zugriff auf Datensätze über Kundenname und Kundennummer benötigt. Zu diesem Zweck müssen zwei Indexdateien angelegt werden. Die Datensätze können durch die Datei KUNDNAME über den Kundennamen angesprochen werden. Bei der Datei KUNDNR werden die Kundennummern verwendet. Andere Indexdateien werden bei Bedarf angelegt.

BESCHREIBUNG	FELDNAME	FELDTYP	FELDBREITE
Kundenname	NAME	Zeichen	30
Empfohlener Ansprechpartner	EMPF	Zeichen	30
Straße	ADRESSE	Zeichen	25
Stadt	STADT	Zeichen	20
Bundesland	LAND	Zeichen	2
Postleitzahl	PLZ	Zeichen	4
Telefonverbindung	TELEFON	Zeichen	14
Kunde seit	DATUM	Zeichen	8
Kundennummer	KUNDNR	Zeichen	6
Kreditstand	KREDIT	Zeichen	1
	Datensatzgröße	...141 Bytes	
Indexdateien:	KUNDNR	nach KUNDNR	
	NAME	nach KUNDNAME	

Tabelle 5.1 - Datenbankplan der Kundendatei KUNDE

Indexdateien können auch für eine leere Datenbankdatei angelegt werden. Zur Speicherung einer Indexdatei im Unterverzeichnis \BUCH\DATEN muß der vollständige Pfadname angegeben werden:

```
.index on NAME to c:\BUCH\DATEN\KUNDNAME
.index on KUNDNR to c:\BUCH\DATEN\KUNDNR
```

Die Datenbank KONTROL enthält die zuletzt vergebene Kundennummer und die Nummer des zuletzt veränderten Kundendatensatzes. Die Datenbank besteht nur aus einem einzigen Datensatz. Dem Feld KUNDNR wird der Anfangswert 100.000 zugewiesen; das Feld LETZTEDIT ist bei der ersten Benutzung des Systems leer.

BESCHREIBUNG	FELDNAME	FELDTYP	FELDBREITE
Kundennummer	KUNDNR	Numerisch	6
Letztbenutzter Kundendatensatz	LETZTEDIT	Zeichen	6
	Datensatzgröße		... 13 Bytes

Tabelle 5.2 - Datenbankplan der Datei KONTROL

Das Kundenmenü - POPUP KUNDEN_POP

Das Kundenmenü stellt dem Benutzer folgende Auswahlmöglichkeiten zur Verfügung: Hinzufügen, Editieren, Löschen und Anzeigen von Kundendatensätzen. Die Bildschirmdarstellung des Menüs finden Sie in Bild 5.1, die zugehörigen Auszüge aus dem Menüprogramm MENU.PRG in Listing 5.2.

Beschreibung des Menüprogramms

Das Kundenmenüprogramm setzt die Anfangsbedingungen für die Arbeit mit Kundendatensätzen fest und bietet dem Benutzer sechs Alternativen zur Auswahl. Bei der erstmaligen Verwendung des Menüs ist die Kundendatenbank leer und es gibt nur zwei sinnvolle Wahlmöglichkeiten: Das Hinzufügen von Datensätzen und der Rücksprung zum Hauptmenü.

Zur Realisierung des Menüsystems wurden die dBASE IV Funktionen, die POPUP-Menüs (Menüleisten, aus denen mit den Cursortasten eine Option ausgewählt wird) ermöglichen, verwendet. In der zweiten Bildschirmzeile wird eine Reihe von Schlüsselwörtern angezeigt, zu jedem dieser Schlüsselwörter existiert ein POPUP (Menüleiste). Aus diesem Menükonstrukt sind alle Systemfunktionen erreichbar.

Definiert wird das Menüsystem durch die Prozedur *def_mens*.

Durch die Anweisungen *on pad A of main activate popup KUNDEN_POP* wird das POPUP-Menü KUNDEN_POP aufgerufen und dargestellt, sobald das entsprechende PAD (hier A) mit den Tasten *Cursor links* oder *Cursor rechts* ausgewählt wurde. Zur Auswahl der eigentlichen Funktion wird die Taste RETURN verwendet, vorher kann das entsprechende Feld (in der dBASE Terminologie heißt es *BAR*) mit den Tasten *Cursor hoch* und *Cursor abwärts* angefahren werden.

Wurde in einem POPUP die Taste RETURN betätigt, wird durch die Anweisung *on selection popup KUNDEN_POP do callsbr* die Prozedur *call_sbr* aufgerufen, dort werden dann die Informationen über den ausgewählten Befehl in eine Aktion umgesetzt. Im Folgenden der Auszug aus der Prozedur *callsbr,* der diese Auswertung vornimmt :

```
procedure CALLSBR
Mbar = str( bar(), 1)
Mpad = pad()
        do case
                case Mpad = "A"
                        select KUNDE
                        set index to KUNDNAME,KUNDNR
                        Msbr = "men1" + Mbar
                        do &Msbr
        (... weitere case Zweige)
        endcase
deactivate menu
return
```

procedure callsbr

Die Auswertung der Auswahl geschieht in dieser Prozedur. dBASE IV übergibt die Auswahl in Form von zwei Funktionen :

bar() übergibt die Auswahl innerhalb eines POPUPs, also die Position, an der sich der Leuchtbalken befand, als die Taste RETURN betätigt wurde

pad() übergibt die Nummer der aktiven POPUPs.

Die Werte dieser beiden Funktionen werden in den Speichervariablen *Mbar* und *Mpad* gespeichert. Durch die Zwischenspeicherung in Speichervariablen ist gesichert, daß eventuell verschachtelte Menükonstrukte sich nicht gegenseitig beeinflussen können.

Mbar = str(bar(), 1)

Die Speichervariable Mbar bekommt den Wert der Funktion bar in Form einer 1 Zeichen langen Zeichenkette zugewiesen. Zur Konvertierung einer Zahl in eine Zeichenkette wird die Funktion *str()* verwendet, die Übergabeparameter sind dabei ein gültiger dBASE IV numerischer Ausdruck und das Zahlenformat.

Mpad = pad()

In der Speichervariablen *Mpad* wird der Name des gewählten PADs gespeichert. Falls eine der beiden Variablen nocht nicht mit *store* angelegt wurde (dies wird beim ersten Aufruf der Prozedur der Fall sein), wird sie damit automatisch im Speicher allokiert.

do case .. endcase

In dieser *case* Anweisung wird die Speichervariable *Mpad* ausgewertet. Abhängig von deren Inhalt werden dann die entsprechenden Aktionen ausgelöst.

case Mpad = "A"

Besitzt die Speichervariable Mpad den Wert "A", so wird der unmittelbar darauffolgende Zweig der case Anweisung ausgeführt.

select KUNDE

set index to KUNDNAME,KUNDNR

Alle Funktionen im POPUP KUNDEN_POP beziehen sich auf die im Arbeitsbereich KUNDE geöffnete Datenbank. Durch die Anweisung *select* wird dieser Arbeitsbereich aktiviert. Mit der Anweisung *set index* wird sichergestellt, daß beide Indexdateien geöffnet sind und in der richtigen Reihenfolge vorliegen.

Msbr = "men1" + Mbar

In der Speichervariablen *Msbr* wird der Name des aufzurufenden Unterprogramms gebildet, er setzt sich aus dem Präfix "men1" und dem Zeichen in *Mbar* zusammen. Wurde zum Beispiel der zweite Leuchtbalken ausgewählt, ist der Inhalt von *Msbr* gleich "men12", in der nächsten Zeile würde das Unterprogramm MEN12.PRG ausgeführt.

do &Msbr

Das Unterprogramm wird mit dem Befehl *do* aufgerufen und ausgeführt. Durch die Verwendeung des Makro-Operators *&* wird nicht das Unterprogramm *Msbr* sondern der Inhalt von *Msbr* als Name des Unterprogramms verwendet.

ein Beispiel (der Inhalt von *Msbr* sei "MEN12") :

do Msbr das Unterprogramm *Msbr* wird aufgerufen

do Msbr das Unterprogramm MEN12 wird aufgerufen

Der *case* Zweig endet an der nächsten *case* Anweisung, dBASE IV springt jetzt an das Ende der case Anweisung und fährt mit dem nächsten dort vorhandenen Befehl fort.

deactivate menu

Das Menüsystem wird desaktiviert und damit von Bildschirm entfernt.

return

Die Prozedur ist beendet, die Kontrolle wird wieder an die *do..while* Schleife, die das Menü aufbaut, übergeben.

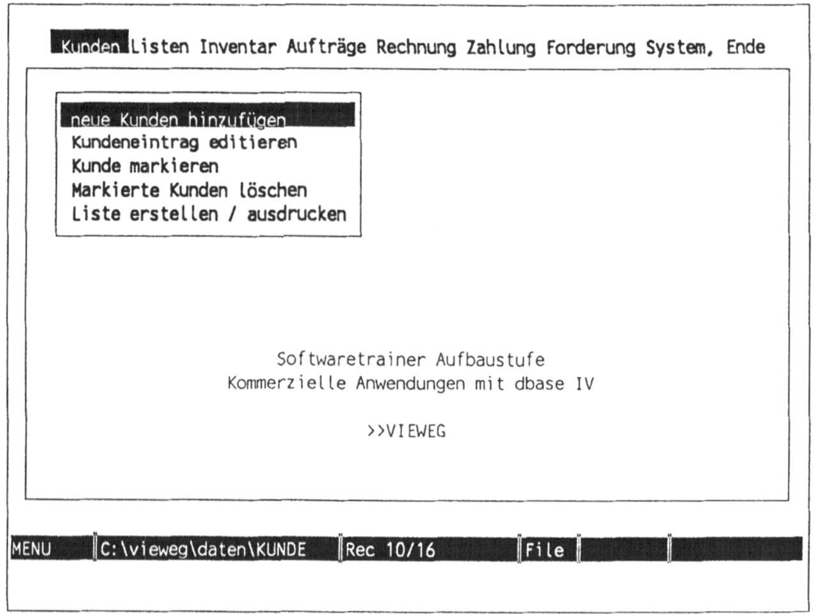

Bild 5.1 - Bildschirmdarstellung des Kundenmenüs

Hinzufügen von Datensätzen in die Datenbank

Was ist nun die eigentliche Aufgabe des Programms? dBASE IV verfügt über die Anweisung *append*, mit der neue Datensätze an eine existierende Datenbankdatei angehängt werden können. Das Menüprogramm wird benötigt, weil nicht nur Datensätze hinzugefügt werden sollen. Außerdem sollen die folgenden Aufgaben vom Kundenuntermenü erledigt werden:

Letzten eingegebenen Kundendatensatz anzeigen;

Kundennamen akzeptieren, der bereits in der Datenbank enthalten ist;

Datenbank nach einem Kundennamen durchsuchen und den Inhalt aller Datensätze anzeigen, die den betreffenden Kundennamen enthalten;

Eingabe eines Datensatzes, obwohl bereits ein Duplikat existiert;

Anzeige einer Bildschirmmaske zur Kundendateneingabe;

Automatische Zuweisung einer Kundennummer;

Kundennummer und aktuelles Datum automatisch in den neuen Datensatz aufnehmen.

Das Programm, das alle diese Aufgaben erfüllt, ist MEN11.PRG in Listing 5.2. Die Bildschirmmaske des Programms zur Dateneingabe wird in Bild 5.2 ersichtlich. Das diese Bildschirmdarstellung erzeugende Programm heißt MEN1S.PRG (Listing 5.3).

UEBSCHRMLD='Neue Kundendatensätze hinzufügen'

Die Überschrift am oberen Bildschirmrand wird mit Hilfe der Prozedur UEBSCHR eingeblendet. Der Prozedur muß ein Parameter, die Überschrift, übergeben werden. UEBSCHR wird von mehreren Programmen aufgerufen, auch von dem Programm zur Erstellung von Bildschirmmasken, MEN1S.PRG. Die Variable UEBSCHRMLD enthält die Meldung, die von der Prozedur UEBSCHR ausgegeben werden soll (siehe Bild 5.2 und Listing 5.3).

```
find \!@#$%^&
if recno() > 1
   go recno() - 1
endif
```

Dieser Programmblock stellt den Datensatzzeiger auf den letzten hinzugefügten Datensatz, der Datensatz erscheint auf dem Dateneingabebildschirm des Programms MEN1S. Bei einer leeren Datei wird der Datensatzzeiger auf den Eintrag, der das Ende der Datei anzeigt, gestellt. Die Datensatznummer des Datensatzes ist um eins höher als die des letzten

Datensatzes der Datenbank. Die Datensatznummer wird mit der Funktion *recno()* abgefragt. *go recno() - 1* stellt den Datensatzzeiger auf den letzten der Datenbank hinzugefügten Datensatz (letzter Datensatz der Datenbank).

Die Prozedur setzt den Datensatzzeiger immer auf den letzten physikalischen Datensatz einer Datenbank, sie trägt den Namen ZEILTEST.

```
procedure ZEILTEST
parameter ZEIL
clear gets
if ZEIL >= 22
   ?
   ?
else
   ZEIL = ZEIL+1
endif
return
```

An der Stelle, an der die *do*-Schleife beginnt, sieht der Bildschirm wie in Bild 5.2 dargestellt aus.

Variablen

Die Schleife arbeitet mit zwei Variablen: SNAME - die aus 30 Leerzeichen besteht und OK_HINZU. Beide Variablen werden bei jedem Schleifendurchlauf zurückgesetzt.

@ 23,2 say...get SNAME picture '@!'
read

Mit Hilfe dieser Anweisung erscheint am unteren Bildschirmrand die Variable SNAME (30 Leerzeichen) mit einer Meldung. *say* und *get* können zusammen verwendet werden. Der Ausdruck *picture* '*@!*' wandelt alle Zeichen der Variable SNAME in Großbuchstaben um (einschließlich der hinter dem *read* eingegebenen Daten). Die Anweisung *read* unterbricht das Programm, bis eine Benutzereingabe erfolgt, die der Variablen zugewiesen wird.

if SNAME=space(30)
exit
endif

Die Zeilen realisieren eine Abfrage: Enthält die Variable SNAME einen Kundennamen? Ist dies nicht der Fall, wird angenommen, daß die Dateneingabe beendet werden soll und automatisch in das Hauptmenü verzweigt. Die Abfrage ist für den Sprung aus der *do*-Schleife verantwortlich.

seek trim(SNAME)

seek wertet den nachstehenden Ausdruck aus und durchsucht die Indexdatei bis zum ersten, mit dem Muster übereinstimmenden Datensatz. Die Funktion *trim()* entfernt für diese Suche alle Leerzeichen am Ende der Variablen SNAME (SNAME selbst enthält die Leerzeichen noch). Besteht der Inhalt von SNAME nur aus A, findet dBASE IV den ersten Datensatz, der mit dem Buchstaben A beginnt. Das Suchmuster *Hans Mueller* trifft auf alle Datensätze zu, die mit *Hans Mueller* beginnen. Eine *Hans Mueller GmbH* wird ebenfalls gefunden. Umgekehrt werden bei der Suche nach der *Hans Mueller GmbH* die Datensätze, die nur mit *Hans Mueller* beginnen, nicht gefunden. Der Befehl kann wie folgt interpretiert werden: "Suche den ersten Datensatz, der mit dem Inhalt der Variable SNAME ohne die "abgeschnittenen" Leerzeichen beginnt". Ohne die Funktion *trim()* würden nur Datensätze gefunden, die genau dem Inhalt der Variablen entsprechend beginnen. Alle in der Variable enthaltene Leerzeichen müßten auch in den Datenbankfeldern vorhanden sein, um einen Datensatz zu finden.

if .not. eof()

Der Befehl bedeutet soviel wie "Wurde kein entsprechender Datensatz gefunden, ...". Verläuft die Suche erfolglos, wird der Datensatzzeiger auf den letzten leeren Datensatz gestellt und die End-of-File-Flagge (Ende der Datei oder EOF) gesetzt. Die *eof()*-Funktion kann verwendet werden, um festzustellen, mit welchem Erfolg die Suche verlaufen ist.

Wurde ein dem Suchmuster entsprechender Datensatz gefunden, sollen die folgenden Befehle ausgeführt werden, die Teile der gefundenen Datensätze anzeigen. Der Benutzer wird gefragt, ob der Datensatz in die Datei aufgenommen werden soll.

```
* men11.prg        Neue Kundendatensätze hinzufügen

UEBSCHRMLD = "Neue Kundendatensätze hinzufügen"
find \!@#$%^&
if recno() > 1
   go recno() - 1
endif
clear gets
do while .T.
   SNAME    = space(30)
   OK_HINZU= 'N'
   @ 23,2 say "Kundenname eingeben: " get SNAME picture '@!'
```

```
  read

  if SNAME = space(30)
     exit
  endif

  seek trim(SNAME)

  if .not. eof()
     clear
     @ 1,1 say 'Datensätze gleichen Namens sind: '
     display off NAME,ADRESSE while NAME = trim(SNAME)
     wait "Kunde trotzdem aufnehmen (J/N)? " to OK_HINZU
     go top
  endif

  if eof() .OR. upper(OK_HINZU) = 'J'
     append blank
     replace NAME with SNAME, DATUM with date(), ;
     KUNDNR with str(KONTROL->KUNDNR,6)
     select  KONTROL
     replace KUNDNR with KUNDNR + 17
     select  KUNDE
     do MEN1S.PRG
     read
  endif

enddo
use KUNDE index KUNDNAME,KUNDNR
```

Listing 5.2 - MEN11.PRG

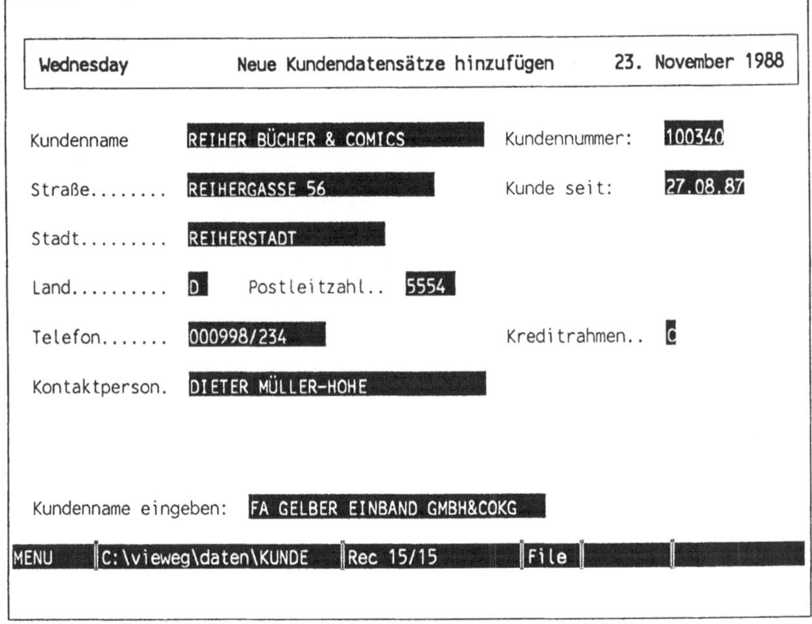

Bild 5.2 - Kundendateneingabebildschirm

display off...while...

Wird ein dem Suchmuster entsprechender Datensatz gefunden, befinden sich alle gleichartigen Datensätze in der Indexliste hinter diesem ersten Datensatz. Das Wort *off* bedeutet, daß keine Datensatznummern angezeigt werden. Das Befehlswort lautet hier *display* (nicht *list*), weil *display* immer nur soviel Daten ausgibt, wie auf den Bildschirm passen, und dann pausiert, damit der Benutzer die Daten lesen kann. *list* hingegen bringt alle gefundenen Datensätze ohne Pause auf den Bildschirm.

wait...to OK_HINZU

wait schreibt eine Meldung auf den Bildschirm und speichert den nächsten Tastendruck in die genannte Variable. Eine Standardmeldung erscheint, wenn keine Meldung bereitgestellt wurde. Falls Sie keine Meldung auf dem Bildschirm erscheinen lassen wollen, geben Sie ein Leerzeichen ein.

go top

Der Befehl stellt den Datensatzzeiger an den Beginn der Datenbank. Hiermit ist sichergestellt, daß sich der Zeiger nicht am Dateiende befindet. Der Datensatzzeiger sollte sich eigentlich zu Beginn des Befehlsblocks nicht am Dateiende befinden, aber *display off...while* könnte die Flagge *Ende-der-Datei* setzen. Die Entscheidung, einen bereits vorhandenen Kunden nicht in die Datei aufzunehmen, wäre dann nicht mehr möglich.

Der nächste Befehlsblock gibt automatisch einen neuen Datensatz ein, wenn die Flagge Ende-der-Datei gesetzt ist.

if eof() .or. upper(OK_HINZU)= 'J'

Oben gezeigter Block wird nur ausgeführt, wenn kein entsprechender Datensatz gefunden wurde oder der neue Datensatz trotzdem in die Datenbank aufgenommen werden soll. *upper()* ist eine Funktion, die den Inhalt der Variablen in Großbuchstaben ausgibt. Beachten Sie, daß hier nur zwischen zwei Fällen gewählt werden kann.

append blank

append blank hängt an das Ende der Datenbank einen leeren Datensatz an und setzt den Zeiger auf diesen Datensatz.

replace NAME with SNAME,...

replace ersetzt den Inhalt des spezifizierten Feldes durch die nachgenannte Information. Der Befehl ist zu lang, um in eine Zeile zu passen. In dBASE kann das Semikolon zur Fortführung eines Befehls in der nächsten Zeile verwendet werden. Beachten Sie den Ausdruck *str(KONTROL->KUNDNR,6)*, hiermit wird der Inhalt des numerischen Feldes KUNDNR aus der Datenbank KONTROL geladen und in eine *Zeichenkette* (*String*) umgewandelt. Die Zeichenkette kann nun in das Zeichenfeld KUNDNR der Kundendatenbank geschrieben werden. Das Feld in der Datenbank KONTROL enthält immer die nächste zu vergebende Kundennummer.

select KONTROL
replace KUNDNR with KUNDNR + 17
select KUNDE

Sie können nur in der derzeit gewählten Datei, das ist die aktuelle Datei, Veränderungen vornehmen. Der Befehlsblock wählt zeitweise die Datenbank KONTROL aus, damit in das Feld KUNDNR die nächste Kundennummer geschrieben werden kann. Anschließend wird als aktuelle Datenbank wieder KUNDE gewählt.

do MEN1S.PRG
read

Zum Schluß wird die Bildschirmmaske zur Dateneingabe eingeblendet. Der Befehl *read* erlaubt dem Benutzer die Dateneingabe.

```
* men1s.prg
do UEBSCHR with UEBSCHRMLD
if deleted()
   @ 1,65 say 'MARKIERT'
endif

@  5,50 say 'Kundennummer:   ' get KUNDNR
@  7,50 say 'Kunde seit:     ' get DATUM
clear gets
@  5,2  say 'Kundenname      ' get NAME    picture '@!'

if WAHL = '1'
   clear gets
endif

@  7,2  say 'Straße........ ' get ADRESSE picture '@!'
@  9,2  say 'Stadt......... ' get STADT   picture '@!'
@ 11,2  say 'Land.......... ' get LAND    picture '@!'
@ 11,24 say 'Postleitzahl.. ' get PLZ     picture '99999'
@ 13,2  say 'Telefon....... ' get TEL
@ 15,2  say 'Kontaktperson. ' get EMPF    picture '@!'
@ 13,50 say 'Kreditrahmen.. ' get KREDIT  picture '!'
```

Listing 5.3 - MEN1S - Programm, um den Kundendateneingabebildschirm zu erzeugen

Das Dateneingabeprogramm - MEN1S

Das Programm wird von mehreren Menüprogrammen aufgerufen. Der Bildschirm wird gelöscht und eine Meldung von der Prozedur UEBSCHR angezeigt.

if deleted()

Jeder Datensatz hat als erstes Byte eine Marke; ein Asteriskzeichen (Stern), falls dieser Datensatz zur Löschung vorgesehen ist bzw. ein Leerzeichen, wenn dies nicht der Fall ist. Die Funktion *deleted()* ist wahr, wenn der Datensatz zur Löschung markiert ist. Die Meldung *MARKIERT* erscheint dann am oberen rechten Bildschirmrand.

clear gets

Mit Hilfe der folgenden *read*-Befehle dürfen die vor *clear gets* auftretenden Felder nicht mehr editiert werden. Beachten Sie, daß das Namensfeld nach dem Hinzufügen eines neuen Datensatzes nicht editiert werden kann.

picture

Die dem Wort *picture* in Anführungszeichen folgende Zeichenkette kann entweder eine Bildfunktion (*picture function*) oder eine Schablone oder beides sein. Funktionen beginnen mit dem Klammeraffesymbol @ und beziehen sich auf die gesamte Variable. @*!* zwingt alle Eingaben in die Variable sowie deren Darstellung auf dem Bildschirm zu Großschreibung. Die Eingabe der Postleitzahl bietet ein Beispiel für eine zeichenorientierte Schablone. Hier werden Darstellung und Eingabe auf die Zeichen 0–9 begrenzt. Ein weiteres Beispiel ist das Feld für die Telefonnummern.

Symbole, die nicht als Schablonensymbole erkannt werden, gehören zum Bild und werden von der Dateneingabe nicht beeinflußt. Klammern und Bindestrich sind keine vordefinierten Symbole und werden somit bleibender Teil jeder Telefonnummer. Einige Bytes des Telefonnummernfeldes könnten mit der Bildfunktion *R* reserviert werden. Der Bindestrich und die Klammern werden dann nur auf dem Bildschirm angezeigt und gehören nicht zur eigentlichen Telefonnummer.

Editieren von Kundendatensätzen - MEN12

Das Untermenü MEN12 des Kundensystems dient dem Editieren einzelner Datensätze. Das Programm erscheint in Listing 5.4. Das Editieren ist aber nicht die einzige Aufgabe des Programms, es soll außerdem:

- den letzten editierten Datensatz anzeigen;
- einen Kundennamen editieren können;
- eine Datenbank nach einem Kundennamen durchsuchen;
- alle Datensätze anzeigen, deren Namensfeldinhalt mit dem Suchnamen übereinstimmt;
- den Benutzer aus diesen Datensätzen einen Datensatz auswählen lassen.

Die Kundensuche, bei der nur der Anfang des Namens spezifiziert wird, ist enorm wichtig. Diese Fähigkeit wird auch in anderen Teilen des Programmsystems benötigt. Grund genug, daraus eine Prozedur mit Namen FINDKUND zu machen.

UEBSCHRMLD="Kundendatensätze editieren"

Im ersten Schritt muß die Meldung gespeichert werden, die auf dem Bildschirm erscheinen soll.

```
UEBSCHRMLD = "Kundendatens tze editieren"
set index to KUNDNR
seek KONTROL->LETZTEDIT
do MEN1S.PRG
clear gets
set index to KUNDNAME, KUNDNR
```

Als nächstes soll der zuletzt editierte Datensatz auf dem Bildschirm angezeigt werden. Dabei soll egal sein, wann der Editiervorgang stattgefunden hat. In der Kontrolldatenbank befindet sich ein Feld, das die Kundennummer des zuletzt editierten Datensatzes enthält. Das Feld wird angepaßt, sobald ein Datensatz editiert wird. Der kontrollierende Index wird von KUNDNAME zu KUNDNR geändert, um mit dem Feld zu arbeiten. Als nächstes wird der Datensatz mit Hilfe des Programms MEN1S.PRG angezeigt. Der Datensatz muß angezeigt werden, bevor KUNDNAME wieder als kontrollierender Index spezifiziert wird. Der Befehl *set index* setzt den Datensatzzeiger an den Anfang der genannten Indexdatei. Mit Hilfe des Befehls *clear gets* wird verhindert, daß der zuletzt editierte Datensatz noch einmal editiert werden kann.

```
* men12.prg   Programm zum Editieren von Kundendatens tzen

UEBSCHRMLD = "Kundendatens tze editieren"
set index to KUNDNR
seek KONTROL->LETZTEDIT
do MEN1S.PRG
clear gets
set index to KUNDNAME, KUNDNR

do while .T.
   SNAME = space(30)
   do FINDKUND with "Kundenname eingeben: ",SNAME

   if SNAME = space(30)
      return
   endif
   if .not. eof()
      do MEN1S.PRG
      read
      select KONTROL
      replace LETZTEDIT with KUNDE->KUNDNR
```

```
        select KUNDE
    endif
enddo
```

Listing 5.4 - MEN12.PRG

Finden eines Kunden

Die Prozedur FINDKUND (Listing 5.5) muß in der Prozedurdatei MENPROZ.PRG gespeichert werden. Vor dem Editieren muß die Prozedurdatei mit *close procedure* geschlossen werden. Prozeduren sollten in alphabetischer Reihenfolge eingegeben werden. Mit dem Asteriskzeichen können am Anfang jeder Prozedur Kommentarzeilen eingefügt werden, die die Aufgabe der Prozedur beschreiben.

FINDKUND erwartet die Übergabe zweier Parameter vom aufrufenden Programm. Der erste Parameter ist die Meldung, die in Zeile 23 angezeigt wird, der zweite Parameter ist die Variable SNAME. Das Programm wird abgebrochen, wenn kein Variablenname spezifiziert wird. Die Reihenfolge der übergebenen Parameter muß der Reihenfolge entsprechen, die das/die aufgerufene Programm/Prozedur erwartet. Der Befehl *parameters* weist den Parametern in der übergebenen Reihenfolge Namen zu.

do while .T.

Die Prozedur wird abgearbeitet, bis ein gültiger Kundenname, oder Leerzeichen (Abbruch der Prozedur) eingegeben wurde. Wird ein Name eingegeben und die Suche verläuft erfolglos, soll der Benutzer informiert werden und einen weiteren Namen spezifizieren können. In Zeile 21 wird eine Meldung angezeigt, die Glocke ertönt und der Programmablauf wird an den Anfang der *do*-Schleife zurückgesetzt.

exit

Der Befehl *exit* bringt den Programmablauf zu der ersten ausführbaren Anweisung außerhalb der *do*-Schleife zurück. Bei normalen Programmen könnte stattdessen auch *return* verwendet werden. Ein Programm ist nicht in der Lage, zwischen dem die Prozedur beendenden *return* und dem die Schleife beendenden *return* zu unterscheiden. *return* sollte in Prozeduren nicht verwendet werden.

??GLOCKE

Das *doppelte Fragezeichen* beginnt mit der Ausgabe an der derzeitigen Cursorposition. Das *einfache Fragezeichen* fügt der Ausgabe noch einen Wagenrücklauf und einen Zeilenvorschub hinzu.

```
procedure FINDKUND
parameters LEGENDE,SNAME
do while .T.
   SNAME = space(30)
   @ 23,2  say  LEGENDE get SNAME pict '@!'
   read
   if SNAME = space(30)
      exit
   endif
   seek trim(SNAME)
   if eof()
      @ 21,2 say 'Kein Datensatz mit '+SNAME
      ?? GLOCKE
      loop
   endif
   @ 21,2
   do doptest
   exit
enddo
return
```

Listing 5.5 - FINDKUND: eine Prozedur zur Suche eines Kundendatensatzes

loop

Der Befehl *loop* leitet den Programmablauf zum Anfang einer *do*-Schleife um. Er sollte nur in Notsituationen verwendet werden.

@ 21,2

Nach erfolgreicher Beendigung der Suche sollen auf dem Bildschirm erscheinende Meldungen gelöscht werden. Der Befehl @ *zeile,spalte* wird verwendet, um die genannte Zeile ab der genannten Spalte bis zum rechten Bildschirmrand zu löschen.

do doptest

DOPTEST ist eine weitere Prozedur. Prozeduren können einander gegenseitig aufrufen. DOPTEST überprüft, ob mehrere Datensätze mit demselben Suchmuster beginnen. Die Namen werden mit den Datensatznummern angezeigt, falls mehrere passende Datensätze gefunden werden. Der Benutzer kann einen der angezeigten Namen wählen. An dieser Stelle bewähren sich die Kundennummern, die Vielfache von 17 sind. Es ist unwahrscheinlich, daß eine falsche Kundennummer mit einem Kunden des gesuchten Namens übereinstimmt.

```
procedure DOPTEST
set function 9 to "ABORT;"
skip
if NAME = trim(SNAME)
   SKUNDNR = space(6)
   skip -1
   do while NAME = trim(SNAME) .and. SKUNDNR = space(6) .and. .not. eof()
      clear
      ? 'Es gibt mehrere Datensätze mit '+SNAME
      display off next 15 KUNDNR,NAME,ADRESSE while NAME = trim(SNAME)
      ?
      ? 'Auswahl:   Geben Sie eine Kundennummer ein '
      ? 'Abbruch:   Drücken Sie die Funktionstaste F9'
      ? 'ansonsten: Drücken Sie die Return-Taste'
      @ row(), col()+2 get SKUNDNR
      read
   enddo
   set index to KUNDNR
   seek SKUNDNR
   ENDATEI=eof()
   POSITION = recno()
   if eof() .and. .not. SKUNDNR $ 'ABORT'+space(6)
      wait "&SKUNDNR ist ungültig - Return betätigen"
   endif
   set index to KUNDNAME, KUNDNR
   if .not. ENDATEI
      go POSITION
   else
      seek chr(13)
   endif
else
   skip -1
endif
set function 9 to ";"
return
```

Listing 5.6 - DOPTEST: Prozedur, zur Prüfung auf mehrere Datensätze gleicher Spezifikation

set function 9 to "ABORT;"

Mit dieser Befehlszeile wird der Funktionstaste F9 eine Zeichenfolge, ABORT, zugeordnet. Das Semikolon steht für einen anschließenden Wagenrücklauf.

skip n

skip bewegt den Datensatzzeiger um *n* Datensätze. Standardmäßig wird der Datensatzzeiger um einen Datensatz versetzt, falls für *n* keine Angabe gemacht wird.

do while...

Es sollen alle dem Suchmuster entsprechenden Datensätze angezeigt werden. Je 15 sollen auf dem Bildschirm erscheinen, der Benutzer kann zwischen drei Möglichkeiten wählen: Kundennummer eingeben, Programm abbrechen (Funktionstaste F9) oder die nächsten 15 Datensätze anzeigen (soweit vorhanden).

@row(), col()+2 get SKUNDNR

row() und *col()* sind zwei Funktionen, die die aktuelle Position des Cursors in Form von Koordinaten liefern. Hier soll die Variable SKUNDNR in derselben Zeile, aber zwei Spalten hinter der Meldung "ansonsten: Drücken Sie die Return-Taste" angezeigt werden.

```
seek SKUNDNR
ENDATEI=eof()
POSITION = recno()
if eof() .and. .not. SKUNDNR $ 'ABORT'+space(6)
        ?? GLOCKE
        wait "&SKUNDNR ist ungültig - Return betätigen"
endif
```

Der Sprung aus der *do*-Schleife erfolgt aufgrund der Auswahl einer Kundennummer. Dabei ist unwesentlich, ob die Kundennummer gültig ist. Der Abbruch des Programms oder die Nichteingabe einer Zahl entspricht der Eingabe einer ungültigen Kundennummer. Bei ungültigen Eingaben wird der Datensatzzeiger an das Ende der Datei gestellt. Bei der Eingabe einer gültigen Kundennummer wird der Datensatzzeiger auf den gewünschten Datensatz gesetzt. Der Status der Ende-der-Datei-Flagge und die Datensatznummer müssen gespeichert werden, bevor zu der ursprünglichen Ordnung der Indexdateien zurückgekehrt wird. Zu beachten ist, daß die Veränderung die EOF-Flagge (Ende-der-Datei-Flagge) zurücksetzt und der Befehl *go* nicht verwendet werden kann, um zum Ende der Datei zu gelangen.

Die Variable ENDATEI wird wahr, wenn ein Datensatz gefunden wurde. In diesem Fall kann mit dem Befehl *go* zum spezifizierten Datensatz gesprungen werden.

Zur Löschung kennzeichnen - MEN13

MEN13.PRG (Listing 5.7) ist für das Markieren von Datensätzen zuständig. Markieren heißt hier *zur Löschung kennzeichnen*. Diese Menüauswahl kennzeichnet (*delete*) Datensätze für eine nachfolgende endgültige Löschung. Gekennzeichnete Datensätze können wieder *demarkiert* (*remove*) werden. Die Kundendatensätze werden hier ebenfalls mit der Prozedur FINDKUND ausgewählt.

Ein ausgewählter Datensatz erscheint vollständig auf dem Bildschirm (hierzu dient MEN1S, das Programm zur Bildschirmdarstellung). Der Benutzer entscheidet, ob der Datensatz markiert (oder die Markierung entfernt) werden sollen.

delete - Der Befehl kennzeichnet einen Datensatz zur Löschung.

recall - Der Befehl entfernt oben genannte Kennzeichnung.

deleted() - Die Funktion ist für einen zur Löschung gekennzeichneten Datensatz *wahr*.

```
* men13.prg
UEBSCHRMLD = "Kundendatensätze markieren/Markierung löschen "
do UEBSCHR with UEBSCHRMLD
DO WHILE .T.
   ANTWORT = space(1)
   SNAME  = space(30)
   do FINDKUND with "Markierung setzen/löschen bei Kunde: ", SNAME
   if SNAME = space(30)
      return
   endif
   if .not. eof()
      do MEN1S.PRG
      clear gets
      @ 21,2 say 'Markierung ändern (J/N)? ' get ANTWORT
      read
      if ANTWORT $ 'Jj'
         if deleted()
            recall
         else
            delete
```

```
        endif
      endif
    endif
    if deleted()
      @ 1,65 say 'MARKIERT'
    else
      @ 1,0
    endif
    @ 21,2
enddo
```

Listing 5.7 - MEN13.PRG

Entfernen gekennzeichneter Datensätze - MEN14

Das Programm MEN14.PRG, das dem Unterpunkt 4 entspricht, sehen Sie in Listing 5.8. Es entfernt jeden zur Löschung gekennzeichneten Datensatz der Datenbank. Für lange Datenbanken kann der endgültige Löschvorgang sehr lange dauern. Daher steht für die endgültige Löschung (neben der Markierungsfunktion) eine eigene Funktion bereit.

Zu Beginn des Prozesses erscheint auf dem Bildschirm eine Meldung, daß nach gekennzeichneten Datensätzen gesucht wird. Dabei wird in der indizierten Reihenfolge gesucht, da eine Suche so schneller durchgeführt werden kann.

Der Benutzer soll eine Meldung erhalten, wenn kein gekennzeichneter Datensatz gefunden wurde. Ansonsten werden Teile der zu löschenden Datensätze angezeigt; das Programm "fragt" noch einmal, ob die Datensätze wirklich gelöscht werden sollen.

```
* men14.prg
do UEBSCHR with 'Markierte Datensätze löschen'
? 'Ich suche nach markierten Datensätzen...'
locate for deleted()
ANTWORT  = space(1)
if .not. eof()
   ? 'Die folgenden Datensätze sind zur Löschung markiert'
   display off next 1000000 NAME,ADRESSE,STADT for deleted()
   if row() > 21
      ?
      ?
   endif
   @ 23,1 say 'Datensätze löschen (J/N)? ' get ANTWORT
   read
   if ANTWORT $ 'jJ'
      set talk on
```

```
        clear
        ? 'Datensätze werden gelöscht - bitte warten...'
        pack
        set talk off
    endif
else
    ? 'Keine Datensätze zur Löschung vorgesehen'
    wait
endif
```

Listing 5.8 - MEN14.PRG

pack

Zur Löschung gekennzeichnete Datensätze werden mit dem Befehl *pack* endgültig aus der Datenbank entfernt. Der Prozeß beginnt am Anfang der Datenbank (Datensatz 1). Nicht gekennzeichnete Datensätze werden über die gelöschten Datensätze geschrieben. Nach Beendigung des Prozesses werden alle geöffneten Indexdateien automatisch angepaßt.

set talk on bewirkt in Verbindung mit *pack* die Anzeige einer Zählvariablen, anhand derer der Benutzer den Stand der Prozesse überwachen kann. Die Zählvariable soll in unserem System angezeigt werden, damit sich der Benutzer jederzeit vergewissern kann, daß der Computer noch arbeitet. Anschließend setzt der Befehl *set talk off* den Status zurück; der Rücksprung in das Hauptmenü erfolgt.

Kundendatensätze einsehen - MEN15

Dieser Unterpunkt erlaubt es dem Benutzer, den Inhalt der Datensätze zu inspizieren - dabei kann es nicht zu unerwünschten Veränderungen des Datenbankinhaltes kommen. Das hierzu entwickelte Programm heißt MEN15.PRG und wird in Listing 5.9 gezeigt.

Das Programm präsentiert dem Benutzer drei Wahlmöglichkeiten. Er kann einen Kundennamen eingeben oder eine der zwei zur Verfügung stehenden Funktionstasten betätigen, um einen Datensatz weiterzugehen bzw. den letzten Datensatz noch einmal anzeigen zu lassen. Die drei Wahlmöglichkeiten werden mit Hilfe der Variablen SNAME realisiert. Das System erkennt, daß die beiden Funktionstasten keine Kundennamen darstellen, da für deren Belegung zwei Zeichen der erweiterten ASCII-Tabelle verwendet wurden (Doppelpfeile Nach Links bzw. Rechts). Die beiden Symbole können nicht über die Tastatur in ein Feld eingelesen werden.

```
* men15.prg
clear
RUECKWAERT  = chr(174)
VORWAERTS   = chr(175)
UEBSCHRMLD = "Kundendatensätze auflisten"
set function  9 to RUECKWAERT + ";"
set function 10 to VORWAERTS  + ";"
go top
if .not. (eof() .or. bof())
   do men1s.prg
   clear gets
else
   do UEBSCHR with UEBSCHRMLD
endif
do while .T.
   SNAME = space(30)
   @ 22,2  say  "F9 für Zurück -  F10 für Weiter"
   @ 23,2  say  "oder Kundenname eingeben " get SNAME pict '@!'
   read
   do case
      case SNAME = space(30)
         exit
      case SNAME = RUECKWAERT .and. .not. bof()
         skip -1
      case SNAME = RUECKWAERT .and. bof()
         loop
      case SNAME = VORWAERTS  .and. .not. eof()
         skip
      case SNAME = VORWAERTS  .and. eof()
         loop
      otherwise
         seek trim(SNAME)
         if eof()
            @ 21,2 say 'Kein Datensatz mit '+SNAME
            ?? GLOCKE
         endif
   endcase
   if .not. (eof() .or. bof())
      do MEN1S.PRG
      clear gets
   endif
enddo
```

Listing 5.9 - MEN15.PRG: Programm zum Einsehen von Kundendatensätzen

set function to

Vor der Ausführung des Befehls *set function to* werden Variablen angelegt, die die Funktionstastenzuweisungen enthalten. Damit besteht die Möglichkeit, Vergleiche zwischen dem Inhalt von SNAME und den zwei Variablen RUECKWAERT und VORWAERTS anzustellen. Enthielten die Variablen einen Wagenrücklauf *;* oder das Zeichen *chr(13)*, würde beides durch den *read*-Vorgang herausgefiltert. dBASE IV ignoriert alle Steuerzeichen (Zeichen mit einem ASCII-Code kleiner als 32), die bei seitenorientierten Editiervorgängen eingegeben werden. Die Funktionstasten müssen nach der Verwendung durch ein Programm zurückgesetzt werden.

do case...endcase

Die beiden Befehle markieren Anfang und Ende einer Reihe von Fallunterscheidungen. Die *case*-Anweisung gleicht der *if*-Anweisung. Ist der Ausdruck hinter *case* wahr, werden die Befehle zwischen dieser *case*-Anweisung und der nächsten (oder *endcase*) ausgeführt. Es können beliebig viele *case*-Anweisungen hintereinandergeschaltet werden. Aber nur die *erste wahre case*-Anweisung wird ausgeführt - auch wenn alle anderen ebenfalls *wahr* sind. Das ist der prinzipielle Unterschied zwischen *do case* und einer Reihe hintereinandergeschalteter *if*-Anweisungen.

Kapitel 6

Adreßlisten und Adreßaufkleber

Adreßlisten gehören heute zu den unabkömmlichen Unterlagen einer Firma. Auf solche Listen wird im allgemeinen über den Namen des Kunden, Lieferanten, Mandanten usw. zugegriffen. Ausdrucke in Form einer Gesamtliste werden ebenso benötigt wie Listen bestimmter Namen und Adreßaufkleber. Eine Anwendung von Adreßlisten sind Rundschreiben, in die Name und Anschrift sowie eine persönliche Anrede (*Sehr geehrter Herr Müller,*) automatisch eingesetzt werden.

Das deutsche Postsystem ist über Postleitzahlen aufgebaut. Demzufolge wird eine Datei benötigt, in der die Datensätze nach Postleitzahlen geordnet erscheinen. Als zweites Ordnungskriterium soll das Alphabet dienen. Die so geordnete Datei wird nur einmal im Monat benötigt und soll jedesmal neu angelegt werden. Viele Indexdateien verlangsamen das System. Selten verwendete Indexdateien sollten daher immer nur bei Bedarf angelegt werden.

In Bild 6.1 sehen Sie das von MENU.PRG erzeugte Menü, das Programm selbst ist in Listing 6.1 zu finden.

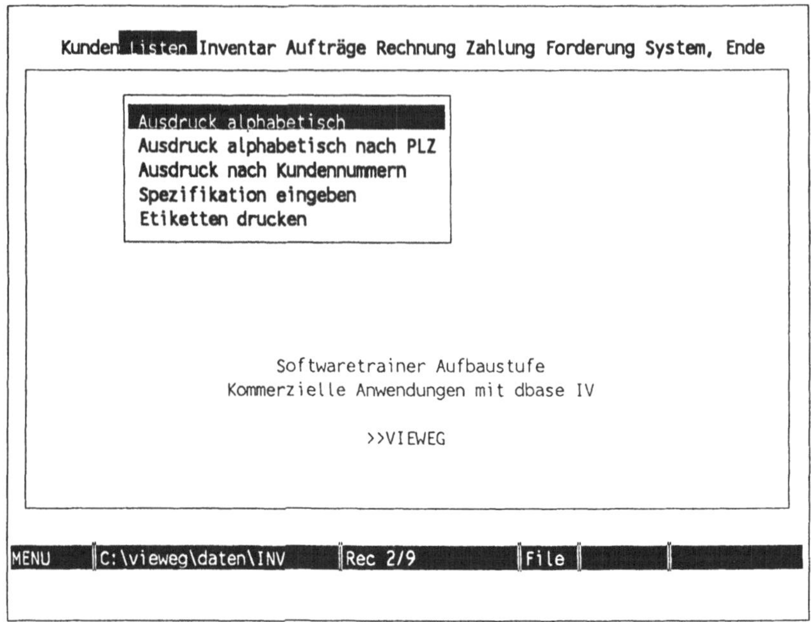

Bild 6.1 - Bildschirmdarstellung des Listen- und Etikettenmenüs

Besonderheiten des Menüprogramms

Relative Adressierung: Das vorgestellte Menüprogramm unterscheidet sich von den Menüprogrammen der letzten beiden Kapitel. Hier wird eine Alternativprogrammierung vorgestellt. Die Bildschirmmaske wird mit der Funktion *row()* erstellt. Die Funktion arbeitet mit relativer Adressierung und liefert die aktuelle Bildschirmzeile, in der sich der Cursor befindet. Bei der Anzeige einer Zeile mit *@...say* oder *@...get* bleibt die aktuelle Zeile unverändert bis der anzuzeigende Text nicht mehr in eine Bildschirmzeile paßt. Für diesen Fall erfolgt ein Zeilenumbruch; der Rest der Zeile wird in der nächsten Zeile angezeigt.

Eine weitere Textzeile wird mit *row()+1* in die nächste Zeile geschrieben. Die übernächste Zeile entspricht *row()+2* usw. Die Verschiebung eines Textblocks mit relativer Adressierung ist sehr einfach. Der gesamte Block kann nach oben oder unten verschoben werden, indem *nur* die Position des ersten Menüpunktes verändert wird. Beachten Sie, daß der gesamte Block immer auf den Bildschirm passen sollte.

Menüauswahl: Die Art der Menüauswahl wurde abgewandelt.

```
* men2.prg
select KUNDE
do while .T.
   do UEBSCHR with  "LISTEN/ETIKETTEN"
   @       8,25 say '1 - Ausdruck alphabetisch'
   @ row()+1,25 say '2 - Ausdruck alphabetisch, nach PLZ '
   @ row()+1,25 say '3 - Ausdruck nach Kundennummern '
   @ row()+1,25 say '4 - Ausdruck (spezifizierte Datensätze)'
   @ row()+1,25 say '5 - Ausdruck Etiketten '
   @ row()+2,25 say '0 - Zurück zum Hauptmenü'
   @ row()+2,25 say '  - Ihre Auswahl'

   WAHL = 0
   @ row(),25   get WAHL picture '@Z #' range 0,5
   read

   DO case
      case WAHL= 1
         set index to KUNDNAME
         do MEN2P.PRG with 'Alphabetische Kundenliste'
      case WAHL= 2
         index on PLZ+NAME to DATEN\PLZ
         do MEN2P.PRG with 'Kundenliste nach Postleitzahlen'
      case WAHL= 3
         set index to KUNDNR
         do MEN23.PRG with 'Kundenliste nach Kundennummern'
      case WAHL= 4
         set index to KUNDNAME
         do MEN24.PRG
      case WAHL= 5
         set index to KUNDNAME
         do UEBSCHR with "Etiketten drucken"
         @ 04,10 say 'Legen Sie bitte die Etiketten in den Drucker!'
         do drwahl
         if drwahl='J'
           set console off
           label form MEN25 sample to print
           set console on
         endif
      case WAHL= 0
         return
   endcase
enddo
```

Listing 6.1 - MEN2.PRG: Menüprogramm für Adreßlisten und -aufkleber

```
WAHL = 0
@ row(),25  get WAHL picture '@Z #' range 0,5
read
```

WAHL ist eine numerische Variable. Der Befehl *get WAHL* mit der Option *range* entspricht der *do*-Schleife der vorigen Beispiele. Die Option bietet die Möglichkeit, Anfangs- und Endwert eines ausgewählten Bereichs zu spezifizieren. Der Ausdruck *picture* '*@Z*' unterdrückt den Initialisierungswert *0*. '*@Z*' ist eine Bildfunktion zur Formatierung von Ein-/Ausgaben.

do case...endcase

Mit *case* kann eine Alternative aufgrund einer erfüllten Bedingung ausgeführt werden. Als Bedingung fungiert hier der in der Variablen WAHL gespeicherte Wert. Die gewählte Alternative besteht aus den Befehlen, die der *case*-Anweisung (deren Bedingung erfüllt ist) folgen.

set index to...

Mit *set index to...* wird der aktive Index festgelegt und der Datensatzzeiger auf den ersten logischen Datensatz gestellt.

index on PLZ+NAME to DATEN\PLZ

Mit obiger Befehlszeile wird eine nach Postleitzahlen indizierte Datei aufgebaut. Der Befehl *index* schließt alle geöffneten Indexdateien und legt eine neue Indexdatei an. Nach dem Indexschlüssel werden die Datensätze in Blöcke sortiert, wobei jeder Block einer bestimmten Postleitzahl zugeordnet wird. Innerhalb der einzelnen Blöcke sind die Datensätze alphabetisch nach Kundennamen geordnet. Nach Beendigung des Indiziervorgangs wird der Datensatzzeiger auf den ersten Datensatz des ersten Blockes gestellt.

Das Druckerprogramm - MEN2P

In Verbindung mit dem Adreßsystem der Datenbank wird nur ein Druckerprogramm verwendet. Von diesem Programm existieren zwei Versionen. Die erste Version, *MEN2P*, ist für die Ausgabe von Kundendatensätzen verantwortlich (Bild 6.2).

Die zweite Version, *MEN2PX*, erzeugt den in Bild 6.3 dargestellten Ausdruck. Die Druckerprogramme sind in den Listings 6.2 und 6.3 zu finden.

Die erste Version des Druckprogramms verwendet die Funktionen *prow()* und *pcol()* zur Formatierung der Druckerausgabe. Die Formatierung kann auch mit den normalen Anzeigebefehlen und dem Befehl *report* realisiert werden. Die Vorbereitung des Kurzberichts wird in einem anderen Kapitel behandelt. Dort finden Sie eine ausführliche Erklärung der Eigenschaften des Befehls *report*.

```
          Alphabetische Kundenliste

100255 X       CELICO FABRICI BÜCHER               000-3453454-2
               ALI JUNGHAND
               CANNONENROHR 45
               CAPSTADT, AF   45656
100051 A       ERNST AG                            0411/454545
               HUGO HANIN
               EDISONSTRASSE 56
               ESSEN, D    4300
100136 B       FLOPPS BUCHLADEN                    069/9898989
               INGRIG IHM
               FRIEDRICHSTRASSE 12
               FRANKFURT, D    6000
100221 C       GELIA & GILBERT GmbH                111222333-5
               MICHAEL GROBAN
               GAGGERNSTRASSE 546
               GUGGENMOOS,  D   4449
100238 X       GUTTENTAG GmbH & Co. KG             445566772/324
               FRED FREDD
               GAUNERWEG 7
               GANOVENSTADT, D    23456
100119 A       HURTIG & HARRY                      020/4848484
               ANDREA ADELHEIT
               HANS PINSEL STRASSE 2
               HAMBURG, D    2000
100187 A       KUNDENBÜCHER
               EDDA JUNG
               KARLSTRASSE 34
               KARLSRUHE, D    7500
100272 A       MUELLER-BÜCHER                      084/444444444
               ULLRICH ULLMANN
               MITTENBERG 34
               MUENCHEN, D    8000
100289 C       NICKEL-NORBERT-NEUAUFLAGEN          06122/3434345
               NATALJA NATUSCH
               NUDELPLATZ 1
               NIEDERNHAUSEN, D    6209
100306 B       OLIVAR-BUCHLADEN                    0000-666444563
               ASTRID MEIER
               OPERNPLATZ 78
               OLLIWOOD, GB   45453
100323 D       PÜTTER-TECHNIK-BÜCHER               888/89898
               JÜRGEN JAMMER
               PANNENSTRASSE 3
               PAULINENDORF, D    3335
100034 A       RATLOS KG                           0823/434333
               TIM TROSSE
               ROSENSTRASSE 26
               REGENSBURG, D    4711
100000 A       SORGLOS GmbH                        0711/123456
               THEODOR Tallin
               SANDMANNSTRASSE 4
               STUTTGART, D    7000
100204 A       TURNBERGER LÄDCHEN                  06128/23345
               FRANZ FÖLLER
               TURMSTRASSE 44
               TAUNUSSTEIN, D    6204
```

Bild 6.2 - Ausdruck des Programms MEN2P.PRG

Alphabetische Kundenliste

```
CELICO FABRICI BÜCHER
ALI JUNGHAND
CANNONENROHR 45
CAPSTADT, AF  45656
100255 X  000-3453454-2

ERNST AG
HUGO HANIN
EDISONSTRASSE 56
ESSEN, D   4300
100051 A  0411/454545

FLOPPS BUCHLADEN
INGRIG IHM
FRIEDRICHSTRASSE 12
FRANKFURT, D   6000
100136 B  069/9898989

GELIA & GILBERT GmbH
MICHAEL GROBAN
GAGGERNSTRASSE 546
GUGGENMOOS,  D  4449
100221 C  111222333-5

GUTTENTAG GmbH & Co. KG
FRED FREDD
GAUNERWEG 7
GANOVENSTADT, D   23456
100238 X  445566772/324

HURTIG & HARRY
ANDREA ADELHEIT
HANS PINSEL STRASSE 2
HAMBURG, D   2000
100119 A  020/4848484

KUNDENBÜCHER
EDDA JUNG
KARLSTRASSE 34
KARLSRUHE, D   7500
100187 A

MUELLER-BÜCHER
ULLRICH ULLMANN
MITTENBERG 34
MUENCHEN, D   8000
100272 A  084/444444444

NICKEL-NORBERT-NEUAUFLAGEN
NATALJA NATUSCH
NUDELPLATZ 1
NIEDERNHAUSEN, D   6209
100289 C  06122/3434345

OLIVAR-BUCHLADEN
ASTRID MEIER
OPERNPLATZ 78
OLLIWOOD, GB  45453
100306 B  0000-666444563

PÜTTER-TECHNIK-BÜCHER
JÜRGEN JAMMER
PANNENSTRASSE 3
PAULINENDORF, D   3335
100323 D  888/89898

RATLOS KG
TIM TROSSE
ROSENSTRASSE 26
REGENSBURG, D   4711
100034 A  0823/434333

SORGLOS GmbH
THEODOR Tallin
SANDMANNSTRASSE 4
STUTTGART, D   7000
100000 A  0711/123456

TURNBERGER LÄDCHEN
FRANZ FÖLLER
TURMSTRASSE 44
TAUNUSSTEIN, D   6204
100204 A  06128/23345
```

Bild 6.3 - Liste des Programms MEN2PX.PRG

Postliste des Programms MEN2P

Die Überschrift wird dem Kurzbericht als Parameter vom aufrufenden Programm, MEN2.PRG, übergeben. Die nächsten beiden Programmzeilen dienen lediglich dazu, den Benutzer zu erinnern, daß der Drucker betriebsbereit sein muß. Bei nicht betriebsbereitem Drucker könnte der Benutzer auf den Gedanken kommen, daß das System abgestürzt ist (falls keine Meldung auf dem Bildschirm erscheint) und den Computer erneut starten. Von einigen Betriebssystemen wird in diesem Fall eine den Drukker betreffende Fehlermeldung ausgegeben und der Programmabbruch erzwungen. Dabei besteht immer das Risiko, dBASE IV zu verlassen, ohne alle Dateien ordentlich gschlossen zu haben; also das Risiko des Datenverlustes.

set device to print

Die Ausgabe des Befehls *@...say* ist üblicherweise auf den Bildschirm gerichtet. Oben genannter Befehl leitet die Ausgabe auf einen Drucker um; auf dem Bildschirm erscheint die Ausgabe folglich nicht. Der Drucker muß betriebsbereit sein. Sobald der Ausdruck beendet ist, muß die Ausgabe mit *set device to screen* wieder auf den Bildschirm umgeleitet werden.

Auf dem Bildschirm können Sie bei der Ausgabe beliebig nach oben und unten springen. Ein Drucker kann nur in eine Richtung drucken, nach unten, also zu größeren Zeilennummern hin. Der Versuch, auf dem Drukker kleinere Zeilennummern anzuspringen, kann zu einem Seitenvorschub führen (das heißt, der Druckerkopf wird an den Anfang einer neuen Seite gestellt, das Papier entsprechend vorgeschoben).

```
* men2p.prg
parameter SEITTITEL
do UEBSCHR with SEITTITEL
do drwahl
if drwahl='J'
   set device to print
   seite = 0
   do while .not. eof()
      @ 6,10 say SEITTITEL + ' für ' + CDATUM
      @ 8,1  say ' '
      do while prow() < 55 .and. .not. eof()
         @ prow()+1,1      say KUNDNR
         @ prow(),8        say KREDIT
         @ prow(),15       say NAME
         @ prow(),pcol()+2  say TEL
         if EMPF # space(30)
            @ prow()+1,15 say EMPF
```

```
            endif
            @ prow()+1,15 say ADRESSE
            @ prow()+1,15 say trim(STADT)+', '+LAND+'    '+PLZ
            skip
        enddo
        SEITE = SEITE + 1
        @ 62,30 say str(SEITE,3)
        eject
    enddo
    set device to screen
endif
```

Listing 6.2 - MEN2P: Programm zum Ausdrucken der Kundenliste

do while .not. eof()

Hiermit wird der Gültigkeitsbereich der *do*-Schleife festgelegt. Wenn der Ausdruck *.not. eof()* wahr (alle Datensätze sind ausgedruckt) wird, soll aus der *do*-Schleife herausgesprungen werden.

@6,10 say SEITTITEL+ 'für '+CDATUM

Mit der Anweisung *say* kann nur ein einziger Ausdruck ausgegeben werden. Es besteht die Möglichkeit, mehrere Zeichenausdrücke miteinander zu einem Ausdruck zu verbinden, wie es hier der Fall ist. Nur der Hauptteil der Überschrift wird vom Hauptprogramm übergeben. Der letzte Teil der Überschrift besitzt eine bestimmte Form (zum Beispiel: "für 31. 12. 86") und wird an die Hauptüberschrift angehängt. Diese Methode kann nur auf *Zeichen* (keine numerischen, logischen oder Datumswerte) angewandt werden.

do while prow() < 55 .and. .not. eof()

Die Funktion *prow()* entspricht der Funktion *row()* bei der Druckerausgabe. Sie liefert als Ergebnis die Zeile, in der sich der Druckerkopf befindet. Die Funktion *prow()* wird verwendet, um festzustellen, wann der Druckvorgang beendet ist. Die Funktion *eof()* wird benötigt, weil das Ereignis *Ende der Datei* auftreten kann, wenn der Druckerkopf sich in der Mitte einer Seite befindet.

@prow()+1,...

Die Funktionen *prow()* und *pcol()* können zur relativen Adressierung herangezogen werden. Vorsicht: Es ist auf einem Drucker nicht möglich Zeilen zurückzuspringen. Die Verwendung von negativen Relativadressen ist *nicht* erlaubt. Relative Spaltenkoordinaten vereinfachen die Positionierung auf dem Blatt.

if EMPF # space(30)

Mit dieser Zeile wird der Ausdruck leerer Felder verhindert. Ein Feld wird nur ausgedruckt, wenn Daten darin enthalten sind.

eject

Der Befehl *eject* bewirkt einen Seitenvorschub. Das Steuerzeichen *chr(12)* wird ausgegeben und damit das Papier bis zum nächsten Seitenanfang vorgeschoben.

Seitenlayout in dBASE IV (zweispaltig)

Der Ausdruck der Kundenliste im Zweispaltenformat hat einige Vorzüge. Zum einen spart der Benutzer Papier, zum anderen läßt sich der Ausdruck leichter lesen. Die Formatierung eines zweispaltigen Ausdrucks erfolgt im Speicher; ausgedruckt wird dann der Speicherinhalt.

```
* men2px.prg
parameter SEITTITEL
do UEBSCHR with SEITTITEL
do drwahl
if drwahl='J'
   set device to print
   set print on
   set margin to 5
   seite = 0
   do while .not. eof()
      @ 6,10 say SEITTITEL + ' für ' + CDATUM
      @ 8,1
      LC = 10
      do while LC < 61
         LC  = LC+1
         SPEIVAR = 'L' + str(LC,2)
         &SPEIVAR = chr(0)
      enddo
      LC = 10
      do seitform
      LC = 10
      do seitform
      LC = 10
      do while LC < 61
         LC  = LC+1
         SPEIVAR = 'L' + str(LC,2)
         ? &SPEIVAR
      enddo
      SEITE = SEITE + 1
```

```
      @ 62, 30 say str(SEITE,3)
      eject
   enddo
   set device to screen
   set margin to 0
   set print off
endif
```

Listing 6.3 - MEN2PX.PRG: Drucken der Kundenliste in einem zweispaltigen Format

Das Programm MEN2PX.PRG erzeugt 51 Variablen mit den Namen *L10* bis *L61*. Die Variablen enthalten alle das ASCII-Zeichen *chr(0)*. Die Schleife wird von der Variablen LC kontrolliert. Bei jedem Durchlauf wird LC um eins erhöht (inkrementiert). Dann wird an den Buchstaben L der Ausdruck *str(LC,2)* angehängt und abgespeichert. *str(LC,2)* repräsentiert die Zahl, die in LC in Form von zwei Zeichen abgespeichert ist. Bei Beginn des Schleifendurchlaufs hat LC den Initialisierungswert 10. Der Initialisierungswert ist sehr wichtig; wäre der Anfangswert (Initialisierungswert) der Variablen LC Null gewesen und die Schleife bis 51 abgearbeitet worden, müßte bei den ersten zehn Variablen mit einem Leerzeichen innerhalb der Variable gearbeitet werden. Dieses Leerzeichen würde die Variable für eine folgende Makrooperation unbenutzbar machen.

Die nächste Anweisung, *&SPEIVAR = chr(0)*, legt eine Variable an, deren Name in SPEIVAR abgelegt ist. Daher ist auch das vorher erwähnte Leerzeichen unzulässig. Im Namen einer Variablen darf kein Leerzeichen vorkommen. Durch *chr(0)* wird eine Null in die neue Variable gespeichert, es entsteht eine *leere* Variable.

Das Layout wird datensatzweise durch die Prozedur SEITFORM ausgeführt. Die Steuerschleife überwacht die Position auf dem Papier. Der untere Rand wird gesetzt, indem die Layouterstellung unterbrochen wird, nachdem ein Zählerstand von 55 (45 Zeilen) erreicht ist. Die Informationen jedes Datensatzes können bis zu sechs Zeilen in Anspruch nehmen. Die detaillierte Programmstruktur zur Formatierung eines Datensatzes ist Listing 6.4 zu entnehmen.

```
* seitform.prg
do while LC < 55 .and. .not. eof()
   LC  = LC+1
   SPEIVAR = 'L' + str(LC,2)
   &SPEIVAR = &SPEIVAR + space(5) + NAME
   if .not. EMPF = space(30)
      LC  = LC+1
      SPEIVAR = 'L' + str(LC,2)
      &SPEIVAR = &SPEIVAR + space(5) + EMPF
   endif
```

```
    LC  = LC+1
    SPEIVAR = 'L' + str(LC,2)
    &SPEIVAR = &SPEIVAR + space(5) + ADRESSE + space(5)
    LC  = LC+1
    SPEIVAR = 'L' + str(LC,2)
    LT  =       SPACE(5) + trim(STADT)+', '+LAND+'  '+PLZ+SPACE(20)
    &SPEIVAR = &SPEIVAR + substr(LT,1,35)
    LC  = LC+1
    SPEIVAR = 'L' + str(LC,2)
    LT  =       SPACE(5) + KUNDNR+' '+KREDIT+'  '+TEL+SPACE(20)
    &SPEIVAR = &SPEIVAR + substr(LT,1,35)
    LC  = LC+1
    SPEIVAR = 'L' + str(LC,2)
    &SPEIVAR = &SPEIVAR + space(35)
    skip
enddo
```

Listing 6.4 - SEITFORM: Programm zur Datensatzformatierung in MEN2PX

Nach Beendigung der Layouterstellung kann die Druckerausgabe beginnen. Die Schleife druckt die 51 Variablen *L10* bis *L61* aus. Zum Ausdrucken kann der Fragezeichenoperator ? verwendet werden, da bei der Programminitialisierung *set print on* aktiviert wurde. Die Anweisung *set print on* leitet die Ausgabe sowohl an den Drucker als auch auf den Bildschirm. Mit der Anweisung *set console off* wird die Ausgabe auf dem Bildschirm unterdrückt. Vorsicht: Nach dem Ausdruck muß *set console on* gesetzt werden.

Ausdruck nach Kundennummern - MEN23

In Listing 6.5 ist das Programm MEN23 zu erkennen, das einen Ausdruck der Kundennummern und der korrespondierenden Kundennamen bewirkt. Der Buchgroßhandel benötigt diese Liste nicht oft und niemals in ausführlicher Form (mit Adresse).

```
* men23.prg
parameter SEITTITEL
do UEBSCHR with SEITTITEL
do drwahl
if drwahl='J'
  set device to print
  set console off
  ? chr(14)
  seite = 0
  do while .not. eof()
     @ 6,9  say SEITTITEL + ' für ' + CDATUM
     @ 8,1  say ' '
     list next 50 KUNDNR, NAME to print
     SEITE = SEITE + 1
     @ 62,30 say str(SEITE,3)
     eject
  enddo
  set device to screen
  set console on
endif
```

Listing 6.5 - MEN23.PRG

MEN23.PRG ähnelt dem Hauptdruckprogramm MEN2P, der Großteil der Druckarbeit wird von der Zeile *list next 50 KUNDNR, NAME to printer* erledigt. Die Ausgabe soll nicht auf dem Bildschirm erscheinen, weshalb die Anweisung *set console off* gegeben wurde.

Ausdruck von ausgewählten Datensätzen - MEN24

Menüoption 4 bietet die Möglichkeit, bestimmte Datensätze oder Gruppen von Datensätzen zu spezifizieren, die ausgedruckt werden sollen. Die Spezifikation erfolgt mit Hilfe einer Bildschirmmaske, in die der Benutzer die gewünschten Merkmale eingeben kann. Alle Kunden, deren Namen mit *S* beginnen, werden herausgesucht, wenn in der Zeile NAME ein *S* spezifiziert wird. Der Rest des Feldes bleibt leer. Im Feld LAND muß ein

R stehen, wenn die Kunden aller mit *R* beginnenden Länder in die Auswahl einbezogen werden sollen. Alle Kunden, die in der *WILHELMSTRASSE* in *WIESBADEN* wohnen, werden herausgesucht, wenn bei STRASSE *WILHELMSTRASSE* und bei STADT *WIESBADEN* spezifiziert sind. Der Verknüpfungen sind unendlich viele. Der Ausdruck erfolgt in alphabetischer Reihenfolge, da die Kundendatei nach Namen indiziert ist.

In Listing 6.6 sehen Sie das Programm MEN24.PRG. Auch hier werden zuerst die Variablen gesetzt und die Bildschirmmaske erstellt. Der Variableninhalt wird zur Erstellung eines Filters für diesen Arbeitsbereich eingesetzt. Mit Hilfe eines Filters werden die nicht erwünschten Datensätze *versteckt*.

if len(trim(sname+sstrasse+sstadt+sland+splz))=0

Mit dieser Zeile kann das Programm erkennen, ob in den Variablen Daten enthalten sind. Die Anweisung kann auch als "wenn nichts in den Variablen steht" gelesen werden. Die Variablen werden verknüpft und auf ihre Länge abzüglich Leerzeichen geprüft. Befindet sich in einer der Variablen ein Zeichen (kein Leerzeichen), ist die Länge größer Null.

Die Feststellung allein, daß Daten vorhanden sind, hilft nicht weiter. Es muß zusätzlich noch festgestellt werden, in welchen Feldern sich Daten befinden. Mit einer Serie von *if*-Anweisungen werden die einzelnen Variablen untersucht. Die Inhalte werden in der Variablen BEFEHL nach einem bestimmten Muster zusammengefaßt. Für jedes Feld ist die benötigte Formel etwas unterschiedlich.

Für vier von fünf möglichen Fällen wird die Tatsache genutzt, daß ein Gleichheitszeichen bei Zeichendaten als "beginnt mit" interpretiert wird. Der kürzere Ausdruck sollte auf der rechten Seite des Gleichheitszeichens erscheinen. Im folgenden Ausdruck besitzt die Variable SNAME dieselbe Länge wie NAME. *trim(SNAME)* ist also gleichlang oder kürzer. Bei Vertauschung der Reihenfolge wäre der Vergleich nur gültig, wenn SNAME und NAME exakt übereinstimmten (und keine Leerzeichen enthielten).

```
* men24.prg
do UEBSCHR with "Auswahl der Kundendatensätze"

BEFEHL    = chr(0)
SSTADT    = space(20)
SNAME     = space(30)
SLAND     = space(2)
SSTRASSE  = space(25)
SPLZ      = space(5)

@  5,10 say 'Füllen Sie NUR interessierende Informationen aus'
@  7,10 say 'NAME     ' GET sname     picture '@!'
@  8,10 say 'STRASSE  ' GET sstrasse  picture '@!'
@  9,10 say 'STADT    ' GET sstadt    picture '@!'
@ 10,10 say 'LAND     ' GET sland     picture '@!'
@ 11,10 say 'PLZ      ' GET splz      picture '@#'
read

if len(trim(sname+sstrasse+sstadt+sland+splz)) = 0
   return
endif
if len(trim(SNAME)) > 0
   BEFEHL = BEFEHL + 'NAME = trim(SNAME) .and.'
endif
if len(trim(SSTRASSE)) > 0
   BEFEHL = BEFEHL + 'trim(SSTRASSE) $ ADRESSE .and.'
endif
if len(trim(SSTADT)) > 0
   BEFEHL = BEFEHL + 'STADT = trim(SSTADT) .and.'
endif
if len(trim(SLAND)) > 0
   BEFEHL = BEFEHL + 'LAND = trim(SLAND) .and.'
endif
if len(trim(SPLZ)) > 0
   BEFEHL = BEFEHL + 'PLZ = trim(SPLZ) .and.'
endif

BEFEHL = substr(BEFEHL,1,len(BEFEHL)-5)
set filter to &BEFEHL
go top
```

```
if .not. eof()
   do MEN2P.PRG with "Kundenliste (spezial) "
else
   ? 'Keine Datensätze, die vorgegebene Kriterien erfüllen'
   wait
endif
set filter to
```

Listing 6.6 - MEN24.PRG

NAME = trim(SNAME)

Für den Vergleich von Namen ist es ungewöhnlich, vollständige Namen zu spezifizieren. Der Benutzer kann einen beliebigen Teil des Namens am Anfang des Feldes spezifizieren. Gefunden werden alle Datensätze, deren Inhalt des Feldes NAMEN mit der Benutzereingabe übereinstimmt.

trim(SSTRASSE) $ ADRESSE

Immer, wenn der Variablen BEFEHL ein Punkt hinzugefügt wird, muß die logische Verknüpfung *.and.* angehängt werden. Zum Schluß wird das letzte *.and.* mit der Funktion *substr* entfernt. Die Anweisung stellt die Länge der Variablen BEFEHL fest und löscht die letzten fünf Zeichen.

Um die Filterbedingungen in der Variablen BEFEHL aufzubauen, wird im Befehlsstring *Makrosubstitution* verwendet.

set filter to &BEFEHL

Der Datensatzzeiger kann beim Setzen des Filters auf einen *verborgenen* Datensatz zeigen. In diesem Fall würde auch der aktuelle, nicht der Filterbedingung gehorchende Datensatz angezeigt. Der folgende Befehl verhindert diese Fehlanzeige:

go top

Dieser Befehl setzt den Datensatzzeiger auf den ersten Datensatz, der alle Suchkriterien erfüllt. Der Datensatzzeiger wird an das Ende der Datei gestellt, wenn kein passender Datensatz gefunden wird. Dieser Vorgang ist in dBASE IV allgemein gültig: Falls kein passender Datensatz gefunden wird, stellt dBASE IV den Datensatzzeiger an das Ende der Datei.

Zuletzt werden alle Datensätze, die das Suchkriterium erfüllen, mit Hilfe des Programms MEN.2P ausgedruckt. Alternativ kann auch jedes andere Druckerprogramm verwendet werden. In Bild 6.4 sehen Sie die Bildschirmmaske zur Eingabe der Benutzerspezifikation.

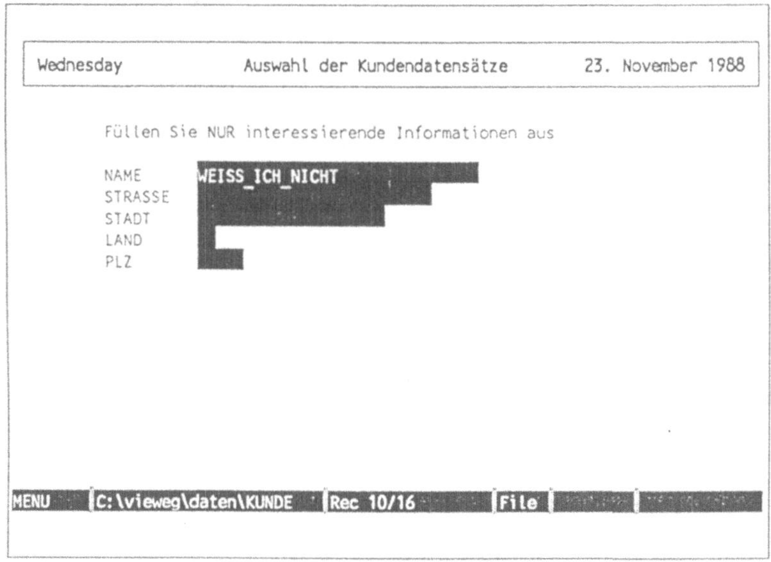

Bild 6.4 - Bildschirmmaske zur Spezifikation zu suchender Datensätze

Adreßaufkleber drucken - MEN25

Aufkleber werden unter Verwendung von *label form* ausgedruckt. Dazu wird auf die in der Datei MEN25.LBL gespeicherten Informationen zugegriffen. Bis zu fünf verschiedene Aufkleber können mit diesem Befehl ausgedruckt werden. Das Wort *sample* deutet an, daß eine Probezeile ausgedruckt wird, die es dem Benutzer erlaubt, die Aufkleberformulare zu justieren. Eine Anfrage erfolgt, ob noch eine Probezeile notwendig ist. Die Anweisung *to print* richtet die Ausgabe neben dem Bildschirm auch auf den Drucker.

Aufkleberformate werden über den Befehl *create label* entworfen, mit *modify label* können sie verändert werden. Beide Befehle sind identisch. Das Aufkleberformat MEN25.LBL wird über die Tastatur aufgerufen.

.create label men25

Auf diesen Befehl hin erscheint das in Bild 6.5 dargestellte Bildschirmmenü, über das ein Aufkleberformat erstellt werden kann. Breitenangaben erfolgen in *Zeichen*, Höhenangaben in *Zeilen*. Die einzelnen Menüs werden durch die Cursortasten *Nach Links* bzw. *Nach Rechts* angewählt.

Mit der Funktionstaste F1 kann das Hilfsmenü abgerufen werden. Bei der Erstellung eines Aufkleberformats muß die Datenbank, der später die auszudruckenden Informationen entnommen werden, aktiv sein. Es steht ein Standardaufkleberformat bereit, das bei Aufruf des Menüs eingestellt ist.

Die weiteren Menüpunkte dienen zur Definition der weiteren Labelparameter, dabei können wahlweise Felder hinzugefügt, entfernt oder die Art der Formatierung gewählt werden.

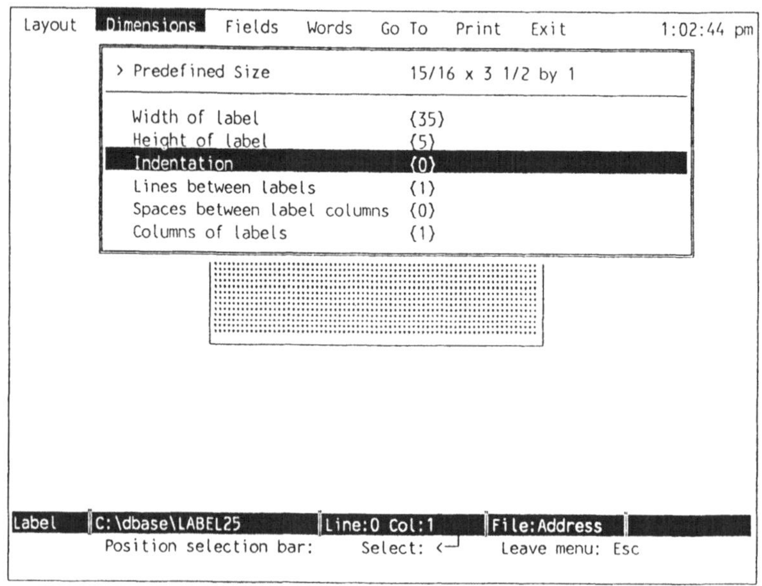

Bild 6.5 - Erstes Menü zur Eingabe des Aufkleberformats

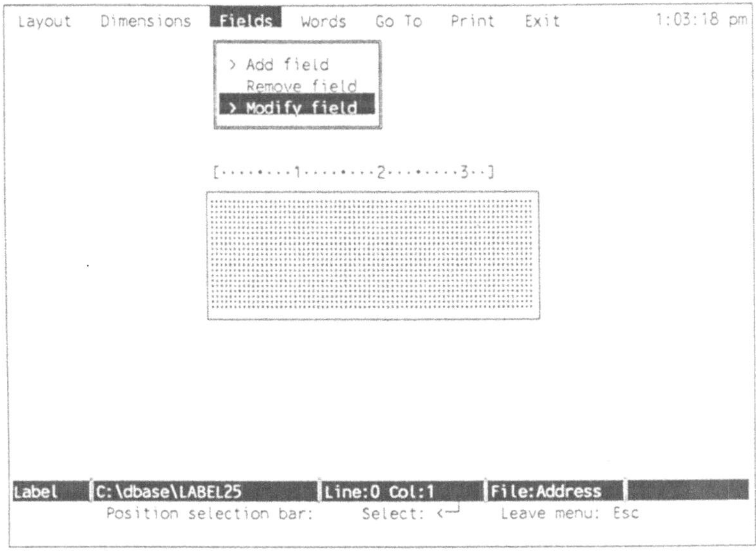

Bild 6.6 - Zweites Menü zur Definition von Aufklebern

Eine Formatierung wird durch die Auswahl des letzten Menüpunktess (*Exit*) und des Untermenüs *Save* auf Diskette/Platte gespeichert. In Bild 6.7 sind einige repräsentative Aufkleber aus der Datei KUNDE zu sehen.

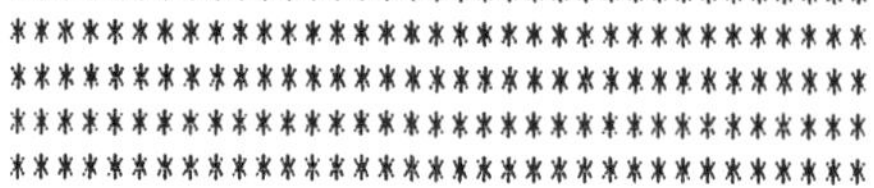

```
*********************************
*********************************
*********************************
*********************************
*********************************
```

```
CELICO FABRICI BÜCHER
ALI JUNGHAND
CANNONENROHR 45
AF 45656 CAPSTADT

ERNST AG
HUGO HANIN
EDISONSTRASSE 56
D 4300 ESSEN

FLOPPS BUCHLADEN
INGRIG IHM
FRIEDRICHSTRASSE 12
D 6000 FRANKFURT

GELIA & GILBERT GmbH
MICHAEL GROBAN
GAGGERNSTRASSE 546
 D 4449 GUGGENMOOS

GUTTENTAG GmbH & Co. KG
FRED FREDD
GAUNERWEG 7
D 23456 GANOVENSTADT

HURTIG & HARRY
ANDREA ADELHEIT
HANS PINSEL STRASSE 2
D 2000 HAMBURG

KUNDENBÜCHER
EDDA JUNG
KARLSTRASSE 34
D 7500 KARLSRUHE

MUELLER-BÜCHER
ULLRICH ULLMANN
MITTENBERG 34
D 8000 MUENCHEN

NICKEL-NORBERT-NEUAUFLAGEN
NATALJA NATUSCH
NUDELPLATZ 1
D 6209 NIEDERNHAUSEN

OLIVAR-BUCHLADEN
ASTRID MEIER
OPERNPLATZ 78
GB 45453 OLLIWOOD

PÜTTER-TECHNIK-BÜCHER
JÜRGEN JAMMER
PANNENSTRASSE 3
D 3335 PAULINENDORF

RATLOS KG
TIM TROSSE
ROSENSTRASSE 26
D 4711 REGENSBURG

SORGLOS GmbH
THEODOR Tallin
SANDMANNSTRASSE 4
D 7000 STUTTGART

TURNBERGER LÄDCHEN
FRANZ FÖLLER
TURMSTRASSE 44
D 6204 TAUNUSSTEIN
```

Bild 6.7 - Beispielaufkleber von KUNDE.DBF

Einige Techniken, mit denen der Inhalt von Namensdateien ausgegeben werden können, haben Sie nun kennengelernt. Dazu gehört die Formatierung von Daten im Hauptspeicher des Computers. Dieser Trick ermöglicht Druckformate, die mit einem normalen Drucker (auch bei negativem Zeilenvorschub) nicht realisierbar wären. Auch haben Sie ein Abfragesystem kennengelernt, das die Eingabe bestimmter Suchkriterien erlaubt und damit den Ausdruck bestimmter Datensätze ermöglicht.

Kapitel 7

Das Inventar

In diesem Kapitel soll ein Teilprogramm vorgestellt werden, das dem Buchgroßhandel bei der Lagerverwaltung hilft. Es sollen Datensätze (des Lagerbestandes) hinzugefügt, editiert und gelöscht werden. Zudem wird eine Meldung ausgegeben, wenn von einem bestimmten Artikel die Mindestvorratsmenge unterschritten wird. Das auf eine Buchgroßhandlung zugeschnittene Programm läßt sich leicht auf die Bedürfnisse anderer Wirtschaftszweige umschreiben.

Die Inventarverwaltung arbeitet mit drei Datenbanken:

Basisdatenbank:	INV
Lieferantendatenbank:	VERLEGER
Bestelldatenbank:	BESTELL

Die Verknüpfungen zwischen den drei Datenbanken sind in Bild 7.1 dargestellt. Die Datenbankpläne der Datenbanken sind aus den Tabellen 7.1 bis 7.3 ersichtlich.

Sehen wir die Datenbank von der Sicht der Lieferantendatei, so ist jeder Lieferantendatensatz mit einer Vielzahl von Inventardatensätzen verknüpft; ein bestimmter Datensatz läßt sich mit mehreren Datensätzen in Verbindung bringen. Umgekehrt sind mehrere Datensätze der Inventardatei mit einem einzigen Datensatz der Lieferantendatei verknüpft. Hier stehen mehrere Datensätze mit einem Datensatz einer anderen Datei in Verbindung.

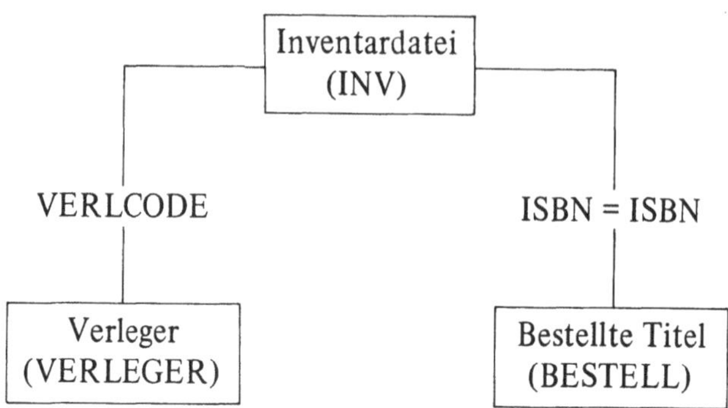

Bild 7.1 - Schematische Darstellung einer Inventardatenbank

BESCHREIBUNG	FELDNAME	FELDTYP	FELDBREITE	
ISBN-Nummer	ISBN	Zeichen	13	
Verlegercode	VERLCODE	Zeichen	7	
Autorenname	AUTOR	Zeichen	30	
Buchtitel	TITEL	Zeichen	30	
Fachgebiet	GEBIET	Zeichen	15	
Verkauf dieses Jahr	VERKDIESJR	Numerisch	4	
Verkauf letztes Jahr	VERKLTJR	Numerisch	4	
Letzter Verkauf	LETZTVERK	Numerisch	8	
Gelieferte Menge	MENGERH	Numerisch	3	
Datum letzte Lieferung	LETZTERH	Numerisch	8	
Verkaufspreis	VERKPREIS	Numerisch	6	2
Eigene Kosten	KOSTEN	Numerisch	6	2
Bestellmenge	STAND-MENGE	Numerisch	3	
Minimalbestand	MIND-MENGE	Numerisch	3	
Lagerbestand	BESTAND	Numerisch	3	
	Datensatzgröße		... 144 Bytes	
Indiziert nach: ISBN			zu: ISBN	

Tabelle 7.1 - Datenbankplan der Inventardatenbank

BESCHREIBUNG	FELDNAME	FELDTYP	FELDBREITE
Verleger	NAME	Zeichen	30
Kontaktperson	EMPF	Zeichen	30
Straße	STRASSE	Zeichen	25
Stadt	STADT	Zeichen	20
Land	LAND	Zeichen	2
Postleitzahl	PLZ	Zeichen	5
Verlegercode	VERLCODE	Zeichen	7
Telefon	TEL	Zeichen	13

Datensatzgröße ... 133 Bytes

Indiziert nach: VERLCODE zu: \BUCH\DATEN\VERLCODE

Tabelle 7.2 - Datenbankplan der Lieferantendatenbank

BESCHREIBUNG	FELDNAME	FELDTYP	FELDBREITE	
ISBN-Nummer	ISBN	Zeichen	13	
Bestellnummer	BESTNUM	Zeichen	6	
Verlegercode	VERLCODE	Zeichen	7	
Eigene Kosten	KOSTEN	Numerisch	6	2
Bestelldatum	AUFTRDAT	Datum	8	
Bestellmenge	STAND-MENG	Numerisch	3	
Erhaltene Menge	MENGERH	Numerische	3	

Datensatzgröße ... 47 Bytes

Indiziert nach Feld: ISBN zu: \BUCH\DATEN\ISBN-0

Tabelle 7.3 - Datenbankplan der Bestelldatenbank

Zur Überwachung der Inventarverwaltung wird die Datenbank KONTROL um einige Felder erweitert. Der neue Datenbankplan ist in Tabelle 7.4 zu sehen. Die Struktur der Datenbank wird mit dem Befehl *modify structure* verändert, der dem Befehl *create structure* stark ähnelt (Erstellung der Struktur neuer Datenbanken). *modify structure* legt eine Sicherheitskopie der Datenbank im Originalzustand an, die die Dateinamenerweiterung .BAK trägt. Die Datensätze werden gleichzeitig in die neue modifizierte Datenbank übertragen.

BESCHREIBUNG	FELDNAME	FELDTYP	FELDBREITE
Kundennummer	KUNDNR	Numerisch	6
Letzteditierter Kundendatensatz	LETZTEDIT	Zeichen	6
Letzteditierter Titel	INVDATSATZ	Zeichen	13
Aktualisierungscode	AKTSCHRITT	Numerisch	1
Bestellnummer	BESTNUM	Numerisch	6
Bestelldatum	BESTDAT	Datum	8
	Datensatzgröße	... 41 Bytes	

Tabelle 7.4 - Datenbankplan von KONTROL

Die Datenbank INVAKT.DBF (in Tabelle 7.5) wird von Programmen verwendet, mit denen bei Lieferungen die Lagerbestände aktualisiert werden.

BESCHREIBUNG	FELDNAME	FELDTYP	FELDBREITE
ISBN-Nummer	ISBN	Zeichen	13
Erhaltene Menge	MENGERH	Numerisch	3
	Datensatzgröße	... 17 Bytes	

Tabelle 7.5 - Datenbankplan der Aktualisierungsdatenbank INVAKT.DBF

Die Basisdatenbank INV enthält Daten über alle Artikel; dazu gehören Teilbeschreibung, Kennummer, Lieferantencode, Lagerbestand usw. Da die Datenbank auf einen Buchgroßhandel zugeschnitten ist, wird statt einer beliebigen Kennummer die ISBN-Nummer verwendet. Die ISBN-Nummer ist die Kennummer der Buchindustrie; jedes Buch ist damit eindeutig gekennzeichnet. Auf die ISBN-Nummer kommen wir noch zurück.

Die Bücher werden von Verlagen geliefert, die hier die Lieferanten sind. Jedem Verleger wird ein Code zur Identifizierung zugeordnet. Der Code wird im Feld VERLCODE abgelegt und stellt die Verknüpfung zwischen Verleger und Inventardatensatz her. In der Datenbank VERLEGER sind alle wichtigen Daten über den Verleger (Name, Kontaktperson, Adresse, Telefonverbindung usw.) enthalten. Die Datenbank BESTELL vermittelt einen Überblick über die bestellten Bücher.

Das Inventarmenü

Das Menü für diesen Programmteil ist in Bild 7.2 dargestellt. Der Programmteil von MENU.PRG in Listing 7.2 erzeugt die Bildschirmmaske und ermöglicht dem Benutzer die Auswahl einer Option.

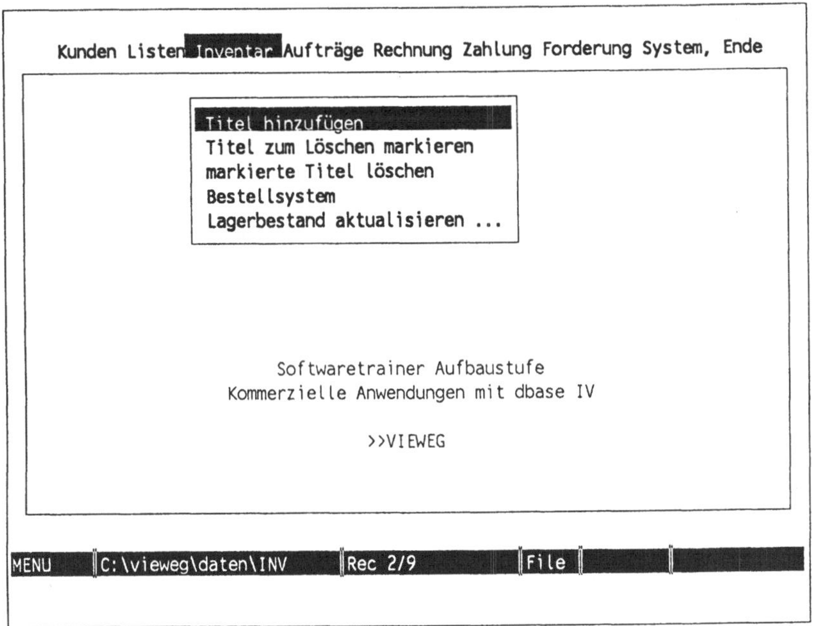

Bild 7.2 - Bildschirmdarstellung des Inventarmenüs

Wurde aus dem POPUP INVENT_POP eine Funktion ausgewählt, wird das Programm INIT3 (in Listing 7.1) abgearbeitet, das die Anfangsbedingungen für die Inventarverwaltung setzt und die benötigten Datenbankdateien öffnet.

Beachten Sie, daß nur jeweils 15 Dateien geöffnet sein dürfen, beim Einsprung liegen bereits elf geöffnete Dateien vor. Die Namen der geöffneten Dateien können Sie Tabelle 7.6 entnehmen. Jede Datei, mit der Sie gerade arbeiten, gilt als geöffnet. Das Arbeiten mit vielen verschiedenen Dateien wird durch die Verwendung von Initialisierungsprogrammen erleichtert.

Als erste Handlung des Initialisierungsprogramms INIT3 wird die Datenbankdatei KUNDE sowie die korrespondierenden Indexdateien geschlossen. Das Schließen erfolgt mit dem Befehl *use*, der zu diesem Zweck ohne Dateiname verwendet wird. Die Kundendateien werden in diesem Untermenü nicht benötigt und können folglich geschlossen werden. Momentan nicht benötigte Dateien sollten *immer* geschlossen werden, das Öffnen und Schließen von Dateien sollte dabei in einem vernünftigen Rahmen bleiben, da das System sonst unübersichtlich wird. Vor dem Rücksprung in das Hauptmenü wird die Kundendatei wieder geöffnet (siehe MEN30-.PRG), da viele Untermenüs eine geöffnete Kundendatei voraussetzen.

```
* init3.prg
clear
? 'Inventardatenbanken werden ge ffnet...'
select KUNDE
use
select 4
use VERLEGER index VERLCODE alias LIEFERER
select 5
use BESTELL index ISBN-O
select 6
use INVAKT alias AKTUAL
```

Listing 7.1 - Das Initialisierungsprogramm für die Inventarverwaltung: INIT3.PRG

Bei der hier verwendeten Menüstruktur wird bei der Auswahl *Lagerbestand aktualisieren* ein weiteres POPUP-Menü aufgerufen, dabei wird durch die drei Punkte in dieser Auswahl dem Benutzer angezeigt, daß durch diese Auswahl ein weteres Menü erscheint. Dieses Untermenü ist durch die Anweisungen *define popup LAGERH_POP* definiert und wird durch die Anweisung *activate popup LAGERH_POP* aktiviert.

```
on pad C of main activate popup INVENT_POP
...
on selection popup INVENT_POP do callsbr
...

procedure def_mens
        define pad C of main prompt "Inventar" at 1,14 message "Pflege der
Lagerdatenbank, Bestellungen und Lagerhaltung"

        define popup INVENT_POP from 3,14
        define bar 1 of INVENT_POP prompt " Titel hinzufügen"
        define bar 2 of INVENT_POP prompt " Titel zum Löschen markieren "
        define bar 3 of INVENT_POP prompt " markierte Titel löschen"
        define bar 4 of INVENT_POP prompt " Bestellsystem"
        define bar 5 of INVENT_POP prompt " Lagerbestand aktualisieren ... "

        define popup LAGERH_POP from 8,24
        define bar 1 of LAGERH_POP prompt " Bücher bestellen"
```

```
        define bar 2 of LAGERH_POP prompt " Liste der bestellten Bücher "
        define bar 3 of LAGERH_POP prompt " Liste drucken"
        ...
return

procedure CALLSBR
Mbar = str( bar(), 1)
Mpad = pad()
        do case
                case ...
                case Mpad = "C"
                        Mbar = str( bar(), 1)
                        @ 20,4 say "Datenbanken werden geöffnet, Moment bitte..."
                        do init3.prg
                        select INVENTAR
                        set relation to VERLCODE into LIEFERER
                        do case
                                case Mbar = "1"
                                        do Men31
                                case Mbar = "2" .or. Mbar = "3" .or. Mbar = "4"
                                        if .not. (eof() .and. bof())
                                                Msbr = "men3" + Mbar
                                                do &Msbr
                                        endif
                                case Mbar = "5"
                                        on selection popup LAGERH_POP do men35.prg
                                        activate popup LAGERH_POP
                                endcase
                        select 1
                        use KUNDE index KUNDNR,KUNDNAME
                case ...
        endcase
deactivate menu
return
```

Listing 7.2 - Auszug aus MENU.PRG, Menüstrukturen zum Inventar

```
* men30.prg
clear
? 'Inventardatenbanken werden geschlossen...'
select 1
use KUNDE
select 4
use
select 5
```

```
use
select 6
use
return to master
```

Listing 7.3 - Programm zur Ausführung bei Beendigung des Inventarmenüs: MEN30.PRG

set relation to VERLCODE into LIEFERER

Der Befehl *set relation* verknüpft die ausgewählte Arbeitsfläche (hier INVENTAR) mit der spezifizierten Arbeitsfläche. Als Verknüpfungspunkt dient das Feld VERLCODE (der Datenbank INVENTAR). Bei einer Veränderung des Datensatzzeigers der Datei INVENTAR wird die Indexdatei LIEFERER automatisch nach dem entsprechenden Feldinhalt von VERLCODE der Datei INVENTAR durchsucht und der Datensatzzeiger entsprechend gesetzt. Die Feldnamen der beiden Dateien müssen *nicht* übereinstimmen, lediglich der Inhalt muß identisch sein. Der Befehl *set relation* ist folgender Befehlsfolge äquivalent:

```
select LIEFERER
seek INVENTAR->VERLCODE
select INVENTAR
```

MEN.PRG	*(Hauptmenü)*
MENPROZ.PRG	*(Prozedurdatei)*
MEN3.PRG	*(Menüprogramm)*
KONTROL.DBF	*(Kontrolldatei)*
INV.DBF	*(Inventardatei)*
ISBN.NDX	*(Inventarindex)*
VERLEGER.DBF	*(Lieferant)*
VERLCODE.NDX	*(Verlegerindex)*
BESTELL.DBF	*(Bestelldatei)*
ISBN-O.NDX	*(Indexdatei zu BESTELL)*

Tabelle 7.6 - Geöffnete Dateien beim Einsprung in Untermenü 3

Hinzufügen neuer Titel - MEN31

Neue Titel können mit dem Unterprogramm MEN31.PRG in die Datenbank aufgenommen werden. Das in Listing 7.4 erscheinende Programm wird von zwei Hilfsprogrammen unterstützt: MEN3S.PRG und ISBNTEST.

```
* men31.prg
do UEBSCHR with "Titel in die Inventardatei aufnehmen"
seek chr(13)
if recno() > 1
   go recno()-1
endif
do MEN3S.PRG
clear gets
select INVENTAR

do while .T.
   SISBN = space(13)
   SVERLCODE = space(7)
   GUELTTEST = .F.
   @ 23,2 say "Geben Sie eine ISBN-Nummer ein" get SISBN picture "@!"
   read
   clear gets
   if SISBN = space(13)
      exit
   endif
   @ 23,50
   go top
   seek SISBN
```

```
    if .not. eof()
       @ 23,50 say 'ist in der Datenbank'
       ?? GLOCKE
       loop
    endif
    do ISBNTEST with SISBN, SVERLCODE, GUELTTEST
    if .not. GUELTTEST
       @ 23,50 say 'ist nicht g ltig'
       ?? GLOCKE
       loop
    endif
    append blank
    replace ISBN with SISBN, VERLCODE with SVERLCODE
    go recno()
    if LIEFERER->VERLCODE = space(7)
       select LIEFERER
       append blank
       replace VERLCODE with SVERLCODE
    endif
    do MEN3S.PRG
    read
    select INVENTAR
    replace ISBN with ISBN
    select KONTROL
    replace INVDATSATZ with INVENTAR->ISBN
    select INVENTAR
enddo
? 'Daten werden gespeichert, bitte warten ... '
use INV index ISBN alias INVENTAR
select LIEFERER
use VERLEGER index VERLCODE alias LIEFERER
```

Listing 7.4 - MEN31.PRG

MEN3S.PRG (in Listing 7.5) erzeugt eine Bildschirmmaske, die der Dateneingabe neuer Bücher und Verlage dient. ISBNTEST ist eine Prozedur, die ISBN-Nummern prüft; sie sollte in der Datei MENPROZ.PRG gespeichert werden.

Das Programm MEN31.PRG zeigt als Benutzerhilfe den letzten eingegebenen Datensatz an, wenn eine neue ISBN-Nummer erwartet wird. Der Großteil des Programms besteht aus Abfragen. Wurde eine ISBN-Nummer eingegeben? Falls nicht, soll zum Inventarmenü zurückgesprungen werden. Ist die ISBN-Nummer schon in der Datei vorhanden? In diesem Fall soll die Glocke ertönen und zum Beginn der *do*-Schleife zurückgesprungen werden.

Bei Eingabe einer nicht existenten ISBN-Nummer wird die Prozedur ISBNTEST aufgerufen, die die eingegebene ISBN-Nummer auf ihre Gültigkeit hin prüft. Aus der ISBN-Nummer wird außerdem der Verlegercode extrahiert. Für eine gültige Nummer wird ein leerer Datensatz an die Inventardatenbank angehängt, für einen neuen Verleger wird die Verlegerdatenbank angewählt und dort ein leerer Datensatz angehängt.

Beachten Sie die Verwendung des Befehls *go recno()*. Die Bedeutung ist: *Gehe dorthin, wo du bist!*. Mit *append blank* wird ein leerer Datensatz an die Inventardatenbank angehängt. Der Befehl setzt den Datensatzzeiger auf den neuen leeren Datensatz. Beachten Sie, daß LIEFERER über das Feld VERLCODE mit der Inventardatenbank verknüpft ist. Durch die erneute Positionierung wird LIEFERER automatisch nach dem entsprechenden Verlegercode durchsucht. Der Datensatzzeiger von LIEFERER wird auf den leeren Datensatz am Ende der Datei gesetzt, falls kein passender Datensatz gefunden wird. Die Anweisung *replace* hat keinen Einfluß auf die Stellung des Datensatzzeigers und initiiert damit keine erneute Suche nach dem korrekten Verlegercode.

Der Befehl *go recno()* ist ein Verlagerungsbefehl und veranlaßt die Suche nach einem passenden Datensatz.

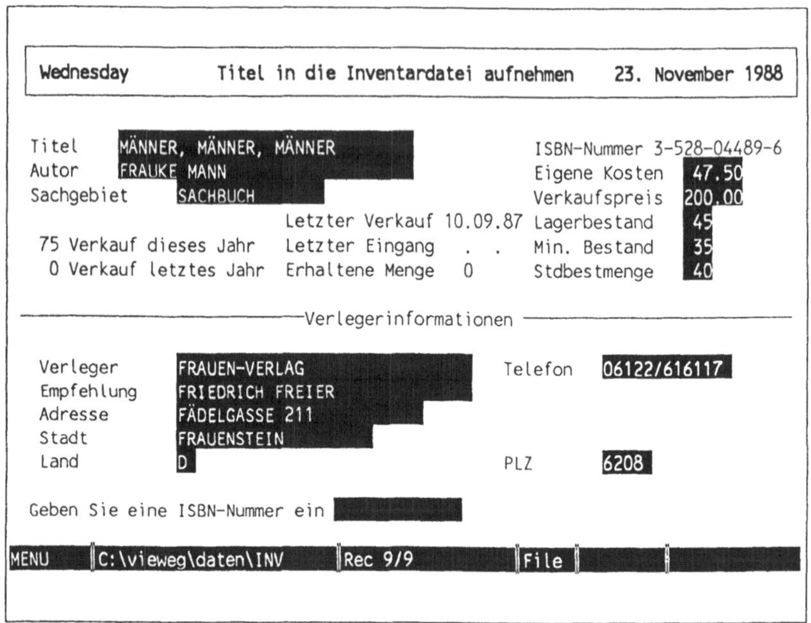

Bild 7.3 - Bildschirmmaske zur Eingabe von Inventardatensätzen

Daten über neue Bücher werden mit dem Programm MEN3S.PRG in beide Datenbanken (Inventardatei und Verlegerdatei) eingegeben. Die Eingabemaske ist in Bild 7.3 zu sehen. Über die Maske kann mit einem Trick in zwei Dateien geschrieben werden, wenn bestimmte Regeln befolgt werden. Die auf dem Bildschirm abgebildeten Daten werden nach dem Befehl *read* in den Speicher transferiert. Aber nur die Daten der hinter dem Befehl *read* gekennzeichneten Datei werden auf Diskette geschrieben. Die restlichen Daten müssen nun für die andere Datei gekennzeichnet werden. Dazu wird die andere Datei angewählt und jedes Feld durch sich selbst ersetzt. Das Ersetzen der Felder setzt die Diskettenschreibflagge des entsprechenden Datensatzes.

```
* men3s.prg
select INVENTAR
@ 0,0
if deleted()
  @ 0,65 say 'Markiert'
endif
```

```
@  5,2  say 'Titel   '          get TITEL     picture '@!'
@  6,2  say 'Autor   '          get AUTOR     picture '@!'
@  7,2  say 'Sachgebiet    '    get GEBIET    picture '@!'
@  6,53 say 'Eigene Kosten '    get KOSTEN
@  7,53 say 'Verkaufspreis '    get VERKPREIS
@  8,53 say 'Lagerbestand  '    get BESTAND
@  9,53 say 'Min. Bestand  '    get MINDMENGE
@ 10,53 say 'Stdbestmenge  '    get STANDMENGE
@  5,53 say 'ISBN-Nummer '    + ISBN
@  8,28 say 'Letzter Verkauf ' + dtoc(LETZTVERK)
@  9,28 say 'Letzter Eingang ' + dtoc(LETZTERH)
@ 10,28 say 'Erhaltene Menge ' + str(MENGEERH,3)
@  9,2  say str(VERKDIESJR,3)+' Verkauf dieses Jahr'
@ 10,2  say str(VERKLTJR,3)+' Verkauf letztes Jahr'
@ 14,1  say STRICH
@ 14,30 say "Verlegerinformationen "

select LIEFERER
@ 16,3  say 'Verleger     ' get NAME     picture '@!'
@ 17,3  say 'Empfehlung   ' get EMPF     picture '@!'
@ 18,3  say 'Adresse      ' get ADRESSE  picture '@!'
@ 19,3  say 'Stadt        ' get STADT    picture '@!'
@ 20,3  say 'Land         ' get LAND     picture '@!'
@ 20,50 say 'PLZ     ' get PLZ      picture '99999'
@ 16,50 say 'Telefon ' get TEL
```

Listing 7.5 - MEN3S.PRG

Die ISBN-Nummer

Die ISBN-Nummer ist ein hervorragendes Beispiel für ein computerorientiertes Numerierungssystem. Sie enthält Informationen über den Verleger und identifiziert gleichzeitig eindeutig ein bestimmtes Buch.

Die Abkürzung ISBN steht für *International Standard Book Numbering*. Jede ISBN-Nummer besteht aus 13 Zeichen und setzt sich aus vier Teilen zusammen, die durch Bindestriche getrennt sind. Hier zwei Beispiele gültiger ISBN-Nummern:

3-88053-002-5
950-7000-10-X

Die Länge der ersten drei Teile kann variieren, insgesamt bestehen sie aber immer aus neun Ziffern (ausschließlich der Bindestriche). Der letzte Teil ist immer ein einzelnes Zeichen.

Der erste Teil der ISBN-Nummer identifiziert das Land, die geografische Region, die Sprache usw.; der zweite Teil ist eine dem Verlagshaus zugehörige Nummer. Das einzelne Werk wird im dritten Teil der Nummer spezifiziert. Je mehr Titel in einem Verlag erscheinen, desto höher ist die letztgenannte Nummer. Der vierte Teil, der immer aus einem einzelnen Zeichen besteht, ist eine Prüfstelle.

Die Gültigkeit einer ISBN-Nummer kann durch eine einfache Rechnung überprüft werden. Ist das Produkt der untenstehenden Operation glatt durch 11 teilbar (das heißt, die Zahl ist *modulo 11*), handelt es sich um eine gültige ISBN-Nummer. ISBN-Nummern wurden für die Computerverarbeitung entworfen, jede Nummer ist einmalig und kann durch die Prüfstelle auf ihre Gültigkeit hin untersucht werden.

```
ISBN                3  8  8  0  5  3  0  0  2  5
Multiplikator      10  9  8  7  6  5  4  3  2  1
                   ---------------------------

Produkt            30 72 64  0 30 15  0  0  4  5 = 220 (Summe)
```

ISBNTEST

Die Prozedur wird zur Prüfung von ISBN-Nummern verwendet und sollte in die Prozedurdatei MENPROZ.PRG aufgenommen werden. Für die gezeigte Prozedur ist es erforderlich, daß zur Trennung der einzelnen Teile der ISBN-Nummer Bindestriche verwendet werden. Der Verlegercode wird von der Prozedur extrahiert.

Das zu lösende Problem ist die Aufspaltung der ISBN-Nummer in die einzelnen Nummernabschnitte. Mit den Funktionen *substr*, *len* und *at* ist dies problemlos möglich. Mit der Funktion *substr* kann ein Teil einer größeren Zeichenkette kopiert werden, die Funktion *len* gibt die Anzahl der Zeichen einer Zeichenkette zurück und *at* liefert die Position einer Zeichenfolge in einer längeren Zeichenkette.

Der vierte Teil der ISBN-Nummer, die Prüfziffer, ist der einzige Teil, über den wir gesicherte Informationen besitzen: Er besteht aus einem Zeichen. Dabei wird angenommen, daß das vorletzte Zeichen ein Bindestrich ist; der Bindestrich wird entfernt. Die ISBN-Nummer ist nun in zwei Teile aufgespalten: PRUEFSTELLE und RESTE. Die Variable RESTE stellt jeweils den noch verschlüsselten Rest der ISBN-Nummer dar.

Nur wenn die Prüfstelle aus einem der Zeichen *0123456789X* besteht und ein Bindestrich in RESTE vorhanden ist, wird die Prozedur weiter ausgeführt. Andernfalls ist der Test schon jetzt negativ ausgefallen. BINDSTRICH enthält die Position des ersten Bindestriches in RESTE. RESTE wird also wieder in zwei Teile aufgespalten: GRUPPE1 und RESTE. GRUPPE enthält alle Zeichen bis zum ersten Bindestrich (exklusiv) des ehemaligen Restes. RESTE enthält nun die Zeichen hinter dem Bindestrich.

Die ISBN-Nummer ist nun in PRUEFSTELLE, GRUPPE und RESTE aufgeteilt. RESTE enthält nur noch den Verlegercode und die Buchidentifikationsnummer, die durch einen Bindestrich getrennt sind. RESTE wird nun in SVERLEG und BUCHNR aufgeteilt.

Die ISBN-Nummer ist nun in die vier Teile zerlegt worden. Die ersten drei Teile werden in der Zeichenvariablen PRUEF zusammengefaßt, die die ersten neun Ziffern (ohne Bindestriche) enthält. Die *do*-Schleife multipliziert jede Stelle mit dem entsprechenden Multiplikator und speichert das zusammengefaßte Ergebnis in PRUEF. Um mit Zahlen zu rechnen, die als *Zeichen* abgespeichert sind, wird die Funktion *val()* verwendet. *val()* wandelt Zeichen in die entsprechenden Zahlen um (vorausgesetzt, eine übergebene Zeichenkette besteht nur aus Ziffern).

Nun wird geprüft, ob PRUEF ohne Rest durch 11 teilbar ist. Dazu wird die Funktion *int* auf den Quotienten *PRUEF/11* angewendet. *int* ist die Integer- oder Ganzzahlfunktion; sie schneidet von einer Dezimalzahl alle Nachkommastellen ab. Das Resultat der Integerfunktion wird dann mit 11 multipliziert. Ist das Produkt gleich der Zahl in PRUEF, so muß gelten, daß PRUEF durch 11 teilbar ist, ohne daß ein Rest verbleibt.

```
procedure ISBNTEST
parameters SISBN,SVERLEG,TEST
private all
PRUEFSTELLE = substr(SISBN,13,1)
RESTE=SUBSTR(SISBN,1,11)
if PRUEFSTELLE $ '0123456789X' .and. '-' $ RESTE
   BINDSTRICH  = at('-',RESTE)
   GRUPPE = substr(RESTE,1,BINDSTRICH-1)
   RESTE   = substr(RESTE,BINDSTRICH+1,len(RESTE)-BINDSTRICH)

   if '-' $ RESTE
      BINDSTRICH  = at('-',RESTE)
      SVERLEG     = substr(RESTE,1,BINDSTRICH-1)
      BUCHNR   = substr(RESTE,BINDSTRICH + 1,len(RESTE)-BINDSTRICH)
      ISBNTEST = GRUPPE + SVERLEG + BUCHNR

      PRUEF=iif(PRUEFSTELLE = 'X',10,val(PRUEFSTELLE))
```

```
         X = 1
         do while X <= 9
            PRUEF = PRUEF + val(substr(ISBNTEST,X,1)) * (11-X)
            X = X+1
         enddo
         if PRUEF = int(PRUEF/11)*11
            TEST = .T.
         endif
      endif
   endif
return
```

Listing 7.6 - Prozedur, die ISBN-Nummern auf Gültigkeit prüft

Editieren von Inventardatensätzen - MEN32

Das Programm MEN32.PRG dient dem Editieren von Inventardatensätzen. Es ähnelt dem Editierprogramm für die Kundendatensätze; der Benutzer wird aufgefordert, einen Schlüssel (die ISBN-Nummer) einzugeben. Die Datenbank wird dann nach dem Schlüssel durchsucht. Falls ein passender Datensatz gefunden wird, schaltet das System in den Editiermodus. Dazu wird die von MEN3S.PRG erzeugte Bildschirmmaske (siehe Bild 7.3) verwendet.

```
* men32.prg
do UEBSCHR with "Inventardatensatz editieren"
seek KONTROL->INVDATSATZ
do MEN3S.PRG
clear gets

do while .T.
   select INVENTAR
   SISBN = space(13)
   do FINDISBN with "Geben Sie eine ISBN-Nummer ein ", SISBN
   if SISBN = space(13)
      return
   endif
```

```
   do MEN3S.PRG
   read
   select INVENTAR
   replace ISBN with ISBN
   select KONTROL
   replace INVDATSATZ with INVENTAR->ISBN
enddo
```

Listing 7.7 - MEN32.PRG

Nach dem Editieren aller Datensätze wird die Datei INVENTAR angewählt und jedes Feld durch sich selbst ersetzt. Dadurch werden Änderungen in der Inventardatei auf Diskette gespeichert. Beachten Sie, daß MEN3S die Datei LIEFERER anwählt. Anschließend wird die KONTROL-Datei aktiviert und die ISBN-Nummer des letzten editierten Datensatzes gespeichert. Beim nächsten Einsprung in das Menü kann die Datensatznummer des zuletzt editierten Datensatzes aus der Datei KONTROL entnommen werden.

Bestimmte zu editierende Datensätze werden mit der Prozedur FINDISBN (Listing 7.8) gesucht. FINDISBN übernimmt eine Bildschirmlegende und die leere Speichervariable SISBN vom aufrufenden Programm. Der Benutzer wird aufgefordert, eine ISBN-Nummer einzugeben. Nach Eingabe der Nummer wird die Indexdatei nach der ISBN-Nummer durchsucht, verläuft die Suche erfolgreich, wird zum aufrufenden Programm zurückgesprungen. Andernfalls wird die Prozedur ISBNTEST aufgerufen, um die eingegebene ISBN-Nummer auf ihre Gültigkeit hin zu untersuchen. An die Prozedur ISBNTEST werden drei Parameter übergeben. Der Verlegercode interessiert in diesem Fall nicht; trotzdem müssen (wegen *parameters* in FINDISBN) die Parameter an der richtigen Position übergeben werden.

```
procedure FINDISBN
parameters LEGENDE, SISBN
do while .T.
   private all
   GUELTTEST = .F.
   @ 23,2 say LEGENDE get SISBN picture '@!'
   read
   @ 23,50
   if SISBN = space(13)
      exit
   endif
   seek SISBN
   if .not. eof()
      exit
   endif
```

```
   do ISBNTEST with SISBN, 'BOGIE', GUELTTEST
   @ 23,50 say 'ist '
   ?? iif(GUELTTEST,'nicht in der Datenbank','ung ltig')
   ?? chr(7)
enddo
return
```

Listing 7.8 - Prozedur FINDISBN

Markierung für Datensätze setzen/entfernen - MEN33

In Listing 7.9 ist das Programm zur Markierung mit Löschmarken bzw. dem Entfernen von Löschmarken gezeigt. Entsprechend dem Editiervorgang soll anhand der ISBN-Nummer ein bestimmter Datensatz gefunden und angezeigt werden. Für die Abfrage und den Suchvorgang wird die Prozedur FINDISBN verwendet.

Nachdem der Datensatz auf dem Bildschirm erschienen ist, kann sich der Benutzer davon überzeugen, daß der richtige Datensatz angesprochen wurde. Dies wird als Antwort zu einer Ja/Nein-Frage eingegeben. Die Prozedur FRAGE (Listing 7.10) ist eine "typische" Prozedur. Sie ist sehr kurz, ihre Aufgabe besteht darin, J/N-Fragen auf den Bildschirm auszugeben.

An FRAGE werden vier Parameter übergeben: eine Meldung, eine Startzeile, eine Startspalte und der Name der Variablen, in die die Antwort gespeichert werden soll. Im Initialisierungsprogramm wurde die als *public* deklarierte Variable ANTWORT angelegt. Es gibt keinen Grund, die Variable im aufrufenden Programm noch einmal anzulegen. Trotzdem wurde sie in der Unterroutine nochmals angelegt, um sicherzustellen, daß sie im Anfangszustand wirklich keine Angabe enthält.

```
* men33.prg
do UEBSCHR with "Titel markieren/Markierung entfernen"
seek KONTROL->INVDATSATZ
do MEN3S.PRG
clear gets

do while .T.
   select INVENTAR
   SISBN = space(13)
   do FINDISBN with "Geben Sie eine ISBN-Nummer ein ", SISBN
   if SISBN = space(13)
      return
   endif
   ANTWORT  = space(1)
   do MEN3S.PRG
```

```
   select INVENTAR
   clear gets
   @ 23,2
   if .not. deleted()
      do FRAGE with  'Titel markieren (J/N)?',23,2,ANTWORT
   else
      do FRAGE with 'Markierung entfernen (J/N)?',23,2,ANTWORT
   endif

   if ANTWORT = 'J'
      if .not. deleted()
         delete
         @ 0,65 say 'Markiert'
      else
         recall
         @ 0,65 say '        '
      endif
   endif
enddo
```

Listing 7.9 - MEN33, Programm zum Setzen/Entfernen der Löschmarkierung für Inventardatensätze

```
procedure FRAGE
parameters LEGENDE, ZEIL, SPAL, ANTWORT
ANTWORT = ' '
@ ZEIL,SPAL
do while .not. ANTWORT $ 'JN'
   @ ZEIL,SPAL say LEGENDE get ANTWORT picture '!'
   read
enddo
return
```

Listing 7.10 - Prozedur FRAGE

Löschen von Inventardatensätzen - MEN34

Das endgültige Löschen (Entfernen) von Datensätzen ist eine eigenständige Operation gegenüber dem Setzen von Löschmarkierungen. Der Benutzer kann den Zeitpunkt aussuchen, zu dem Datensätze endgültig aus der Datenbank entfernt werden. Der *pack*-Prozeß ist bei großen Datenbanken sehr zeitaufwendig. Das Programm zum Löschen von Inventardatensätzen entspricht dem Programm zum Löschen der Kundendatensätze. In Listing 7.11 ist MEN34.PRG, das Programm zum Löschen der Inventardatensätze, dargestellt.

```
*men34.prg
clear
? 'Ich suche nach markierten Datensätzen...'
locate for deleted()
if .not. eof()
   ? 'Die folgenden Datensätze sind zur Löschung markiert'
   display off next 1000000 ISBN,TITEL for deleted()
   ?
   ?
   do FRAGE with 'Diese Datensätze löschen (J/N)?',row(),2,ANTWORT
   if ANTWORT $ 'jJ'
      set talk on
      clear
      ? 'Datensätze werden gelöscht - bitte warten...'
      pack
      set talk off
   endif
else
   ? 'Es sind keine Datensätze zur Löschung vorgesehen '
   wait
endif
```

Listing 7.11 - Programm zum Löschen der markierten Datensätze

Buchbestellung - MEN35

Die Menüauswahl 5 ist ein Untermenü, das dem Benutzer die Bestellung von Büchern erlaubt. Bestellungen können ein zweites Mal ausgedruckt und Informationen über bestellte Bücher angezeigt werden. Das Menüprogramm MEN35.PRG wird in Listing 7.12 gezeigt, die davon erstellte Bildschirmmaske ist aus Bild 7.4 ersichtlich. Die von dem Untermenü aufgerufenen Programme verwenden die drei Datenbankdateien und die Datei KONTROL.

Bei jedem Durchlauf werden BESTELL und INVENTAR angewählt und die entspechenden Verknüpfungen zwischen INVENTAR und LIEFERER gesetzt. Dadurch gibt es einen Initialisierungspunkt, an dem ein definierter Systemzustand vorliegt. Obwohl das Menü zum ersten Mal vom Inventarmenü angewählt wird, kann es auch von anderen Programmteilen angesprochen werden.

Der erste *read*-Befehl wird ohne einen vorhergehenden *get*-Befehl bereitgestellt. Der Einlesevorgang stellt den Cursor immer an das untere Ende des Bildschirms. Falls keine Daten einzulesen sind, kann der Cursor mit *read* auf einfache Weise an das untere Ende des Bildschirms gestellt werden.

Nachdem der Cursor einmal am unteren Ende des Bildschirms positioniert ist, kann mit dem Befehl *?* (im Gegensatz zu *@...say*) eine Statusmeldung angezeigt werden. Die Meldung besteht hier aus Werten dreier verschiedener Datentypen. Mit dem Operator *?* kann eine Liste von Ausdrücken angezeigt werden. Mit dem Befehl *@...say* müßten Auftragsnummer und Datum erst in den Datentyp *Zeichen* umgewandelt und mit dem Hauptteil der Meldung verknüpft werden, um die gewünschte Anzeige zu erhalten.

Auch hier werden für eine leere BESTELL-Datei Teile der Menüauswahl verborgen. Bücher, die an diesem Tag schon bestellt wurden, werden zur Auswahl der zu bestellenden Bücher ebenfalls nicht mehr angezeigt.

```
* men35.prg
private wahlp
do while .T.
   WAHLEN = '0'
   select INVENTAR
   set relation to VERLCODE into LIEFERER
   select BESTELL
   set relation to ISBN into INVENTAR
   do UEBSCHR with "Buchbestellsystem"

   if year(KONTROL->BESTDAT) # 0
      ?
      ? 'Letzte Bestellung war ',KONTROL->BESTNUM-1,'datiert:',KONTROL->BESTDAT
   endif

   if KONTROL->BESTDAT # date()
      @ 8,26 say '1 - Bücher bestellen'
      WAHLEN = '01'
   else
      @ 8,26 say ' '
   endif
   if .not. (eof() .and. bof())
      @ row()+1,26 say '2 - Bestellungen noch einmal drucken'
```

```
      @ row()+1,26 say '3 - Bestellte Bücher auflisten'
      @ row()+1,26 say '4 - Bestellte Bücher ausdrucken'
      WAHLEN = WAHLEN + '234'
   endif
   @ row()+2,26 say '0 - Zurück zum Hauptmenü'
   @ row()+2,26 say '  - Ihre Wahl'

   do WAHL with 26,WAHLEN

   wahlp=wahl
   do case
      case WAHL = '0'
         return
      case WAHL = '2'
         do MEN352.PRG  with WAHLP,CDATUM,STRICH
      otherwise
         do MEN35&WAHL..PRG
   endcase
enddo
```

Listing 7.12 - Menüprogramm zum Bestellen von Büchern

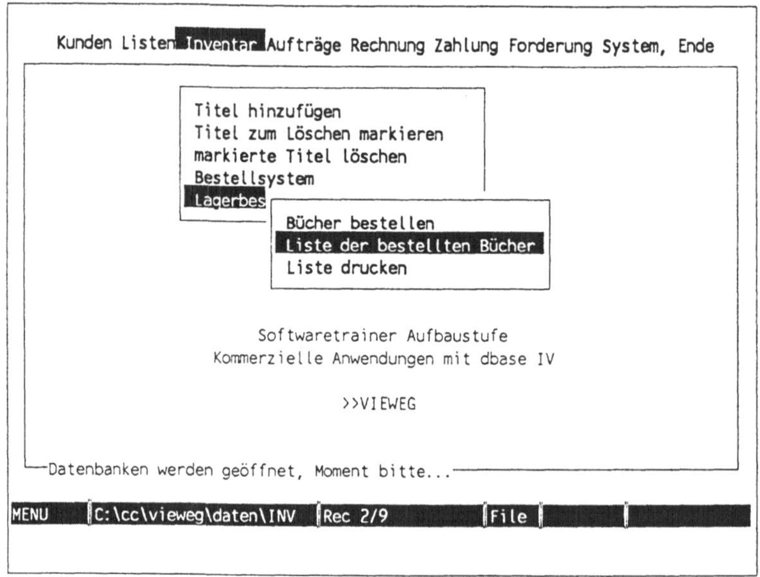

Bild 7.4 - Bildschirmmaske zum Bestellen von Büchern

Programm zur Buchbestellung - MEN351

Das Programm zur Buchbestellung wird in Listing 7.13 gezeigt. Was ist die eigentliche Aufgabe dieses Programms? Zuerst wird die Inventardatei nach zu bestellenden Artikeln durchsucht. Verläuft die Suche erfolgreich, springt das Programm in einen Modus, in dem Bücher bestellt werden können. Ansonsten wird der Benutzer informiert, daß keine Bücher bestellt werden müssen. Bücher müssen immer dann nachbestellt werden, wenn der Lagerbestand plus die derzeit bestellte Menge kleiner als die Mindestlagermenge ist.

Welche Nachbestellungen erfolgen müssen, bestimmt das Programmsystem, indem eine Verknüpfung von INVENTAR zu BESTELL hergestellt wird. Zuvor muß die Verknüpfung der Datei BESTELL zu INVENTAR gelöst werden, da sonst eine *geschlossene Verknüpfung* entstünde. *Geschlossene Verknüpfungen* sind nicht erlaubt. Beachten Sie, daß die Verknüpfung einer Datenbank *A* zur Datenbank *B* nicht der Verknüpfung der Datenbank *B* zur Datenbank *A* entspricht! Nachdem die Verbindung hergestellt wurde, kann der folgende Befehl verwendet werden:

```
set filter to BESTAND + BESTELL->STANDMENGE < MINDMENGE
```

set filter legt über alle Datensätze der aktiven Datenbank (INVENTAR) eine Maske, die eine gegebene Bedingung nicht erfüllen. Die Bedingung bezieht den verknüpften Datensatz aus BESTELL ein. Der Befehl kann auch als "Verstecke alle Datensätze in INVENTAR, bei denen der Inhalt des Feldes BESTAND plus dem Inhalt von STANDMENGE nicht weniger als der Minimalbestand ist" gelesen werden. Zu dem Zeitpunkt, zu dem die Bedingung gesetzt wird, ist der Datensatzzeiger auf irgendeinen Datensatz der Datei INVENTAR gerichtet. Der Datensatzzeiger soll nun auf den ersten Datensatz zeigen, der die Bedingung erfüllt (entspricht dem ersten zu bestellenden Buch). Der Befehl *go top* setzt den Datensatzzeiger auf diesen Datensatz. Müssen keine Bücher bestellt werden, steht der Datensatzzeiger nun am Ende der Datei und die EOF-Flagge wird gesetzt. Die *do*-Schleife zur Bestellung von Büchern wird nur aktiviert, wenn die EOF-Flagge *nicht* gesetzt ist. Die Variable SBESTNUM (Flagge) kontrolliert den Ausdruck der Bestellungen.

```
* men351.prg
do UEBSCHR with "Buchbestellung"
?
? 'Inventardatei nach Büchern zur Nachbestellung durchsuchen...'
select BESTELL
set relation to
select INVENTAR
set relation to ISBN into BESTELL
set filter to BESTAND + BESTELL->STANDMENGE < MINDMENGE
go top
? 'Buchbestellung ', iif(eof(),'nicht notwendig','läuft...')
if eof()
   wait
endif
```

```
SBESTNUM = KONTROL->BESTNUM
do while .not. eof()
   SVERLCODE = VERLCODE
   do while INVENTAR->VERLCODE = SVERLCODE .and. .not. eof()
      select BESTELL
      sum STANDMENGE while INVENTAR->ISBN = ISBN to BESTMENGE
      if BESTMENGE + INVENTAR->BESTAND < INVENTAR->MINDMENGE
         append blank
         replace ISBN      with INVENTAR->ISBN,;
         AUFTRDAT with date(),;
         STANDMENGE with INVENTAR->STANDMENGE
         replace KOSTEN      with INVENTAR->KOSTEN,;
         BESTNUM  with str(KONTROL ->BESTNUM,6);
         VERLCODE   with INVENTAR->VERLCODE
         do while BESTMENGE + STANDMENGE < INVENTAR->MINDMENGE
            replace STANDMENGE with STANDMENGE+INVENTAR->STANDMENGE
         enddo
      endif
      select INVENTAR
      skip
   enddo
   select  KONTROL
   replace BESTNUM  with BESTNUM +1,BESTDAT with date()
   select INVENTAR
enddo
set filter to
set relation to VERLCODE into LIEFERER
select BESTELL
set relation to ISBN into INVENTAR
if SBESTNUM # KONTROL->BESTNUM
   do MEN352.PRG with '1',CDATUM,STRICH
endif
```

Listing 7.13 - Programm zur Bestellung von Büchern

Für Nachbestellungen sollen alle Bücher eines Verlages gemeinsam bestellt werden. Durch die Verwendung der ISBN-Nummer, die mit Länder- und Verlegercode beginnt, erscheinen die Bücher eines Verlegers automatisch hintereinander. Die innere *do*-Schleife verarbeitet potentielle Bestellungen an einen Verleger. Die Schleife wird von der Variablen SVERLCODE kontrolliert, die im Moment des Einsprungs den entsprechenden Verlegercode enthält. Die Schleife wird verlassen, sobald ein Datensatz gefunden wird, der einen anderen Verlegercode enthält.

Als erstes wird in der Schleife die Datei BESTELL angewählt. Die Bestellmenge einer bestimmten ISBN-Nummer (das heißt, eines bestimmten Buches) wird auf den neuesten Stand gebracht. Weshalb? Es können schon mehrere Bestellungen für dieses Buch vorliegen. Die Verknüpfung bezieht sich aber nur auf die erste Bestellung. Die Datei BESTELL muß angewählt sein, um den Zugriff auf alle Datensätze zu gewährleisten. Der Befehl *sum* faßt alle Bestellungen einer bestimmten ISBN-Nummer (eines bestimmten Buches) zusammen. Die Gesamtmenge kann unter der Mindestvorratsmenge liegen. Dann wird ein leerer Datensatz an die Datei BESTELL angehängt, in den alle relevanten Informationen bezüglich des Auftrages mit *replace* übergeben werden. Der Befehl *replace* kann in einem einzigen Kommando geschrieben werden:

```
replace ISBN with INVENTAR->ISBN,AUFTRDAT with date(),STAND;
MENGE with INVENTAR->STANDMENGE,KOSTEN with STR(KONTROL->BESTNUM,;
6),VERLCODE with INVENTAR->VERLCODE
```

Im Programm ist der gleiche Befehl übersichtlicher formatiert. Die Wirkungsweise entspricht aber genau der des oben stehenden Befehls. Programmierer müssen immer einen Kompromiß zwischen Lesbarkeit und Effektivität eines Programms schließen. Übersichtliche Programme können leichter angepaßt werden, sind aber im allgemeinen weniger effektiv (wie in diesem Fall). Soll ein Befehl mehr als eine Zeile umfassen, muß mit einem Semikolon am Ende der Zeile angedeutet werden, daß der Befehl in der nächsten Zeile fortgeführt wird.

Achtung: Bei Verwendung des dBASE IV-Editors (modify command) erfolgt ein automatischer Zeilenumbruch nach dem 66.ten Zeichen. Bei einem automatischen Zeilenumbruch darf das Semikolon nicht verwendet werden! Ein Semikolon darf nur in Zeilen verwendet werden, bei denen am rechten Rand nicht das Symbol < vorkommt.

Die innerste *do*-Schleife dient der Aufstockung des Lagesbestandes, wenn die Standardbestellmenge nicht ausreicht, um den Minimalbestand zu erreichen.

Nachdem der Datensatz für ein Buch in die Datei BESTELL eingegeben wurde, springt das Programm zurück zur Inventardatei und sucht nach dem nächsten das Filterkriterium treffenden Datensatz. Enthält der gefundene Datensatz nicht den in SVERLCODE gespeicherten Verlegercode oder ist das Ende der Datenbank erreicht, wird die Bestellung abgeschlossen, aus der Schleife gesprungen und gleichzeitig die Bestellnummer in der Datei KONTROL inkrementiert.

Falls das Ende der Datei noch nicht erreicht ist, wird der neue Verlegercode in SVERLCODE gespeichert und die nächste Bestellung bearbeitet. Dafür wird aus der *do*-Schleife gesprungen und der Filter mit *set filter to* außer Kraft gesetzt.

Als nächstes werden wieder die Anfangskonditionen des Untermenüs gesetzt und (vorausgesetzt es gab eine Bestellung) die Druckerroutine angesprochen. Wie *weiß* das System, daß eine Bestellung vorgenommen wurde? Vor dem Einsprung in die *do*-Schleife wird die letzte Bestellnummer in die Variable SBESTNUM geschrieben. Unterscheidet sich die aktuelle Bestellnummer vom Inhalt der Variablen SBESTNUM, muß mindestens eine Bestellung vorgenommen worden sein.

Die Druckroutine kann auch direkt vom Menü aus angesprochen werden. Von welchem Programm aus die Druckroutine angesprochen wird, zeigt ein Parameter an. Ist der Parameter gleich *1*, wurde die Druckroutine vom Bestellprogramm aufgerufen.

Ausdruck der Bestellungen - MEN352

In Listing 7.14 sehen Sie das Programm zum Ausdruck von Bestellungen. Druckerprogramme sollten immer einen Originalausdruck und beliebig viele Duplikate ausdrucken können. Eine Bestellung, die im Drucker zerknittert wurde, oder ein verlorenes Original können große Probleme aufwerfen, wenn die Buchführung Belege verlangt. Das Druckprogramm wird automatisch vom Bestellprogramm aufgerufen, kann aber auch direkt über das Menü angesprochen werden. Bei Aufruf vom Bestellprogramm aus sollen nur die neuesten Bestellungen der Datei BESTELL ausgegeben werden. Erfolgt der Aufruf vom Menü aus, sollen nur eine einzige Bestellung oder die Bestellungen eines bestimmten Tages ausgegeben werden. Das Druckprogramm erkennt anhand eines übergebenen Parameters, von welchem Programm es aufgerufen wurde.

```
* men352.prg
parameter AUSWAHL,CDATUM,STRICH
private SDATUM,SBESTNUM,SSUMME
do UEBSCHR with "Bestellungen drucken"
SDATUM    = KONTROL->BESTDAT
SBESTNUM = space(6)
SSUMME = 0

if AUSWAHL = "2"
   @ 6,3 say "Bestellnummer" get SBESTNUM
   @ 8,3 say "Datum " get SDATUM
```

```
      Text
      Um einen einzelne Bestellung zu drucken, geben Sie die
      Bestellnummer ein

      Um alle Bestellungen eines Datums zu drucken, geben Sie
      das Datum ein
      endtext
  read
endif

if val(BESTNUM) >= 100000
  set filter to BESTNUM = SBESTNUM
else
  set filter to SDATUM = AUFTRDAT
endif

go top
do UEBSCHR with "Bestellungen drucken"
do drwahl
if drwahl='J'
  set device to print
  do while .not. eof()
    SBESTNUM = BESTNUM
    BDATUM  = cmonth(AUFTRDAT) + str(day(AUFTRDAT),3) + ;
    ','+str(year(AUFTRDAT),5)
    S_STRICH  = '-'
    do while len(S_STRICH) < 78
      S_STRICH = S_STRICH + S_STRICH
    enddo
    S_STRICH = substr(S_STRICH,1,68)

    @ 3,1  say 'Auftrag: '+BESTNUM
    @ 3,(69-len(BDATUM)) say BDATUM
    @ 5,1  say 'AN: '
    @ 5,10 say LIEFERER->NAME
    @ 6,10 say LIEFERER->ADRESSE
    @ 7,10 say trim(LIEFERER->STADT)+', '+LIEFERER->LAND+'  '+;
    LIEFERER->PLZ
    if LIEFERER->EMPF # space(30)
      @ 8,10 say 'z.Hd.  '+LIEFERER->EMPF
    endif
    @ 10,1  say 'VON:'
    @ 10,10 say "BENNYS B CHER "
    @ 11,10 say 'ALTE GARTENSTRASSE 4'
    @ 12,10 say '3500 KELKHEIM '
    @ 13,1  say S_STRICH
```

```
      @ 14,1  say 'ISBN-Nummer     Titel'
      @ 14,45 say 'MENGE  KOSTEN        SUMME'
      @ 15,1  say S_STRICH

      do while SBESTNUM = BESTNUM .and. prow() < 55 .and. .not. eof()
         SSUMME = SSUMME + (KOSTEN * STANDMENGE)
         @ prow()+2,1     say ISBN
         @ prow(),16      say INVENTAR->TITEL
         @ prow(),47      say STANDMENGE         picture "###"
         @ prow(),52      say KOSTEN             picture "###.##"
         @ prow(),59      say KOSTEN*STANDMENGE  picture "###,###.##"
         skip
      enddo
      if SBESTNUM # BESTNUM .or. eof()
         @ prow()+2,44 say '* Summe *'
         @ prow(),56   say SSUMME picture '##,###,###.##'
         SSUMME = 0
      endif
      eject
   enddo
   set device to screen
endif
set filter to
```

Listing 7.14 - Programm zum Ausdruck der Buchbestellungen

Bei Aufruf vom Menü wird der Ausdruck *AUSWAHL='2'* wahr. Die Variablen SBESTDAT und SBESTNUM werden zusammen mit einem erklärenden Text angezeigt. Der Benutzer kann festlegen, welche Bestellungen ausgedruckt werden sollen. Die Anweisung *text* stellt den Text zwischen *text* und *endtext* auf dem Bildschirm dar. Nach dem Befehlswort *text* beendet dBASE die Zeicheninterpretation und beginnt damit erst wieder hinter *endtext*.

Sollte die Variable BESTNUM größer als 100.000 sein, was nur auftreten kann, wenn der übergebene Parameter eine *2* ist, wird ein Filter auf die Bestellnummer verwendet; anderfalls wird als Filterkriterium ein Datum eingegeben. Alle Datensätze, die das Kriterium nicht erfüllen, werden verborgen bis der Filter entfernt oder geändert wird.

Bild 7.5 zeigt eine beispielhafte Bestellung, die mit diesem Programm ausgedruckt wurde. Das eigentliche Programm besteht aus zwei ineinander verschachtelten *do*-Schleifen. In der äußeren Schleife werden die Anfangsbedingungen für die innere Schleife gesetzt, eine Überschrift ausgedruckt und zum Schluß die Gesamtsumme ausgegeben. Zudem wird der Papiervorschub reguliert.

Jede Bestellung besteht aus einer Überschrift, einem Hauptteil und einer Unterschrift. Die Überschrift besteht aus der Bestellnummer, dem Datum und den einzelnen Spaltenüberschriften. Der Hauptteil einer Bestellung besteht aus diversen Informationen über das bestellte Buch. Die Unterschrift schließlich beinhaltet die Gesamtsumme. Eine Bestellung kann mehr als eine Seite in Anspruch nehmen.

```
Auftrag: 100000

AN:         ASHTON TATE GROUP
            DRUIDENSTRAßE 17
            DRUIDENSTADT, D    4567
            z.Hd. HERR HUBER

VON:        BENNYS BÜCHER
            ALTE GARTENSTRASSE 4
            3500 KELKHEIM
------------------------------------------------------------------------------
ISBN-Nummer      Titel                        MENGE   KOSTEN        SUMME
------------------------------------------------------------------------------

0-912677-32-5  WIE ZERSTöRT MAN EINEN PC         20      3.50        70.00

                                           * Summe *                 70.00
```

Bild 7.5 - Beispielbestellung

Über- und Unterschrift werden von der äußeren Schleife ausgedruckt. Der Hauptteil wird in der inneren *do*-Schleife erzeugt. Für den Ablauf der inneren Schleife müssen mehrere Bedingungen erfüllt sein: Sie wird nur abgearbeitet, solange die BESTELL-Datensätze zur gleichen Bestellung (gleicher Verleger) gehören. Falls zu viele Datensätze für eine einzige Seite gefunden werden, endet die Schleife nach der Druckzeile 55 (*prow()* < *55*). Die Schleife wird auch beendet, wenn das Ende der Datei erreicht wird.

Die Datensätze befinden sich in der richtigen Reihenfolge (BESTNUM), wenn sie auch nach der ISBN-Nummer indiziert sind. Datensätze, in denen ein anderes Datum (oder eine andere Bestellung) gespeichert ist, werden vom Filter verdeckt. Das Bestellprogramm kann an jedem Tag nur ein einziges Mal vom Menü aus gestartet werden. Auf diese Weise kann ein Buch (am selben Tag) nicht doppelt bestellt werden.

Bestellungen auf dem Bildschirm anzeigen - MEN353

MEN353.PRG bietet dem Benutzer die Möglichkeit, Informationen über Bestellungen abzurufen. Das Programm in Listing 7.15 stellt MEN353-.PRG dar. Die von diesem Programm erzeugte Bildschirmmaske ist in Bild 7.6 gezeigt. Der Anzeigebefehl des Programms ist *list*. Durch die Verwendung von *list* wird eine weitere *do*-Schleife vermieden.

```
* men353.prg
go top
do while .T.
   do UEBSCHR with "Bestellte Bücher"
   do while row() < 17 .and. .not. eof()
      SVERLCODE = VERLCODE
      ?
      ? LIEFERER->NAME
      ?
      list off ISBN , INVENTAR->TITEL, AUFTRDAT, STANDMENGE, BESTNUM ;
      while row() <= 20 .and. SVERLCODE = VERLCODE
   enddo
   wait "Z für zurück, Leertaste für weiter, A für Abbruch "  to R
   do case
      case upper(R) = 'A'
         exit
      case upper(R) = 'Z' .and. .not. bof()
         skip -40
      case .not. eof()
         skip
   endcase
enddo
```

Listing 7.15 - Programm, das die offenen Nachbestellungen anzeigt

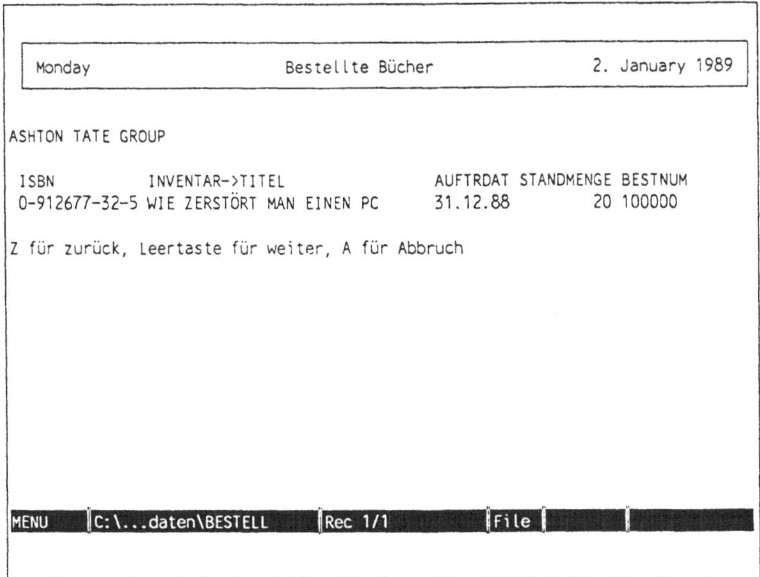

Bild 7.6 - Bildschirmanzeige der offenen Nachbestellungen

Das Programm dient der Darstellung von Informationen bestellter Bücher. Die Bücher sind nach Verlagen geordnet. Die innere Schleife wird durchlaufen, bis Informationen in Zeile 16 angezeigt werden. Der Befehl *list* kann Daten bis zu Zeile 20 anzeigen. Die Schleife beendet die Darstellung schon bei Zeile 16, um zu vermeiden, daß der Name eines Verlages auf einer, die dazugehörigen Bücher aber erst auf der nächsten Bildschirmseite angezeigt werden. Dem Benutzer werden die zur Verfügung stehenden Möglichkeiten angezeigt.

Mit *wait* wartet das Programm auf die Eingabe eines Zeichens als Antwort auf eine Eingabeaufforderung. Die Eingabe wird mit Hilfe der Anweisung *to* in eine Variable gespeichert. Falls nicht die Zeichen *Z* oder *A* eingegeben werden, wird die nächste Bildschirmseite dargestellt. Die Buchstaben können in Groß- oder Kleinschreibung eingegeben werden. Das eigentlich eingegebene Zeichen hängt vom Status der Taste *Caps Lock* ab. Der Vergleich wird mit Hilfe der Funktion *upper()* durchgeführt. *upper()* konvertiert alle Buchstaben in einer Zeichenkette zu Großbuchstaben.

Die Eingabe des Zeichens *Z* macht eine Fallunterscheidung notwendig. Der Anfang einer Datei könnte erreicht sein, in diesem Fall führt der Versuch, eine Seite zurückzublättern, zu einem Fehler.

Ausdruck der Bestellungen - MEN354

Der letzte Punkt dieses Menüs dient dem Ausdruck einer Liste der Bestellungen. Das hierzu entwickelte Programm sehen Sie in Listing 7.16. Das Programm unterscheidet sich nicht grundsätzlich vom vorherigen Programm, das Bestellungen auf dem Bildschirm anzeigt.

```
* men354.prg
do UEBSCHR with "Liste bestellter Bücher drucken"
do drwahl
if drwahl='J'
   go top
   SEITE = 0
   ZEILVORSCH = chr(10)
   set console off
   set print on
   do while .not. eof()
      SEITE  = SEITE+1
      CSEITE = str(SEITE,3)
      do while CSEITE = ' '
         CSEITE = substr(CSEITE,2)
      enddo
      ? ZEILVORSCH,ZEILVORSCH,ZEILVORSCH,ZEILVORSCH
      ? 'BUCHBESTELLUNG VOM '+CDATUM
      ? 'Seitennummer '+CSEITE,ZEILVORSCH,ZEILVORSCH
      do while prow() < 52 .and. .not. eof()
         SVERLCODE = VERLCODE
         ?
         ? LIEFERER->NAME
         ?
         list off ISBN, INVENTAR->TITEL, AUFTRDAT, STANDMENGE, BESTNUM  ;
         while prow() <= 55 .and. SVERLCODE = VERLCODE
      enddo
      eject
   enddo
   set print off
   set console on
endif
```

Listing 7.16 - Programm, das die offenen Bestellungen ausdruckt

Die meisten Druck- und Bildschirmprogramme zur Darstellung von Bestellisten bestehen aus zwei *do*-Schleifen: Die innere Schleife dient dem Ausdruck des Hauptteils einer Seite, die äußere Schleife ist für die Ausgabe der Überschrift verantwortlich, ruft die innere Schleife auf und veranlaßt nach der Abarbeitung der inneren Schleife einen Seitenvorschub.

Die Überschrift wird mit Hilfe der Variablen ZEILVORSCH positioniert. ZEILVORSCH enthält das Zeichen *chr(10)* für den Zeilenvorschub, das den Druckerkopf (bzw. den Cursor) um eine Zeile nach unten versetzt. Die Spaltenposition des Schreibkopfes (Cursor) wird dabei nicht verändert. Die Befehlszeile, die ZEILVORSCH enthält, hat dieselbe Wirkung wie vier Programmzeilen mit dem Fragezeichenoperator *?*. Wäre das Zeichen *chr(13)* (Wagenrücklauf) zu diesem Zweck ebenfalls verwendbar? Nein, denn der Wagenrücklauf schiebt den Druckkopf (bzw. Cursor) an den rechten Papierrand (bzw. Bildschirmrand). Dabei werden von dBASE IV gesetzte Seitenränder ignoriert. Das Zeichen *chr(10)* (Zeilenvorschub ohne Wagenrücklauf) löst ein Zeilenvorschub aus, wobei die Position des Schreibkopfes relativ zur Spalte nicht beeinflußt wird.

set console on/off schaltet die normale Ausgabe auf den Bildschirm ein/aus. Die Ausgabe der Befehle *list* und *?* ist üblicherweise auf den Bildschirm gerichtet. Ist der Befehl *set print on* wirksam, erfolgt die Ausgabe sowohl auf den Bildschirm als auch den Drucker. Der Befehl *set console off* beeinflußt die Ausgabe auf den Drucker nicht, unterdrückt aber die Ausgabe auf den Bildschirm. Der Befehl kann nicht direkt über die Tastatur eingegeben werden, er ist nur in Programmen wirksam.

Die Seitennummer wird mit Hilfe der *do*-Schleife *do while CSEITE=' '* ausgegeben, die alle führenden Leerzeichen der Variablen CSEITE entfernt. Bei jedem Durchgang der Schleife wird ein Leerzeichen auf der linken Seite der Variablen abgeschnitten. Der Prozeß bricht ab, sobald ein anderes als ein Leerzeichen entdeckt wird.

Inventaraktualisierung - MEN36

Menü 6 bietet die Möglichkeit, den Warenbestand aufgrund einer Lieferung oder Inventur neu festzulegen. Hierbei soll auch ein neues Programmierproblem angegangen werden: Das Neuaufsetzen des Systems und die Überprüfung bereits eingegebener Daten. Ein Systemabsturz (gleich welcher Ursache) führt bei Dateneingaben im allgemeinen zu Datenverlusten. Oftmals ist es relativ leicht festzustellen, welche Daten verlorengegangen sind, und diese dann noch einmal einzugeben.

Die Vornahme der Dateneingabe über die indirekte Eingabe kann zu Problemen führen, wenn der Absturz des Systems während der Änderung der verschiedenen Dateien erfolgt. Welche Daten sind schon geändert und welche nicht? Stimmen alle Bestände? Welche Daten sind in die Bestände eingerechnet?

Über die Daten der Datei KONTROL wird der Prozeß überwacht. Die Beispielprogramme verwenden nur einige Kontrollpunkte, um den Anpassungsprozeß zu überwachen. Die Kontrolle genügt den Anforderungen eines Überwachungsprozesses vollkommen, wenn noch einige Kontrollpunkte hinzugefügt werden.

Das Aktualisierungsmenü

Das Menüprogramm zur Aktualisierung der Datenbanken ist in Listing 7.17 gezeigt. In diesem Menü sind nur drei Unterpunkte berücksichtigt: die Aktualisierung des Warenbestandes, der Ausdruck der letzten Aktualisierung und die Rückkehr zum Inventarmenü.

```
* men36.prg
do while .T.
   select INVENTAR
   do UEBSCHR with "Inventaraktualisierungssystem"
   @  8,26 say '1 - Warenbestand aktualisieren'
   @  9,26 say '2 - Letzte Aktualisierung ausdrucken'
   @ 11,26 say '0 - Zurück zum Inventarmenü'
   @ 13,26 say '  - Ihre Auswahl'

   do WAHL with 26,'012'

   if WAHL = '0'
      return
   endif
   do MEN36&WAHL..PRG
enddo
```

Listing 7.17 - Programm des Aktualisierungsmenüs

Warenbestand aktualisieren - MEN361

In Listing 7.18 wird das Programm zur Aktualisierung gezeigt. Der Prozeß ist in vier Schritte (1 bis 4) aufgeteilt. Nach der Beendigung bestimmter Teile des Aktualisierungsprogrammes wird der Inhalt des Feldes AKTSCHRITT in der Datei KONTROL inkrementiert. Das Aktualisierungsprogramm beginnt nach einem eventuellen Systemausfall automatisch an wieder der richtigen Stelle.

```
* men361.prg
* ---------- Men361A - ISBN-Nummern sowie erhaltene Menge eingeben
* ---------- Men361B - Inventardatei aktualisieren
* ---------- Men362  - Aktualisierung ausdrucken

if KONTROL->AKTSCHRITT = 0
   do MEN361A.prg
   select AKTUAL
   if eof() .and. bof()
      return
   endif
   go top
   select KONTROL
   replace AKTSCHRITT with 1
endif

if KONTROL->AKTSCHRITT = 1
   do men361B.prg
endif

if KONTROL->AKTSCHRITT = 2
   select BESTELL
   close index
   if .not. file('BESTKOP.DBF')
      copy all to daten\BESTKOP
      set index to ISBN-0
   else
      select aktual
      use
      select bestell
      zap
      append from bestkop
      index on ISBN to daten\ISBN-0
      select 6
      use invakt alias aktual
   endif

   select AKTUAL
   go top
   set deleted on
   do while .not. eof()
      select BESTELL
      MENGE = AKTUAL->MENGEERH
      seek AKTUAL->ISBN
```

```
        do while ISBN = AKTUAL->ISBN .and. MENGE > 0 .and. .not. eof()
           neumen = MENGEERH + MENGE
           replace MENGEERH with neumen
           MENGE = MENGEERH - STANDMENGE
           if MENGEERH >= STANDMENGE
              delete
           endif
           skip
        enddo
        select AKTUAL
        skip
     enddo
     set deleted off
     select BESTELL
     pack
     erase daten\BESTKOP.DBF
     select kontrol
     replace AKTSCHRITT with 3
endif

if KONTROL->AKTSCHRITT>=3
   do MEN362.prg
   select KONTROL
   replace AKTSCHRITT with 0
   select INVENTAR
endif
```

Listing 7.18 - Programm zur Inventaraktualisierung

Die vier Schritte sind: Dateneingabe, Aktualisierung der Inventardatei, Aktualisierung der BESTELL-Datei und Ausdruck einer Zusammenfassung des Aktualisierungsvorgangs. Der Benutzer gibt die zu aktualisierenden Daten, die ISBN-Nummer und die eingegangene Warenmenge in die Transaktionsdatei AKTUAL ein. Die Felder BESTAND und MENGEERH der Inventardatei werden automatisch aktualisiert. Mit denselben Daten werden dann die Datensätze der erfüllten Bestellungen der Datei BESTELL gelöscht. Nachdem die ersten drei Schritte erfolgreich abgeschlossen sind, wird die Veränderung ausgedruckt. Der Benutzer erhält damit eine ständige Auflistung seiner Transaktionen.

Aktualisierung der BESTELL-Datei

Im folgenden wird der letzte Teil des Programmes MEN361.PRG besprochen. Dieser Programmteil, der aufgrund der vielen geöffneten Dateien in das übergeordnete Programm eingebaut wurde, wird entweder vom Aktualisierungsprogramm aus oder beim Neustart des Systems nach dem Auftreten eines Fehlerfalles ausgeführt.

Die Sicherheitskopie der Datei BESTELL trägt den Namen BESTKOP. Existiert die Datei bereits, geht das System von einem Fehlerfall aus und löscht (mit *zap*) den aktuellen Inhalt der Datei BESTELL. In der Zeile mit der Anweisung *append from* wird der Inhalt von BESTKOP in die Datei BESTELL kopiert. Die Quelldatei darf bei Verwendung von *append from* nicht geöffnet sein (und ist es auch nicht). Als nächstes wird noch einmal nach ISBN indiziert, da die Indexdatei ebenfalls betroffen sein kann.

Die Datei BESTKOP wird angelegt, wenn sie noch nicht existiert, und der vollständige Inhalt der BESTELL-Datei hineinkopiert. Die gesamte Datei wird kopiert, da ein Teil des Aktualisierungsprozesses ganze Datensätze aus der BESTELL-Datei löscht. Es wird angenommen, daß die Datei klein ist und der Kopiervorgang daher nicht viel Zeit beansprucht. Zum Kopieren größerer Dateien muß die Datei geschlossen und mit *copy file* kopiert werden. Der Befehl *copy file* kann *nicht* auf eine geöffnete Datei angewendet werden. Das veränderte Programm würde dann so aussehen:

```
select BESTELL
   if .not. ...
      use
      copy file BESTELL.DBF to BESTKOP.DBF
      use BESTELL index ISBN-O
   else
      zap
      append from ...
      reindex
   endif
```

In der BESTELL-Datei treten eine Reihe von Problemen auf, die mit dem Befehl *update* nicht abgedeckt werden können. Es können mehrere Datensätze mit derselben ISBN-Nummer existieren und Lieferungen können mehr als einen Bestelldatensatz oder aber eine Bestellung nur teilweise erfüllen.

Für jeden Datensatz von AKTUAL wird der erste passende Datensatz (sofern vorhanden) der Datei BESTELL gesucht. Die Variable MENGE enthält die eingegangene Warenmenge. Die Variable wird entsprechend der gefundenen abgedeckten Bestellmengen verändert. Besitzt die Variable einen Wert größer 0 und stimmt die ISBN-Nummer mit der steuernden

ISBN-Nummer der Datei AKTUAL überein, wird das Feld für eingegangene Ware um den Wert der Variablen MENGE erhöht. Die Differenz (falls gegeben) zwischen Bestellung und gelieferter Menge (mehr als durch den Datensatz bestellt) wird in die Variable MENGE zurückgespeichert. Ein erfüllter Bestelldatensatz wird zur Löschung markiert und der Datensatzzeiger auf den nächsten Datensatz gestellt.

Nach Beendigung des Prozesses werden die Datei BESTELL angewählt und markierte Datensätze mit *pack* endgültig gelöscht.

Dateneingabe - MEN361A

In Listing 7.19 ist das Programm zur Eingabe der Aktualisierungsdaten zu sehen. Die davon erzeugte Bildschirmmaske ist in Bild 7.7 dargestellt. In das Programm wird nur gesprungen, wenn das Feld AKTSCHRITT der Datei KONTROL den Wert Null enthält. Das Programm löscht als erstes den Inhalt der Datei AKTUAL.

zap

Der Befehl *zap* löscht mit sofortiger Wirkung alle Datensätze einer Datenbank. Bei aktivem *set safety off* erfolgt die Löschung ohne vorherige Warnung oder Meldung. Der Befehl *zap* könnte durch die Befehlsfolge *delete all* und *pack* ersetzt werden.

```
* men361a.prg
clear
select AKTUAL
zap
@ 1,1 say 'ISBN-Nummer    Menge   Titel'
ZEIL = 2
do while .T.
   select INVENTAR
   SISBN    = space(13)
   do FINDISBN with "Geben Sie die ISBN-Nummer ein: ", SISBN
   if SISBN = space(13)
      exit
   endif
   @ 23,2
   select AKTUAL
   locate for ISBN = SISBN
   if eof()
      append blank
      replace ISBN with SISBN
   endif
   @ ZEIL,1  say ISBN
   @ ZEIL,20 say INVENTAR->TITEL
```

```
    @ ZEIL,16 get MENGEERH
    read
    do ZEILTEST with ZEIL
enddo
select AKTUAL
use INVAKT alias AKTUAL
```

Listing 7.19 - Dateneingabeprogramm

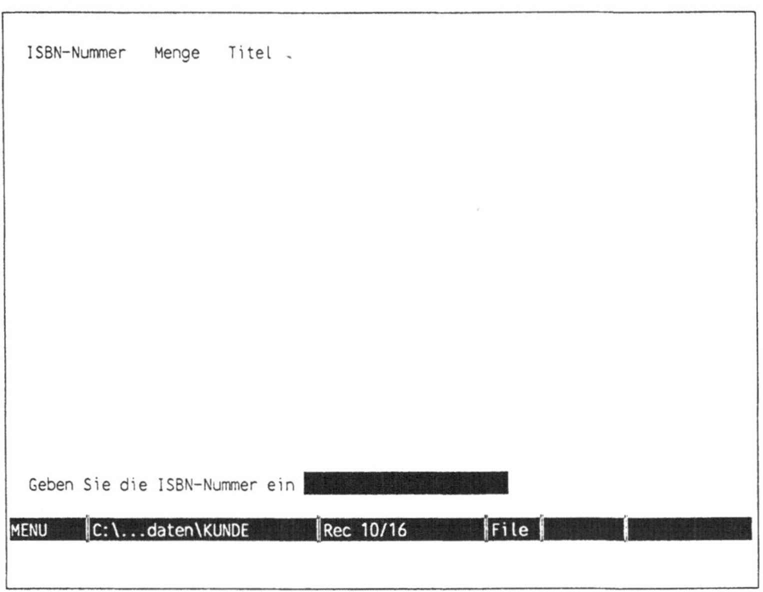

Bild 7.7 - Dateneingabemaske

Der Bildschirm wird zu einem Quasi-Formular, das teils vom Benutzer, teils vom Computer auszufüllen ist. Die Prozedur FINDISBN wird verwendet, um die mit den eingegebenen ISBN-Nummern korrespondierenden Datensätze zu finden. Über die Prozedur wird sichergestellt, daß ein Datensatz mit der entsprechenden ISBN-Nummer in der Inventardatei vorhanden ist. Sobald der Datensatz gefunden ist, erscheinen Informationen darüber auf dem Bildschirm. Die Bildschirmzeile, in der die Anzeige erfolgt, wird durch die Variable ZEIL festgelegt. Nach der Inventardatei wird die Aktualisierungsdatei nach dem korrespondierenden Datensatz durchsucht. Da die Datei AKTUAL nicht indiziert vorliegt, wird dazu der Befehl *locate* verwendet. Die Suche erfolgt in einem nicht-indizierten Format, da AKTUAL sehr klein ist. Die Suche kann daher sequentiell erfolgen, ohne daß große Zeitverluste in Kauf genommen werden müssen. Ein leerer Datensatz wird angehängt, falls kein passender Datensatz in der Datei gefunden wurde. Gleichzeitig wird die ISBN-Nummer aus der Speichervariablen SISBN in das entsprechende Feld übernommen. In jedem Fall wird das Feld MENGEERH editiert; der Benutzer kann die Datei AKTUAL editieren, indem er eine ISBN-Nummer eingibt.

dBASE IV gibt beim Versuch, in eine nicht vorhandene Zeile zu schreiben (z.B. Zeile 25), eine Fehlermeldung aus. Der Cursor wird (mit *read*) auf die letzte Zeile des Bildschirms gestellt und die Anweisung *?* (in ZEILTEST) ausgegeben, wenn die Speichervariable ZEIL den Wert 22 erreicht. Der Bildschirm wird dadurch um eine Zeile *nach oben geschoben*. Die Variable ZEIL besitzt immer noch den Wert 22.

Nach Eingabe aller Daten wird zu MEN361 zurückgesprungen und die Variable AKTSCHRITT auf 1 gesetzt. Nun kann der nächste Schritt abgearbeitet werden. Die Datei AKTUAL wird durch *use* gesichert.

Inventar aktualisieren - MEN361B

Zur Aktualisierung des Inventars dient das Programm MEN361B.PRG, das in Listing 7.20 zu sehen ist. Zuerst werden die Inventarindexdateien geschlossen. *close index* schließt alle geöffneten Indexdateien der angewählten Arbeitsfläche. Von BESTAND wird eine Sicherheitskopie angelegt und unter dem Namen INVKOPIE abgelegt. Jeder Datensatz der Sicherheitskopie stimmt mit dem physikalischen Datensatz der Originalinventardatei überein. Dabei wird lediglich eine Sicherheitskopie des einen Feldes angelegt. Der restliche Inhalt der Datenbank ist in diesem Fall nicht interessant und wird aus Zeitgründen nicht mitkopiert. Nachdem die Sicherheitskopie angefertigt ist, werden die Indexdateien wieder geöffnet.

```
* men361b.prg
select INVENTAR
close index
if file('INVKOPIE.DBF')
   select AKTUAL
   use INVKOPIE alias KOPIE
   select INVENTAR
   set relation to recno() into KOPIE
   replace all BESTAND with KOPIE->BESTAND
   select KOPIE
   use INVAKT alias AKTUAL
   select INVENTAR
else
   copy all fields BESTAND to daten\INVKOPIE
endif
```

```
set index to ISBN
update on ISBN replace BESTAND with BESTAND + AKTUAL->MENGEERH,;
MENGEERH with AKTUAL -> MENGEERH, LETZTERH with date();
from AKTUAL random
erase daten\INVKOPIE.DBF
select KONTROL
replace AKTSCHRITT with 2
```

Listing 7.20 - Programm zur Inventaraktualisierung MEN361B.PRG

update on ISBN

Der Befehl *update* verwendet die Daten einer Datei (Quelle), um Veränderungen in einer anderen Datei (Ziel) vorzunehmen. Quell- und Zieldatei müssen für die Datenübertragung geöffnet sein. Als Quelldatei dient hier die Datei AKTUAL, Zieldatei soll INVENTAR sein.

Quell- und Zieldatei müssen ein gemeinsames Feld besitzen, über das beide Dateien miteinander verknüpft (*link*) sind. Das Feld muß in beiden Dateien denselben Namen besitzen und hinter dem Befehl durch *on ISBN* (ISBN ist hier der Feldname) spezifiziert werden.

Der Ausdruck *random* wird hinzugefügt, weil die Quelldatei AKTUAL nach der ISBN-Nummer (dem Schlüsselfeld) weder indiziert noch sortiert vorliegt. Die Zieldatei muß immer nach dem Schlüsselfeld indiziert sein. Der Befehl rastert die Quelldatei ab und durchsucht die Indexzieldatei aufgrund des Schlüsselfeldes nach dem passendem Datensatz. Die entsprechenden Veränderungen werden in der Zieldatei vorgenommen, und in der Quelldatei wird ein Datensatz weiter gesprungen.

Sind beide Dateien nach dem Schlüsselfeld indiziert oder sortiert, kann der Ausdruck *random* weggelassen werden. Der Befehl arbeitet sich in der gegebenen Reihenfolge durch beide Dateien. Die Wirkung entspricht folgender Befehlsfolge:

```
select AKTUAL
  go top
  do while .not.eof()
      select INVENTAR
      seek AKTUAL->ISBN
      replace...
      select AKTUAL
      skip
  enddo
```

Nachdem die Aktualisierung vervollständigt ist, wird die Sicherheitsdatei gelöscht. Beim Einsprung in das Programm wird auf die Existenz der Sicherheitsdatei geprüft.

if file('INVKOPIE.DBF')

Die Funktion *file()* ist wahr, wenn der in Hochkommata eingeschlossene Dateiname existiert. Hier wird die Funktion nur dann wahr, wenn zwischen dem Einsprung in das Unterprogramm und der Speicherung des Kontrollpunktes ein Systemabsturz auftrat. Für diesen Fall soll die Datei INVENTAR in ihre ursprüngliche Form zurückgesetzt und die Aktualisierung erneut vorgenommen werden. Jeder Datensatz der Sicherheitskopie enthält das Feld BESTAND des entsprechenden Datensatzes der Inventardatei.

set relation to recno() into KOPIE

Mit diesem Befehl werden die beiden Dateien über die Datensatznummer verknüpft. Anschließend kann mit Hilfe des Befehls *replace* die Datei INVENTAR in den ursprünglichen Stand zurückversetzt werden. In der Zwischenzeit wird die Datei AKTUAL geschlossen. Nachdem die Datei im Ursprungszustand vorliegt, wird die Sicherheitskopiedatei geschlossen und die Datei AKTUAL wieder geöffnet.

Das Druckprogramm - MEN362

In Listing 7.23 sehen Sie das Druckprogramm. Es produziert den in Bild 7.8 gezeigten Ausdruck und kann auch vom Aktualisierungsmenü aus aufgerufen werden. Es sollte die Möglichkeit bestehen, Daten mehrmals und zu einem beliebigen Zeitpunkt auszudrucken, da Ausdrucke verlorengehen können.

```
* men362.prg
select AKTUAL
go top
set relation to ISBN into INVENTAR
do UEBSCHR with "Letzte Aktualisierung ausdrucken"
do drwahl
if drwahl='J'
   clear gets
   set device to print
   do while .not. eof()
      @ 5,10 say 'INVENTARAKTUALISIERUNG F R DEN '+cdatum
      @ 7,1  say 'ISBN-Nummer'
      @ 7,15 say 'Menge'
      @ 7,25 say 'Titel'
      do while .not. eof() .and. prow()<=55
```

```
        @ prow()+1,1  say ISBN
        @ prow(),15   say MENGEERH
        @ prow(),25   say INVENTAR->TITEL
        skip
      enddo
      eject
   enddo
   set device to screen
endif
set relation to
```

Listing 7.21 - Druckprogramm der Datei BESTELL MEN362.PRG

```
          INVENTARAKTUALISIERUNG

ISBN-Nummer    Menge       Titel
0-912677-32-5   15         WIE ZERSTöRT MAN EINEN PC
3-12-527620-9    5         RUSSISCH FUER JEDERMANN
```

Bild 7.8 - Beispielausdruck

Kapitel 8

Die Auftragsbearbeitung

Eine Auftragsbearbeitung behandelt die Eingabe von Aufträgen. Nach erfolgter Lieferung werden Aufträge zu Rechnungen. Aufträge werden mit den in den Dateien KUNDE und INVENTAR gespeicherten Daten vorbereitet. Für jeden Auftrag wird ein Datensatz mit folgenden Daten in die Auftragsdatenbank gespeichert:

Von wem der Auftrag kommt;

Welche Bücher bestellt wurden;

Wieviele Bücher eines Titels bestellt wurden;

Wann der Auftrag eingegangen ist.

Die Länge der Datensätze variiert entsprechend der Anzahl der bestellten Titel. Im vorliegenden Kapitel soll der Unterschied zwischen kommerziellen und dBASE IV-Datensätzen herausgestellt werden. Für die Auftragsdatei könnte, wie für die Bestelldatei (BESTELL), eine eigene Datei verwendet werden, Informationen über Auftragsteller und Aufträge sollen ein Jahr lang aufgehoben werden. Das Herausfiltern der alten, nicht mehr benötigten Datensätze würde sehr umständlich. Die Informationen wurden deswegen auf zwei Dateien verteilt: VERKAUF und VERKDET. Die Datenbankpläne zu den Dateien und einer weiteren Datei, die die offenen (nicht erledigten) Auftragsnummern enthält, sind aus Tabelle 8.1 ersichtlich. In Bild 8.1 sehen Sie eine beispielhafte schematische Darstellung der drei Datenbanken.

Datenbank: VERKAUF.DBF

BESCHREIBUNG	FELDNAME	FELDTYP	FELDBREITE	
Auftragsnummer	AUFTRNUM	Zeichen	6	
Kundennummer	KUNDNR	Zeichen	6	
Datum der Auftragsannahme	DATUM	Datum	8	
Kundenauftrags-nummer	BESTNUM	Zeichen	8	
Storniert?	STORNO	Logisch	1	
	Datensatzgröße		... 30 Bytes	

Datenbank: VERKDET.DBF

BESCHREIBUNG	FELDNAME	FELDTYP	FELDBREITE	
Auftragsnummer	AUFTRNUM	Zeichen	6	
ISBN-Nummer	ISBN	Zeichen	13	
Liefermenge	MENGE	Numerisch	3	
Preis für Kunde	PREIS	Numerisch	6	2
	Datensatzgröße		... 29 Bytes	

Datenbank: OFFBEST.DBF

BESCHREIBUNG	FELDNAME	FELDTYP	FELDBREITE
Auftragsnummer	AUFTRNUM	Zeichen	6

Tabelle 8.1 - Datenbankpläne der drei Auftragsdateien

In der Datei VERKAUF sind alle Aufträge (erfüllt oder nicht erfüllt) abgelegt. Weitere Details zu den Aufträgen befinden sich in VERKDET. In der Datei OFFBEST findet man lediglich die Auftragsnummern der nicht erfüllten Aufträge. Die drei Datenbanken werden über die Auftragsnummer (Feld AUFTRNUM) verknüpft. Desweiteren sind die Datensätze über das Feld KUNDNR mit der Kundendatei und über ISBN mit der Inventardatei verknüpft.

Datenbank: Verkauf

Auftrags-nummer	Kunden-nummer	Datum	Kundenauftrags-nummer
→100411	071254	04.08.87	A76382
100412	202461	04.08.87	B-2761
100413	598326	04.09.87	T-3477
100414	553929	04.10.87	X-63-87
100415	072453	04.10.87	Z777234
100416	110762	04.10.87	C-2345-X
100417	112162	04.11.87	B762091
100418	046056	04.11.87	R-3056

Datenbank: Verkaufsdetails

Auftrags-nummer	ISBN-nummer	Menge	Preis
→100411	0-912677-03-1	21	19.95
100412	0-912677-42-2	14	29.95
100413	0-912677-16-3	7	18.95
100414	0-912677-26-0	23	17.95
100415	0-912677-06-6	64	28.95
100416	0-912677-47-3	101	29.95
100417	0-912677-56-2	39	14.95
100418	0-912677-29-5	32	18.95

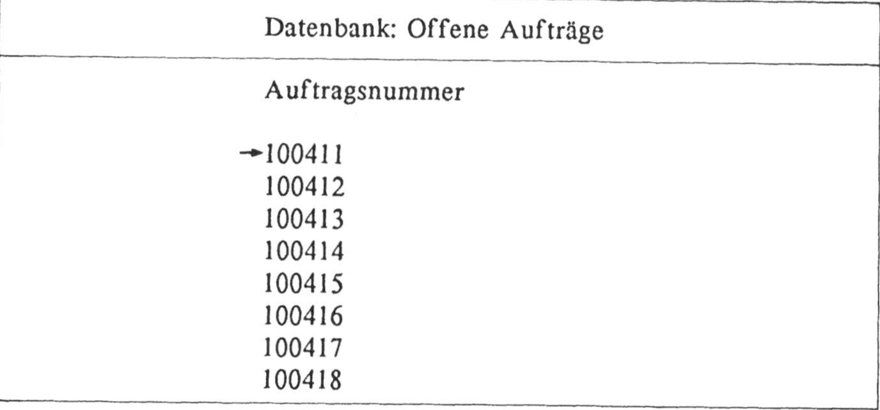

Datenbank: Offene Aufträge

Auftragsnummer
→100411
100412
100413
100414
100415
100416
100417
100418

Bild 8.1 - Schematische Darstellung des Auftragssystems

Die Aufsplittung der Auftragsdatei in zwei Dateien spart Speicherkapazität. Angenommen, die Buchgroßhandlung erhält 20 Aufträge pro Tag. Jeder Auftrag umfaßt zehn verschiedene Titel, und ein Geschäftsjahr besteht aus 200 Arbeitstagen. In der Datei VERKAUF befinden sich nach einem Jahr somit 4.000 Datensätze, in der Datei VERKDET sogar 40.000.

Die Multiplikation jedes Datensatzes mit seiner Datensatzlänge (Länge der Informationen in Bytes plus ein Byte zur Markierung) zeigt, daß die 2-Dateien-Version mit einer Diskettenkapazität von weniger als 1,3 Mbyte auskommt, während andernfalls über 2 Mbyte Speicher benötigt würden. Durch die Aufteilung in zwei Dateien werden ca. 800 Kbyte (40 Prozent der kombinierten Datei) gespart, die für die doppelte Speicherung von Informationen benötigt würden.

Für die speichersparende Version wird eine entsprechend komplexere Software zur Verknüpfung der Dateien benötigt. Bei der Arbeit mit kleinen Dateien sollte ruhig großzügig mit der Speicherkapazität umgegangen werden. Bei großen Dateien sollten Sie sich die Zeit nehmen, ein umfangreicheres Programm zu entwickeln, das die benötigte Speicherkapazität vermindert. Vergleichen Sie das hier gezeigte Programmsystem mit dem im letzten Kapitel erarbeiteten System.

Beachten Sie, daß die Auftragsdateien nicht indiziert sind. Die Indizierung ist hier nicht nötig, da die Aufträge bereits in einer natürlichen Reihenfolge vorliegen, die für den schnellen Zugriff auf bestimmte Datensätze eingesetzt werden kann. Aufträge werden in der Reihenfolge des Eintreffens (also nach Datum) eingegeben und sind somit vorsortiert. Gleichzeitig wird jedem Auftrag (Datensatz) eine Auftragsnummer zugeordnet, die ebenfalls sequentiell in der Reihenfolge der Eingabe zugeteilt wird. Dateien, die eine solche natürliche Sortierung vorweisen, sollten nicht indiziert werden, solange der Zugriff auf beliebige Datensätze nicht ständig erforderlich ist. Auch für vorsortierte Datensätze (durch eine natürliche Reihenfolge) gibt es Methoden zum schnellen Zugriff.

Eine weitere Eigenschaft von Aufträgen ist, daß der Benutzer im allgemeinen nur an den zuletzt eingegebenen Datensätzen interessiert ist, gemäß dem Prinzip des *LIFO* (*last in - first out*). Ältere (bereits erfüllte) Datensätze werden nur selten benötigt. Für die tägliche Arbeit werden nur die jeweils neuesten Datensätze benötigt. Für die Entwicklung des Auftragsprogramms soll diese Eigenschaft genutzt werden.

Das Menü zur Auftragsbearbeitung ist in Listing 8.1 gezeigt, die Bildschirmmaske entspricht der Darstellung in Bild 8.2 und das Initialisierungsprogramm finden Sie in Listing 8.2. Das kurze Initialisierungsprogramm könnte auch in das Menüprogramm aufgenommen werden. Mit separaten Initialisierungsprogrammen läßt sich aber leichter und übersichtlicher arbeiten.

```
define menu main
...
define pad D of main prompt "Aufträge"     at 1,23 + Mxoffset message "Aufträge
erstellen, Verkaufsberichte, offene Aufträge"
...

procedure def_mens
...
        define popup AUFTRG_POP from 3,23
        define bar 1 of AUFTRG_POP prompt " neuen Auftrag erstellen"
        define bar 2 of AUFTRG_POP prompt " Auftrag editieren"
        define bar 3 of AUFTRG_POP prompt " Auftrag stornieren "
        define bar 4 of AUFTRG_POP prompt " Auftrag drucken"
        define bar 5 of AUFTRG_POP prompt " Verkaufsbericht vorbereiten "
        define bar 6 of AUFTRG_POP prompt " suche offene Aufträge"
        define bar 7 of AUFTRG_POP prompt " lösche alte Aufträge"
...
return


procedure CALLSBR
Mbar = str( bar(), 1)
Mpad = pad()
do case
        case ...
        case Mpad = "D"
                do INIT4.PRG
                select VERKAUF
                if .not. (eof() .and. bof())
                        Msbr = "men4" + Mbar
                        do &Msbr
                endif
        case ...
endcase
deactivate menu
return
```

Listing 8.1 - Menüprogramm der Auftragsbearbeitung

Aufträge eingeben - MEN41

In Listing 8.3 sehen Sie das Programm zur Eingabe von Aufträgen, dargestellt ist der Auszug aus MENU.PRG, der das POPUP Menü für die Auftragsbearbeitung initialisiert und ausführt. In der Abfrage *if .not. (eof() .and. bof())* wird sichergestellt, daß überhaupt Einträge vorhanden sind, die gelöscht oder editiert werden können. Bild 8.3 zeigt das Flußdiagramm des Programms.

Bei jedem Programmdurchlauf werden Informationen über die letzten zehn Aufträge angezeigt. Der Benutzer wird aufgefordert, einen Kundennamen einzugeben, und der entsprechende Datensatz wird gesucht und angezeigt. Der Benutzer hat nun die Möglichkeit zu entscheiden, ob dies der gesuchte Datensatz ist. Für diesen Fall werden weitere Informationen über den Auftrag (ISBN-Nummer und Bestellmenge bestimmter Bücher) eingegeben. Das Programm speichert die eingegebenen Daten in den Dateien VERKAUF und VERKDET.

Vor dem Einsprung in die *do*-Schleife müssen die Speichervariablen NSTAUFTR und UEBSCHRMLD gesetzt werden. NSTAUFTR enthält die erste Auftragsnummer und ist somit nur bei der allerersten Eingabe eines Auftrags von Bedeutung. Die nächste Auftragsnummer wird aufgrund der Suche des zuletzt eingegebenen Auftrags vergeben. Auch die Auftragsnummern unterscheiden sich um jeweils 17. Der zuletzt eingegebene Auftragsdatensatz ist immer am Ende der Datei zu finden. UEBSCHRMLD enthält eine Meldung, die am oberen Bildschirmrand mit der Prozedur UEBSCHR angezeigt wird.

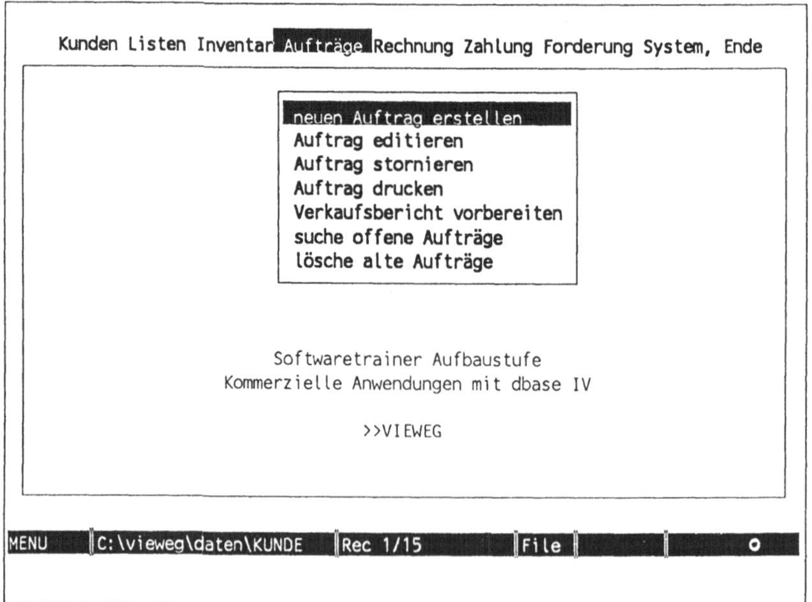

Bild 8.2 - Bildschirmmaske der Auftragsbearbeitung

```
* init4.prg
clear
? 'Auftragsdatenbanken werden geöffnet...'
select KUNDE
close index
select 4
use VERKAUF
select 5
use VERKDET
select 6
use OFFBEST
```

Listing 8.2 - Initialisierungsprogramm der Auftragsbearbeitung

Als erstes wird die Kundendatei angewählt und der steuernde Index auf KUNDNR gesetzt, über das Feld wird die Datei VERKAUF mit der Kundendatenbank verknüpft. Wie die Verknüpfung der beiden Dateien aussieht, ist egal - wichtig ist nur, daß eine Verknüpfung existiert, damit bestimmte Informationen (zum Beispiel Kundenname) für die letzten Datensätze angezeigt werden können. Die Anzeige von *Platzhaltern* hilft dem Datentypisten und macht seine Arbeit effektiver. Sie sollten sich nicht scheuen, das Programm umfangreicher zu gestalten, wenn dem Benutzer dadurch geholfen wird. Beachten Sie den Sprung an das Ende der Datei. Im folgenden werden zehn Datensätze in Richtung Dateianfang übersprungen und unter Verwendung der Anweisung *list next 11* die nächsten Datensätze (ab der Datensatzzeigerposition) angezeigt. Der aktuelle Datensatz (auf den der Datensatzzeiger gerichtet ist) wird zum ersten angezeigten Datensatz.

Nach der Anzeige der Datensätze wird die Kundendatei angewählt und der steuernde Index von KUNDNR auf KUNDNAME geändert. Das Programm befindet sich nun in einer Konfiguration, in der nach Kundennamen gesucht werden kann. Die Suche erfolgt über die Prozedur FINDKUND (Kapitel 5).

Die von MEN1S erzeugte Bildschirmmaske kann zur Darstellung von Kundeninformationen verwendet werden. Auch dieses Programm wurde ursprünglich für die Kundenverwaltung entwickelt. Die Verwendung eines einzigen Programms zur Anzeige von Kundendaten im gesamten System birgt einen weiteren Vorteil: Bei den meisten strukturellen Veränderungen der Kundendatenbank (Hinzufügen oder Löschen von Feldern) muß nur ein einziges Programm geändert werden.

```
* men41.prg
UEBSCHRMLD = 'AUFTRAGSEINGABE '
NSTAUFTR    = 100000
do while .T.
   SNAME     = space(30)
   SBESTNUM = space(8)
   do UEBSCHR with UEBSCHRMLD
   select KUNDE
   set index to KUNDNR
   select VERKAUF
   go bottom
   if .not. (eof() .and. bof())
      NSTAUFTR    = val(AUFTRNUM)+17
      skip -10
      set relation to KUNDNR into KUNDE
      list off next 11 AUFTRNUM, KUNDE->NAME,BESTNUM,DATUM
   endif
   select KUNDE
   set index to KUNDNAME
   SNAME = space(30)

   do FINDKUND with "Kundenname eingeben ", SNAME
   if eof() .or. SNAME = space(30)
      return
   endif
   do MEN1S.PRG
   clear gets
   do FRAGE with 'Ist das der richtige Kunde (J/N)? ',23,2,ANTWORT
   if ANTWORT = 'J'
      @ 23,2
      @ 23,2 say "Kunde, Bestellnummer " get SBESTNUM;
      picture '@!'
      read
      do MEN41A.PRG
      if AUFTRNUM = str(NSTAUFTR,6)
         select OFFBEST
         append blank
         replace AUFTRNUM with str(NSTAUFTR,6)
         select VERKAUF
         set relation to
         append blank
         replace AUFTRNUM with str(NSTAUFTR,6),DATUM with DATE(),;
         KUNDNR with KUNDE->KUNDNR, BESTNUM with SBESTNUM
         do UEBSCHR with "Auftrag drucken"
         do drwahl
         if drwahl='J'
```

```
            do MEN4P.PRG with VERKAUF->AUFTRNUM
         endif
      endif
   endif
enddo
```

Listing 8.3 - Auftragsbearbeitungsprogramm

Das Programm MEN41A in Listing 8.4 übernimmt den Großteil der ansonsten manuellen Eingabe von Buchtiteln und Mengenangaben in die Datei VERKDET. Bei Eingabe einer gültigen ISBN-Nummer sind der Inhalt der Variablen NSTAUFTR und die Auftragsnummer des letzten Datensatzes der Datei VERKDET identisch. Über dieses Kriterium erfolgt die Eingabe des Auftrags in VERKAUF und OFFBEST. Beachten Sie, daß nur eine Information direkt vom Benutzer eingegeben wird; alle anderen Daten werden automatisch vom Programm übernommen.

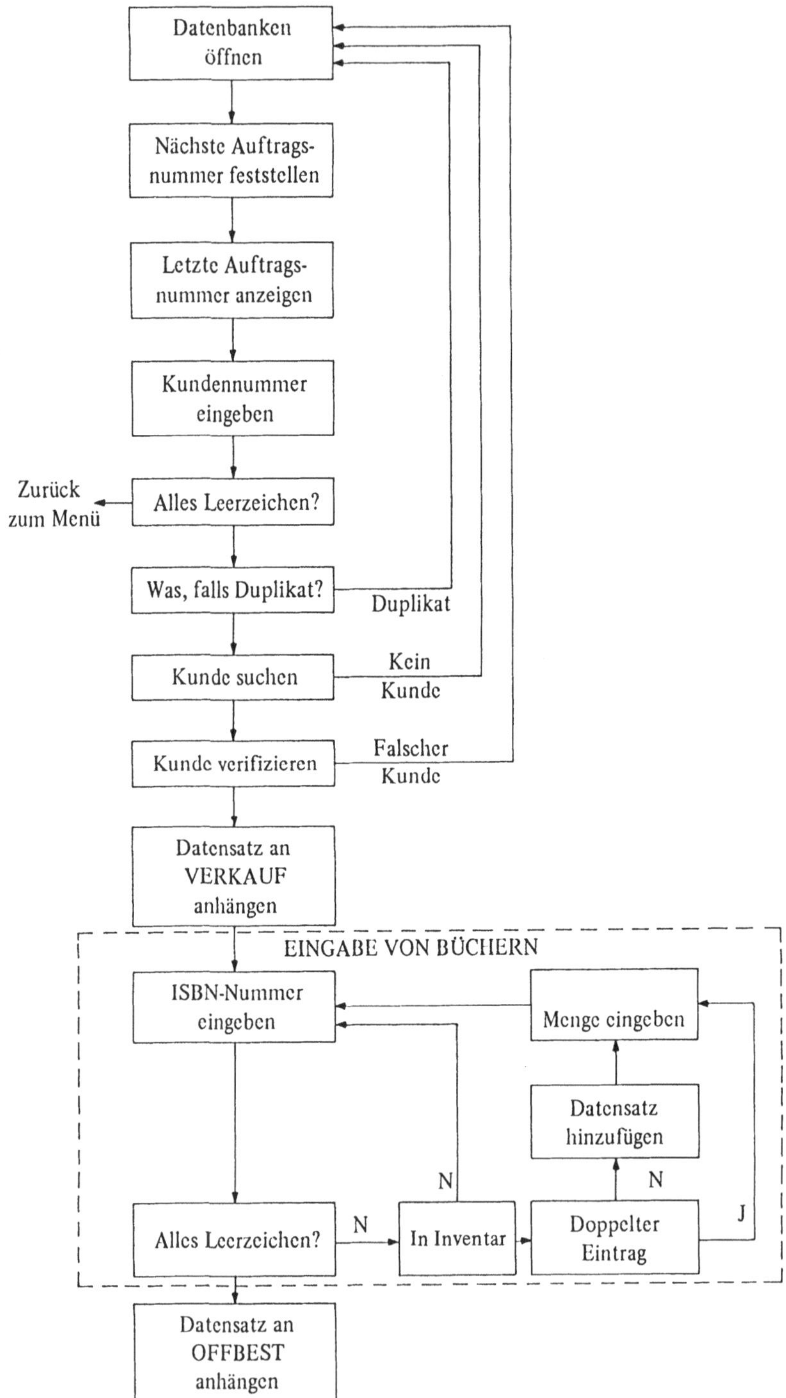

Bild 8.3 - Diagramm zur Auftragseingabe

Die Verknüpfung wird vor der Aktivierung der Datei VERKAUF gelöst, da die aktuelle Position des Datensatzzeigers der Kundendatei nicht verändert werden darf (durch *append blank*). Der Datensatzzeiger darf nicht verändert werden, weil KUNDNR die Quelle der Kundennummer ist.

Die eigentliche Auftragseingabe (ISBN-Nummern und Mengenangaben) wird durch das Programm MEN41A erledigt. Nach dem Verlassen des Programmteils ist der Zeiger auf den letzten Datensatz in VERKDET gerichtet. Sollten in diesem Programmlauf Aufträge eingegeben worden sein, stimmen die Inhalte der Variablen NSTAUFTR und des Feldes AUFTRNUM überein. Die Auftragsnummer wird dann in die Datei OFFBEST (für nicht erfüllte Aufträge) und in die Hauptdatei VERKAUF geschrieben.

Die Datei VERKDET

Das in Listing 8.4 gezeigte Programm bereitet das System auf die Ausführung der Dateneingabeprozedur VERKDET vor. Die Daten werden in die temporäre Datei TEMPDAT geschrieben; TEMPDAT wird für jeden Auftrag mit dem Befehl *copy structure* angelegt. *copy structure* legt eine leere Datei an, die strukturell der aktiven Datei gleicht. Bei Verwendung der temporären Datei wird die Datei VERKDET geschlossen und TEMPDAT auf derselben Arbeitsfläche geöffnet.

```
* men41a.prg
select VERKDET
copy structure to daten\tempdat
use TEMPDAT
clear
@ 1,1  say 'ISBN-Nummer    Menge    Titel                         Preis'
@ 2,1  say STRICH
do VERKDET.PRG with 3
delete for MENGE = 0
pack
use VERKDET
append from TEMPDAT
erase daten\TEMPDAT.DBF
```

Listing 8.4 - Auftragseingabe

Die Buchtitel werden mit der Prozedur VERKDET in die temporäre Datei geschrieben. Die Prozedur wird auch im folgenden Menüpunkt zum Editieren von Auftragsdatensätzen verwendet. Nach der Dateneingabe wird zu MEN41A zurückgesprungen; die temporäre Datei ist immer noch aktiviert. Alle Datensätze, deren Bestellmenge (MENGE) zu Null geworden ist, werden gelöscht. Die Datei ist nie sehr umfangreich, Markieren (*delete*) und Löschen (*pack*) beanspruchen daher nicht allzuviel Zeit.

Als nächstes wird die Datei VERKDET wieder geöffnet und TEMPDAT gleichzeitig geschlossen. Der Arbeitsbereich wurde während der beschriebenen Vorgänge nicht gewechselt. Der aktuelle Zustand entspricht dem zu Beginn des Programms. Die Datensätze werden von der Datei TEMPDAT zur Datei VERKDET transferiert, indem der Befehl *append from* auf die Temporärdatei angewendet wird. Die Verwendung von *append from* setzt voraus, daß die Quelldatei geschlossen ist. Die Temporärdatei wird gelöscht, was eigentlich nicht nötig ist, da *copy structure* eine bereits bestehende Datei dieses Namens überschreibt.

Die Eingabe von Buchtiteln in die Auftragsdatei - VERKDET

Über die ISBN-Nummer können Bücher schnell in die Auftragsdatei eingegeben werden. Die Prozedur VERKDET (Listing 8.6) ist der Prozedur zur Inventaraktualisierung ähnlich. Eine Eingabeaufforderung für die ISBN-Nummer wird auf dem Bildschirm angezeigt, und die Inventardatei wird mit der Prozedur FINDISBN nach der spezifizierten ISBN-Nummer durchsucht. Nachdem der Inventardatensatz gefunden ist, wird in der Datei TEMPDAT auf diesen Datensatz geprüft. Bei erfolgloser Suche in TEMPDAT wird ein leerer Datensatz angehängt. Alle Informationen (außer der Bestellmenge) werden automatisch in den Datensatz geschrieben. Die Daten über das zu bestellende Buch werden auf dem Bildschirm angezeigt und der Benutzer um die Eingabe der Bestellmenge gebeten. Eine auf diese Weise erzeugte Bildschirmdarstellung sehen Sie in Bild 8.4.

Mit Hilfe der Bildfunktion @Z wird die Bestellmenge angezeigt: Dadurch wird die Anzeige des Wertes 0 auf dem Bildschirm unterdrückt. Der Wertebereich für das Feld MENGE liegt zwischen 0 und 999.

Die Prozedur ZEILTEST verhindert, daß mit dem Befehl @...*say* (Kapitel 7) über den Bildschirm hinausgeschrieben wird (Zeile 25).

```
procedure ZEILTEST
parameter ZEIL
clear gets
if ZEIL >= 22
   ?
   ?
else
   ZEIL = ZEIL+1
endif
return
```

Bild 8.5 - Prozedur ZEILTEST

```
* verkdet.prg
parameter ZEIL
do while .T.
   select INVENTAR
   SISBN = space(13)
   do FINDISBN with "ISBN-Nummer", SISBN
   if SISBN = space(13)
      exit
   endif
   @ 23,2
   select TEMPDAT
   locate for ISBN = SISBN
   if eof()
      append blank
      replace ISBN with SISBN, AUFTRNUM with str(NSTAUFTR,6),;
      PREIS with INVENTAR->VERKPREIS
   endif
   @ ZEIL,1  say ISBN
   @ ZEIL,21 say INVENTAR->TITEL
   @ ZEIL,col()+1 say PREIS
   @ ZEIL,17 get MENGE picture '@Z ' range 0,999
   read
   do ZEILTEST with ZEIL
enddo
select TEMPDAT
```

Listing 8.6 - Programm VERKDET

Aufträge editieren - MEN42

Grundsätzlich kann man davon ausgehen, daß Auftragsdatensätze nur selten editiert werden. Das Editieren von Auftragsdatensätzen soll anhand des folgenden Programms demonstriert werden. Die Datei VERKDET enthält für jeden bestellten Buchtitel einen Datensatz. Das Editieren von Auftragsdatensätzen bedeutet nichts anderes als Datensätze hinzufügen, zu löschen oder zu verändern.

Das Programm hierzu sehen Sie in Listing 8.7. Nur *nicht* erfüllte Auftragsdatensätze können editiert werden. Die Auftragsnummern der offenen (nicht erfüllten) Aufträge sind in der Datei OFFBEST zu finden. Die Auftragsnummer wird in den Dateien OFFBEST und, falls die Auftragsnummer gefunden wurde, in VERKAUF gesucht. An dieser Stelle wird das Prinzip des LIFO benutzt. Eine in OFFBEST enthaltene Auftragsnummer zeigt an, daß sich der Datensatz irgenwo am Ende der Datei VERKAUF befindet. Der Befehl *go bottom* stellt den Datensatzzeiger an das Ende der Datei, mit *skip-1* wird um jeweils einen Datensatz in Richtung Dateianfang gesprungen.

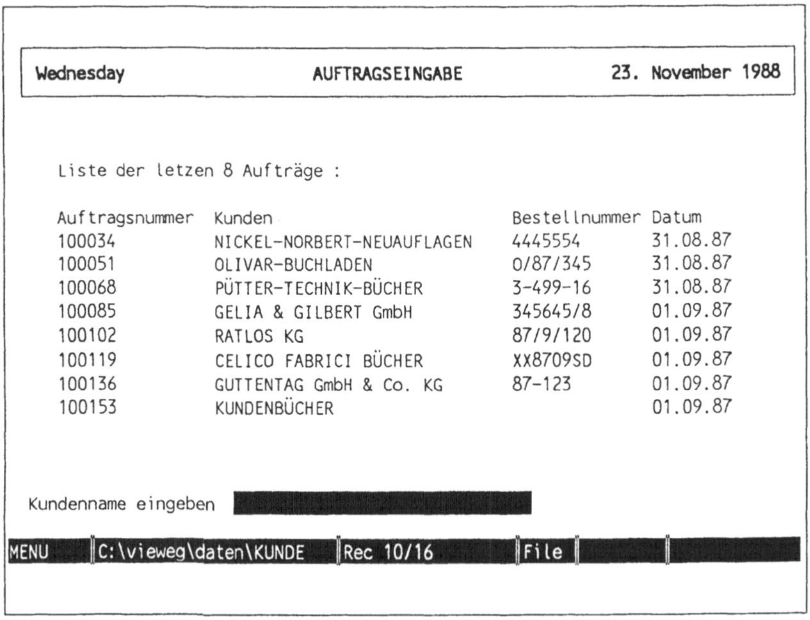

```
Wednesday                  AUFTRAGSEINGABE                23. November 1988

    Liste der letzen 8 Aufträge :

    Auftragsnummer  Kunden                           Bestellnummer  Datum
    100034          NICKEL-NORBERT-NEUAUFLAGEN       4445554        31.08.87
    100051          OLIVAR-BUCHLADEN                 0/87/345       31.08.87
    100068          PÜTTER-TECHNIK-BÜCHER            3-499-16       31.08.87
    100085          GELIA & GILBERT GmbH             345645/8       01.09.87
    100102          RATLOS KG                        87/9/120       01.09.87
    100119          CELICO FABRICI BÜCHER            XX8709SD       01.09.87
    100136          GUTTENTAG GmbH & Co. KG          87-123         01.09.87
    100153          KUNDENBÜCHER                                    01.09.87

  Kundenname eingeben

MENU  |C:\vieweg\daten\KUNDE  |Rec 10/16  |File |  |
```

Bild 8.4 - Bildschirmmaske zur Auftragseingabe

SKIP n

Dieser Befehl verändert die Position des Datensatzzeigers um *n* Datensätze. Das Argument kann positiv oder negativ sein; herausgefilterte Datensätze (durch *set deleted* oder *set filter*) werden nicht mitgezählt. Mit *skip* kann der Datensatzzeiger bis maximal an den Anfang bzw. das Ende der Datei gestellt werden. Der Versuch, mit *skip* über das Ende oder den Anfang einer Datei zu springen, führt in jedem Fall zu einer Fehlermeldung.

Das Überspringen weiter Datenbankbereiche ist sehr langsam, da bei jedem Datensatz überprüft werden muß, ob er mitgezählt wird.

Sobald der entsprechende Auftrag in der Datei VERKAUF gefunden ist, wird der korrespondierende Datensatz in VERKDET gesucht. Die zweite Suche wird mit der Prozedur SUCHE (Listing 8.9) durchgeführt. Die Prozedur ist immer dann einzusetzen, wenn eine Datei durchsucht werden soll, der eine natürliche Reihenfolge zu eigen ist. Das Programm hätte auch zur Positionierung des Datensatzzeigers in der Datei VERKAUF verwendet werden können. Der gesuchte Datensatz befindet sich in der Nähe des Dateiendes; daher ist der Sprung an das Ende der Datei mit anschließenden Rücksprüngen um jeweils einen Datensatz effektiv.

Nachdem der Datensatzzeiger auf den ersten zum Auftrag gehörenden Datensatz positioniert ist, sieht der Programmablauf einen Einsprung in das Programm MEN42A.PRG (Listing 8.8) vor. In einem Programmsystem sollten immer alle Eventualitäten berücksichtigt werden. Die Eingabe der Auftragsnummern könnten in einer Datei vergessen worden sein - was dann? In dem hier entwickelten Programmsystem ist dafür gesorgt, daß die Auftragsnummern in den Dateien vorhanden sind.

```
* men42.prg
UEBSCHRMLD = 'Auftragsdatensätze editieren'
select KUNDE
set index to KUNDNR
select VERKAUF
set relation to KUNDNR into KUNDE
go BOTTOM
do while .T.
   SAUFTRNUM = space(6)
   select OFFBEST
   do UEBSCHR with UEBSCHRMLD
   @ 23,2 say 'Zu editierender Auftrag ' get SAUFTRNUM picture '999999'
   read
   if SAUFTRNUM = space(6)
      return
   endif
   @ 22,2
   locate for AUFTRNUM = SAUFTRNUM
   if eof()
      if SAUFTRNUM <= VERKAUF->AUFTRNUM
         @ 22,2 say SAUFTRNUM + ' ist erfüllt '
```

```
        else
           @ 22,2 say SAUFTRNUM + ' ist ungültig'
        endif
        ?? GLOCKE
        loop
     endif
     select VERKAUF
     go bottom
     do while AUFTRNUM > SAUFTRNUM .and. .not. bof()
        skip -1
     enddo
     if AUFTRNUM = SAUFTRNUM
        @  6,2  say KUNDNR+'      '+KUNDE->NAME
        select VERKAUF
        @  8,2  say "Kundenauftrag" get BESTNUM
        read
        select VERKDET
        do SUCHE with SAUFTRNUM,"AUFTRNUM"
        if .not. eof()
           do MEN42A.PRG
        endif
        clear
     endif
enddo
```

Listing 8.7 - Editieren von Auftragsdatensätzen

Initialisierung zum Editieren von Auftragsdatensätzen

Die Datensätze werden mit der Prozedur VERKDET editiert. Die Prozedur wurde schon in der ersten Menüauswahl zum Eingeben und Editieren von Datensätzen verwendet. Hier wird eine Kopie aller Datensätze angefertigt, die mit der bearbeiteten Auftragsnummer korrespondieren. Die Kopien werden in eine temporäre Datei gespeichert und deren Inhalt editiert. Die Temporärdatei wird mit folgendem Befehl angelegt:

```
copy to DATEN\TEMPDAT while AUFTRNUM=VERKAUF->AUFTRNUM
```

Vor der Kopie der Datensätze in die Temporärdatei wird die Datensatznummer des ersten angesprochenen Datensatzes in die Variable ERSTDATSA gespeichert. Über diese Variable erfolgt nach dem Editieren die korrekte Rückspeicherung in die Datei VERKDET.

Im Gegensatz zu der vorherigen Menüauswahl wird die Datei VERKDET mit TEMPDAT (der temporären Datei) verknüpft. Zunächst werden Informationen über den Auftrag angezeigt; dazu wird die Inventardatei mit der Temporärdatei über die ISBN-Nummer (in TEMPDAT) verknüpft. Nach der Anzeige des Buchtitels auf dem Bildschirm wird die Verknüpfung gelöst. Die Prozedur VERKDET macht keinen Gebrauch von Verknüpfungen.

Die aktuelle Zeilenposition auf dem Bildschirm wird in der Variablen ZEIL gespeichert, das System findet so den richtigen Einsprungpunkt auf dem Bildschirm. Die Prozedur VERKDET (bekannt aus Menüauswahl 1) übernimmt nun die Aufgabe des Editierens. Die Daten, zu diesem Zeitpunkt nur in TEMPDAT, müssen in die Datei VERKDET zurückgespeichert werden, nachdem alle Datensätze editiert sind.

Die Datensätze in VERKDET und TEMPDAT sind über die Datensatznummern verknüpft. Bei einer Veränderung der Datensatzzeigerposition in TEMPDAT wird der Zeiger in VERKDET auf den Datensatz gestellt, der sich als Offset (ERSTDATSA-1) von TEMPDAT errechnet. Der Befehl *go top* positioniert die Datensatzzeiger beider Dateien auf dem ersten zu diesem Auftrag gehörenden Datensatz.

Für jeden Datensatz in TEMPDAT werden beim korrespondierenden Datensatz in VERKDET alle Felder überschrieben. Mit dem Befehl *insert* wird ein neuer Datensatz angehängt, wenn kein passender Datensatz vorhanden sein sollte. Eine Abwandlung dieses Befehls (*insert blank before*) erlaubt es, Datensätze *vor* der aktuellen Datensatzzeigerposition einzufügen. Der Befehl *insert* hängt einen neuen Datensatz an die Datenbank und richtet den Datensatzzeiger darauf. Die Verknüpfung mit VERKDET wird durch die Anweisung *use* nach der Bearbeitung aller Datensätze der Temporärdatei gelöst.

```
* men42a.prg
ERSTDATSA = recno()
NSTAUFTR   = val(AUFTRNUM)
copy to DATEN\TEMPDAT while AUFTRNUM = VERKAUF -> AUFTRNUM
select 9
use TEMPDAT
set relation to ISBN into INVENTAR
do UEBSCHR with "Auftragsdatensatz editieren"
display off all ISBN, MENGE, INVENTAR->TITEL,PREIS
set relation to
ZEIL = row()
do ZEILTEST with ZEIL
do VERKDET.PRG with ZEIL
set relation to recno()+ERSTDATSA -1 into VERKDET
go top
do while .not. eof()
```

```
   select VERKDET
   if AUFTRNUM # TEMPDAT->AUFTRNUM
      insert blank before
   endif
   replace MENGE with TEMPDAT->MENGE, ISBN WITH TEMPDAT -> ISBN,;
   PREIS with TEMPDAT->PREIS, AUFTRNUM with TEMPDAT->AUFTRNUM
   select TEMPDAT
   skip
enddo
use
```

Listing 8.8 - MEN42A.PRG

Die Prozedur SUCHE

Mit der Prozedur SUCHE können alle Dateien durchsucht werden, die in einer alphabetischen, chronologischen oder numerischen Reihenfolge geordnet vorliegen. Die Prozedur findet den ersten das Suchkriterium erfüllenden Datensatz. Die Auftragsdatei ist chronologisch und numerisch (nach Auftragsnummern) geordnet und erfüllt die Forderungen zur Verwendung der Prozedur. Das zu durchsuchende Feld und das Suchkriterium werden übergeben, der Benutzer ist in seiner Spezifikation frei.

```
*procedure SUCHE
parameters SUCHVAR, SUCHFELD
Private all
go bottom
DATSAZAEHL = recno()
SPRUNGWEIT = recno()-1
do while SPRUNGWEIT > 1
   if SUCHVAR = &SUCHFELD
      exit
   endif
   if SUCHVAR < &SUCHFELD .and. recno() - sprungweit > 0
      go recno() - sprungweit
   endif
   if SUCHVAR > &SUCHFELD .and. recno() + sprungweit <= DATSAZAEHL
      go recno() + sprungweit
   endif
   sprungweit = int(round(sprungweit/2,0))
enddo
do while .not. bof()
   skip -1
   if &SUCHFELD < SUCHVAR
      exit
   endif
```

```
enddo
locate next 1000000 for &SUCHFELD >= SUCHVAR
if &SUCHFELD # SUCHVAR .and. .not. eof()
   go bottom
   skip
endif
return
```

Listing 8.9 - Die Prozedur SUCHE

Die Prozedur arbeitet nach dem Prinzip des Binärbaumes. Das Programm springt an das Ende der Datei und prüft den letzten Datensatz. Trifft dieser das Suchkriterium nicht, wird an den Anfang der Datei gesprungen und der erste Datensatz untersucht. Erfüllt auch dieser das Suchkriterium nicht, springt die Prozedur zum mittleren Datensatz und prüft diesen. Mit den nun vorliegenden Informationen wird entschieden, ob der gesuchte Datensatz vor oder hinter dem mittleren Datensatz liegen muß. Liegt der gesuchte Datensatz in der ersten Hälfte, wird die erste Hälfte der Datei wieder in zwei gleichgroße Teile aufgespalten und zum mittleren Datensatz der ersten Hälfte gesprungen. Der gesuchte Datensatz wird in einem immer engeren Suchgebiet eingekreist. Eine Datei mit einer Million Datensätze kann so in nur 15 Sprüngen nach einem Datensatz durchsucht werden. Die beschriebene Art der Suche ist langsamer als die indizierte Suche, aber schneller als sequentielles Suchen mit *locate*. Ein Diagramm des Suchalgorithmus wird in Bild 8.5 gezeigt. In der Variablen DATSAZAEHL wird die Anzahl der Datensätze einer Datei abgelegt; die gleichnamige Prozedur stellt fest, wieviele Datensätze sich in einer Datei befinden.

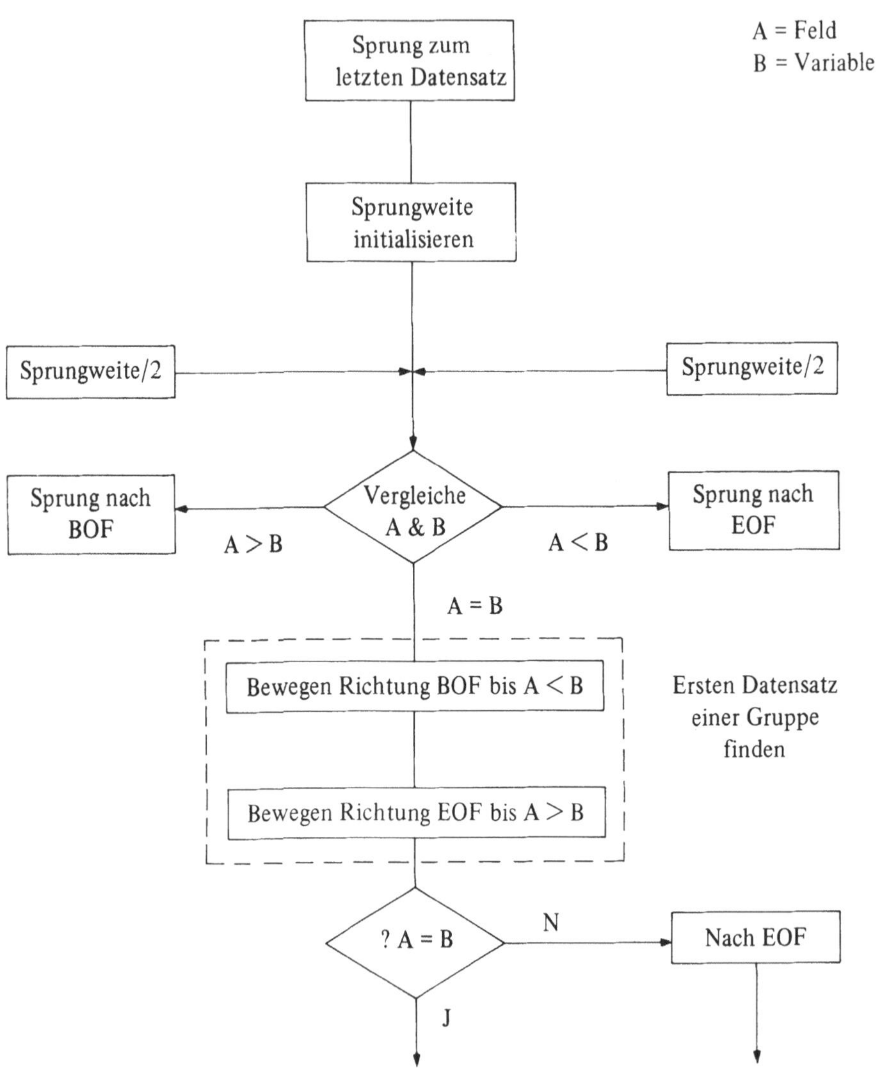

Bild 8.5 - Der Suchalgorithmus

In einer Schleife werden die Sprünge ausgeführt und die Sprungweite des nächsten Sprungs festgelegt. Der Datensatzzeiger darf nicht über das Ende der Datei springen. SUCHVAR und &SUCHFELD müssen mit einer *if*-Anweisung in der Schleife verglichen werden, da in einer *do while*-Anweisung keine Makrosubstitution möglich ist.

Nach Abarbeitung der *do*-Schleife befindet sich der Datensatzzeiger nicht unbedingt auf dem gesuchten Datensatz; durch den letzten Sprung kann der Datensatzzeiger über das Ziel hinausgeschossen sein oder auf einem Datensatz stehen, der ebenfalls das Suchkriterium enthält. In der zweiten *do*-Schleife wird der Datensatzzeiger auf den Datensatz vor dem gesuchten Datensatz gesetzt. Beachten Sie, daß der gesuchte Datensatz beim Einsprung in die zweite Schleife nicht mehr weit entfernt sein kann.

Der Datensatzzeiger ist nun vor den gesuchten Datensatz oder auf den ersten, das Suchkriterium erfüllenden Datensatz gerichtet. *locate* setzt den Zeiger in jedem Fall auf den ersten das Suchkriterium erfüllenden Datensatz. Der Ausdruck *next 1000000* wird im Befehl als *von hier an* interpretiert.

Nach der Ausführung des Befehls *locate* ist der Datensatzzeiger entweder auf den ersten, das Suchkriterium erfüllenden Datensatz oder den ersten Datensatz, dessen Schlüsselwert größer als das Suchkriterium ist, gerichtet; auch könnte das Ende der Datei erreicht sein. Wird kein Datensatz gefunden, soll die *End-Of-File*-Flagge gesetzt werden.

Stornieren eines Auftrags - MEN43

Auswahl 3 storniert einen Auftrag. Dabei wird der Auftragsdatensatz nicht aus der Datenbank entfernt, sondern lediglich der Eintrag in der Datei OFFBEST gelöscht. Die anderen beiden Datenbanken sind sehr lang, ein sofortiges Löschen wäre zu zeitaufwendig. Der Löschprozeß besteht darin, die Datensätze als *storniert* zu markieren und die Bestellmenge auf Null zu reduzieren. Das Programm MEN43.PRG ist Listing 8.10 zu entnehmen.

```
* men43.prg
select KUNDE
set index to KUNDNR
select VERKAUF
set relation to KUNDNR into KUNDE
go BOTTOM
do while .T.
   do UEBSCHR with "Auftrag stornieren"
   SAUFTRNUM = space(6)
   select OFFBEST
   @ 23,2 say 'Zu stornierender Auftrag' get SAUFTRNUM picture '999999'
```

```
   read
   if SAUFTRNUM = space(6)
      return
   endif
   locate for AUFTRNUM = SAUFTRNUM
   if eof()
      @ 22,2 say SAUFTRNUM + 'ist '
      ?? iif(SAUFTRNUM <= VERKAUF->AUFTRNUM,'erf llt','ung ltig')
      ?? GLOCKE
      loop
   endif
   @ 22,2
   select VERKAUF
   go bottom
   do while AUFTRNUM > SAUFTRNUM .and. .not. bof()
      skip -1
   enddo
   if AUFTRNUM = SAUFTRNUM
      @ 22,2
      @  6,2  say KUNDNR+'      '+KUNDE->NAME
      @  8,2  say "Kundenauftrag "+ BESTNUM
      do FRAGE with "Diesen Auftrag stornieren (J/N)?",23,2,ANTWORT
      if ANTWORT = 'J'
         replace STORNO with .T.
         select VERKDET
         do SUCHE with SAUFTRNUM,"AUFTRNUM"
         replace MENGE with 0 while AUFTRNUM = SAUFTRNUM
         select OFFBEST
         delete for AUFTRNUM = SAUFTRNUM
         pack
      endif
   Endif
   clear
enddo
```

Listing 8.10 - MEN43.PRG

Ausdrucken eines Auftrags - MEN44

Als vierter Auswahlpunkt (MEN44.PRG in Listing 8.11) bietet sich das Ausdrucken eines einzelnen Auftragsdatensatzes oder aller Auftragsdatensätze eines Tages an. Die auszudruckenden Aufträge können an einer beliebigen Stelle in der Datei stehen. Bei Anwahl zeigt das Menü drei Unterpunkte an. Die Wahl des Unterprogramms erfolgt mit der Prozedur WAHL.

Die Schleife *do while WAHL='1'* wird für den Ausdruck eines einzelnen Auftrags benötigt. In der Schleife wird die Prozedur DATSAHOL (Listing 8.12) angesprochen, die einen Datensatz in der Datei VERKAUF sucht. Der Auftrag wird mit MEN4P.PRG, dem Druckprogramm für Aufträge, ausgedruckt. Das Druckprogramm ist in Listing 8.14 und ein Beispielausdruck in Bild 8.6 zu sehen. Das Programm springt zurück zum Auftragsmenü, wenn kein gültiger Auftrag eingegeben wurde.

Der Ausdruck aller Aufträge eines Tages erfolgt, indem zum Anfang der Datei gesprungen, vom ersten Datensatz das Datum in die Variable SDATUM1 gespeichert und der beschriebene Vorgang mit dem letzten Datensatz (Speicherung des Datums in die Variable SDATUM) wiederholt wird. Das gewählte Auftragsdatum darf nur innerhalb des von den beiden Variablen begrenzten Bereichs liegen. Das vom Benutzer eingegebene Datum wird in die Variable SDATUM gespeichert und dient so gleichzeitig als obere Grenze. Diese Vorgehensweise ist erlaubt, da der Wertebereich durch den *Wert der Variablen beim Aufruf des Befehls* festgelegt wird. Ein anschließendes Überschreiben des oberen Grenzwerts ändert nicht die festgelegte Grenze.

Die Suchprozedur durchsucht die Datei nach dem eingegebenen Datum. Die Prozedur wird immer eingesetzt, wenn eine Datei in einer natürlichen Ordnung (hier: Datum und Auftragsnummer) vorliegt. Die Datensätze des interessierenden Tages werden mit Hilfe einer Schleife ausgegeben.

```
* men44.prg
do UEBSCHR with "Aufträge drucken"
@ 8,26 say "1 - Einzelne Aufträge drucken "
@ 9,26 say "2 - Aufträge eines Datums drucken"
@ 11,26 say "0 - Beenden"
@ 13,26 say "  - Ihre Wahl"
do WAHL with 26,"012"
do while WAHL = '1'
   do UEBSCHR with "Auftrag drucken"
   select VERKAUF
   SAUFTRNUM = space(6)
   do DATSAHOL with "Auftragsnummer",SAUFTRNUM,"AUFTRNUM"
   if SAUFTRNUM = space(6)
      return
```

```
   endif
   do drwahl
   if drwahl='J'
     do MEN4P.PRG with SAUFTRNUM
   endif
enddo
if WAHL = '2'
   do UEBSCHR with "Aufträge drucken"
   select VERKAUF
   go TOP
   SDATUM1 = DATUM
   go BOTTOM
   SDATUM = DATUM
   @ 23,2 say "Geben Sie das Datum ein" get SDATUM range SDATUM1,SDATUM
   read
   do drwahl
   if drwahl='J'
      do SUCHE with SDATUM,"DATUM"
      do while DATUM = SDATUM .and. .not. eof()
         do MEN4P.PRG with VERKAUF->AUFTRNUM
         select VERKAUF
         skip
      enddo
   endif
endif
```

Listing 8.11 - MEN44.PRG

DATSAHOL - Prozedur zum Suchen eines Datensatzes

Mit der Prozedur DATSAHOL (Listing 8.13) kann der Datensatzzeiger der Hauptauftragsdatei auf einen bestimmten Datensatz gerichtet werden. Die Prozedur macht von der natürlichen Reihenfolge der Datei Gebrauch. Sie erhält vom aufrufenden Programm drei Parameter: eine Überschrift, die auf dem Bildschirm erscheint, eine Speichervariable, die bestimmt, ob zum Menü zurückgesprungen werden soll und den Feldnamen des Feldes, das zur Suche verwendet werden soll.

Die Prozedur GUELTAUF überprüft die Gültigkeit einer eingegebenen Auftragsnummer. Die Auftragsnummern wurden so gewählt, daß die Zahl nach Abzug eines Offsets von 100000 glatt durch 17 teilbar sein muß. Nur nach positivem Testergebnis wird der Suchprozeß eingeleitet.

```
procedure GUELTAUF
parameter SAUFTRNUM,GUELTAUFTR
GUELTAUFTR = .F.
BASIS     = (val(SAUFTRNUM)-100000)/17
RESTE     = BASIS - INT(BASIS)
if  RESTE = 0
   GUELTAUFTR = .T.
endif
return
```

Listing 8.12 - Prozedur GUELTAUF

Aus der natürlichen Reihenfolge der Datenbank können wir auch hier wieder einen Vorteil ziehen. Die eingegebene Auftragsnummer wird von der Auftragsnummer des letzten Datensatzes abgezogen und das Ergebnis durch 17 dividiert. Die durch die Berechnung erhaltene Zahl ist die relative Position des gesuchten Datensatzes zum letzten Datensatz. Ist die Zahl positiv und kleiner als die aktuelle Datensatznummer, kann direkt zum gesuchten Datensatz gesprungen werden. Im Programm ist berücksichtigt, daß ein Datensatz fehlen könnte und das Ziel übersprungen wird. Üblicherweise zeigt der Datensatzzeiger direkt auf den gesuchten Datensatz; ist dies nicht der Fall, wird der Datensatz mit dem Befehl *locate* angesprungen.

```
*procedure DATSAHOL
parameters LEGENDE, SPEIVAR, FELDNAME
private all
do while .T.
   GUELTTEST = .F.
   SPEIVAR    = space(6)
   @ 23,2 say LEGENDE get SPEIVAR picture "999999"
   read
   if SPEIVAR = space(6)
      exit
   endif
   do GUELTAUF with SPEIVAR,GUELTTEST
   if (.not. GUELTTEST) .or. (val(SPEIVAR)<100000)
      @ 22,2 say SPEIVAR + ' ist ungültig'
      ?? chr(7)
      loop
   endif
   @ 22,2
   go BOTTOM
   ZIEL  = (val(&FELDNAME) - val(SPEIVAR))/17
```

```
    if (recno() - ZIEL < -1) .and. (val(SPEIVAR)>100000)
       go recno() -  ZIEL
    else
       go top
    endif
    locate next 1000000 for &FELDNAME >= SPEIVAR
    if &FELDNAME = SPEIVAR
       exit
    endif
    @ 22,2 say SPEIVAR + ' nicht gefunden'
    ?? chr(7)
enddo
return
```

Listing 8.13 - Prozedur DATSAHOL

Ausdruck eines Auftrags - MEN4P

Jeder Auftrag wird mit dem Programm MEN4P.PRG (Listing 8.14) ausgedruckt. Bild 8.6 zeigt einen solchen Ausdruck. Das Programm verwendet die Suchprozedur zur Positionierung des Datensatzzeigers auf den ersten Datensatz der spezifizierten Auftragsnummer. Nach Beendigung der Suche wird eine Verknüpfung mit der Inventardatei hergestellt. Die Verknüpfung der beiden Dateien könnte grundsätzlich auch vor der Suche erfolgen. Der Suchprozeß würde dadurch aber verlangsamt, da der Datensatzzeiger der Inventardatei jedesmal analog dem der Datei VERKAUF versetzt werden müßte.

```
* men4p.prg
parameter SAUFTRNUM
select VERKDET
do SUCHE with SAUFTRNUM,"AUFTRNUM"
set relation to ISBN into INVENTAR
set device to print
SEITE = 1
do while AUFTRNUM = SAUFTRNUM .and. .not. eof()
   @ 6,1  say 'AUFTRAG '+AUFTRNUM+'   DATIERT: '+dtoc(VERKAUF->DATUM)
   @ 7,1  say 'Seitennummer '+str(SEITE,2)
   @ 9,1  say KUNDE->name
   @ 9,40 say 'KUNDENAUFTRAG '+VERKAUF->BESTNUM
   if .not. KUNDE->EMPF = space(30)
      @ 10,1  say KUNDE->EMPF
   endif
```

```
  @ prow()+1,1  say KUNDE->ADRESSE
  @ prow()+1,1  say TRIM(KUNDE->STADT)+', '+KUNDE->LAND+'  '+;
  KUNDE->PLZ
  @ prow()+2,1  say 'ISBN-NUMMER     MENGE    PREIS    TITEL'
  @ prow()+1,1  say ' '
  do while AUFTRNUM = SAUFTRNUM .and. .not. eof() .and. prow() < 55
     @ prow()+1,1  say ISBN
     @ prow(),17   say MENGE
     @ prow(),25   say PREIS
     @ prow(),35   say INVENTAR->TITEL
     skip
  enddo
  eject
enddo
set device to screen
set relation to
```

Listing 8.14 - MEN4P.PRG

```
AUFTRAG 100068
Seitennummer  1

KUNDENBÜCHER                                   KUNDENAUFTRAG 3-499-16
EDDA JUNG
KARLSTRASSE 34
KARLSRUHE, D    7500

ISBN-NUMMER      MENGE     PREIS     TITEL

3-596-23011-X     12       17.80     JAZZTANZ
```

Bild 8.6 - Beispielausdruck

Der tägliche Auftragsbericht - MEN45

Listing 8.15 zeigt das Programm zur Abfassung eines Tagesberichts. Für den Tagesbericht wird zuerst die Anzahl der eingegangenen Aufträge ermittelt. Dazu wird die Datei VERKAUF aktiviert und der Datensatzzeiger auf den letzten Datensatz positioniert. Der Inhalt des Datumsfeldes wird in die Variable VERKTAG gespeichert und der Anfangswert der Variable VERKAUF zu Null gesetzt.

Der Datensatzzeiger wird jeweils einen Datensatz rückwärts versetzt, bis ein Datensatz entdeckt wird, der ein anderes Datum enthält, oder der Anfang der Datei erreicht ist. Bei jedem Schleifendurchlauf wird der Wert in der Variablen VERKAUF inkrementiert, falls der Auftrag nicht storniert wurde. Nach Abarbeitung der Schleife enthält die Variable VERKAUF die Anzahl gültiger Aufträge und der Datensatzzeiger ist entweder auf Datensatz 1 (falls dies der Tag der Inbetriebnahme des Systems ist) oder auf den letzten Datensatz des vorigen Arbeitstages gerichtet. Durch die Anweisung *locate next 1000000* wird sichergestellt, daß der Datensatzzeiger auf den ersten Datensatz des heutigen Tages gerichtet ist.

```
* men45.prg
do UEBSCHR with "Verkaufsbericht vorbereiten"
select VERKAUF
go bottom
VERKAUF    = 0
VERKTAG    = DATUM

do while DATUM = VERKTAG .and. .not. bof()
   if .not. STORNO
      VERKAUF = VERKAUF + 1
   endif
   skip -1
enddo
locate next 1000000 for DATUM = VERKTAG
select VERKDET
do SUCHE with VERKAUF->AUFTRNUM,"AUFTRNUM"
sum next 10000 MENGE,MENGE*PREIS,1 to VERKAUFT,WERT,EINTRAEGE ;
for MENGE > 0

do drwahl
if drwahl='J'
  set device to print

  @  6,1  say 'Auftragsbericht vom '+dtoc(VERKTAG)
  @  9,1  say 'Bearbeitete Aufträge '
  @  9,30 say str(VERKAUF,9)
  @ 11,1  say 'Anzahl der verkauften Bücher'
  @ 11,30 say str(VERKAUFT,9)
  @ 13,1  say 'Mittel: Bücher pro Auftrag '
  @ 13,30 say str(round(VERKAUFT/VERKAUF,1),11,1)
  @ 15,1  say 'Mittel: Wert eines Auftrages'
```

```
  @ 15,30 say str(round(WERT/VERKAUF,1),12,2)
  @ 17,1  say 'Anzahl der Titel pro Auftrag '
  @ 17,30 say str(EINTRAEGE/VERKAUF,11,1)
  @ 19,1  say 'Gesamtwert der Aufträge '
  @ 19,30 say str(WERT,12,2)
  eject
  set device to screen
endif
```

Listing 8.15 - Programm zur Ausgabe eines Tagesberichts

Die Suchprozedur SUCHE positioniert den Datensatzzeiger der Datei VERKDET auf dem ersten Datensatz des Tages. Alle nötigen Berechnungen können mit der Anweisung *sum* ausgeführt werden. Die Inkrementierung, mit deren Hilfe die Anzahl der Datensätze festgestellt wird, ist ebenfalls nichts anderes als eine Summierung, bei der die Zahl 1 zu einer anderen Zahl addiert wird. Der Rest des Programms dient der Formatierung; das Beispiel eines Tagesberichts ist in Bild 8.7 zu sehen.

```
Auftragsbericht


Bearbeitete Aufträge                 5

Anzahl der verkauften Bücher       716

Mittel: Bücher pro Auftrag       143.2

Mittel: Wert eines Auftrages   7009.40

Anzahl der Titel pro Auftrag       2.8

Gesamtwert der Aufträge       35046.80
```

Bild 8.7 - Beispielausdruck des Tagesberichts

Offene Aufträge - MEN46

Die Datei OFFBEST enthält die Auftragsnummern nicht erledigter Aufträge (Menüauswahl 6). Die Datei ist immer kurz, da die Auftragsnummern erfüllter Aufträge gelöscht werden.

Von Zeit zu Zeit sollte der Stand der offenen Aufträge festgestellt werden. Interessant ist dabei, welche Aufträge offen sind und von wem die offenen Aufträge stammen. MEN46.PRG erzeugt eine Auflistung der Daten auf dem Bildschirm. Die offenen Aufträge können auch ausgedruckt werden. Das Programm finden Sie in Listing 8.16.

```
* men46.prg
do UEBSCHR with "Offene Aufträge "
select OFFBEST
if eof() .and. bof()
   ? 'Es gibt keine offenen Aufträge '
   wait
   return
endif
go top
select KUNDE
set index to KUNDNR
select VERKAUF
go bottom
do while AUFTRNUM > OFFBEST->AUFTRNUM .and. .not. bof()
   skip -1
enddo
set relation to KUNDNR into KUNDE
select OFFBEST
do FRAGE with "Wünschen Sie eine gedruckte Kopie (J/N)? ",23,2,ANTWORT
@ 4,0 clear
do while .not. eof()
   if ANTWORT = 'J'
      set print on
      set device to print
      @ 6,1 SAY 'Offene Aufträge vom '+dtoc(DATE())
      ?
   endif
   ? 'Verkauf                   Kauf      '
   ? 'Auftrag      Datum        Auftrag        Kundenname     '
   ?
   do while prow() < 55 .and. .not. eof()
      select VERKAUF
      locate next 1000000 for AUFTRNUM = OFFBEST->AUFTRNUM
      ? AUFTRNUM,'    ',DATUM,'    ', BESTNUM,'    ', KUNDE->NAME
      select OFFBEST
      skip
      if eof() .or. (ANTWORT = 'N' .and. row() = 23)
         wait
         @ 4,0 clear
```

```
      endif
   enddo
   if ANTWORT = 'J'
      eject
   endif
enddo
select verkauf
set print off
set device to screen
set relation to
```

Listing 8.16 - MEN46.PRG

Für den Kurzbericht werden drei Dateien benötigt: OFFBEST, VERKAUF und VERKDET. In Bild 8.8 ist die beispielhafte Bildschirmdarstellung eines Kurzberichts bezüglich offener Aufträge zu sehen. Die Information sind unter anderem Auftragsnummer und Kundenname.

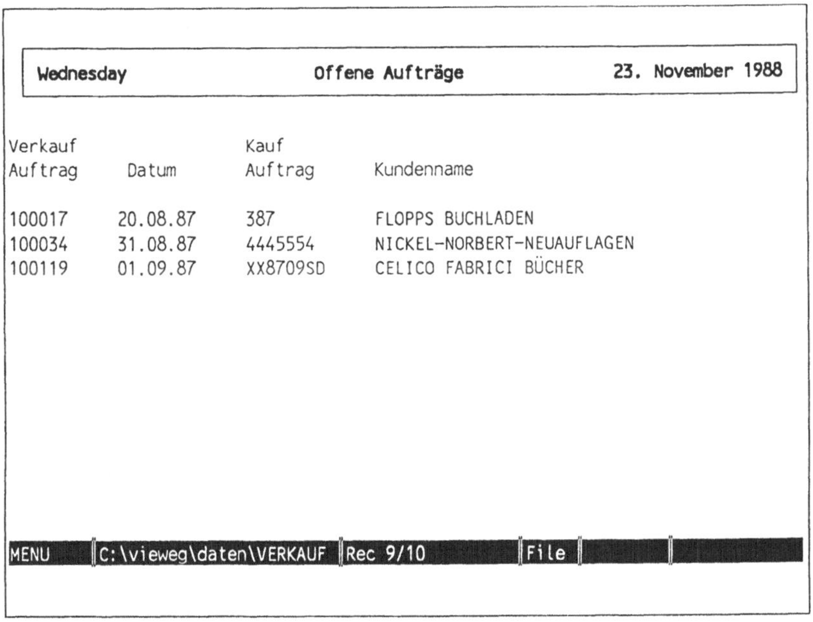

```
Wednesday                 Offene Aufträge            23. November 1988

Verkauf                   Kauf
Auftrag     Datum         Auftrag        Kundenname

100017      20.08.87      387            FLOPPS BUCHLADEN
100034      31.08.87      4445554        NICKEL-NORBERT-NEUAUFLAGEN
100119      01.09.87      XX8709SD       CELICO FABRICI BÜCHER

MENU  ║C:\vieweg\daten\VERKAUF ║Rec 9/10    ║File ║        ║
```

Bild 8.8 - Beispielbericht

Die drei Dateien OFFBEST, VERKAUF und KUNDE werden über *select* angesprochen. In OFFBEST wird überprüft, ob offene Aufträge vorliegen. Der Benutzer wird informiert und es wird zum Menüprogramm zurückgesprungen, wenn die Datei leer ist. Ansonsten wird die Datei KUNDE angewählt und nach KUNDNR indiziert. Die Indexdatei ermöglicht die

Verknüpfung mit der Auftragsdatei VERKAUF. Als letzte Datei wird VERKAUF aktiviert und der Datensatzzeiger vor den ersten offenen Auftrag gesetzt. Die Verknüpfung zwischen Kunden- und Auftragsdatei kann nun realisiert werden.

Der Befehl @ *4,0 clear* löscht die Bildschirmanzeige unterhalb und rechts der angegebenen Koordinaten, und der Cursor wird an die angegebene Position gestellt. Innerhalb der *do*-Schleife besteht der Großteil des Programms aus der Anzeige von Meldungen. Ein Programm dieser Größe und Komplexität sollte in zwei Einzelprogramme aufgespalten werden. Ein Programmteil übernimmt die Bildschirmanzeige, das andere ist für den Ausdruck verantwortlich. Vereinfachung und leichtere Verständlichkeit rechtfertigen den Mehraufwand an Programmierarbeit.

Auch das Programm MEN46.PRG macht von der natürlichen Reihenfolge der beiden Dateien Gebrauch. Zur Vorbereitung des Berichts wird die Datei OFFBEST Datensatz für Datensatz durchgegangen. Für jeden Datensatz wird die Datei VERKAUF angewählt und mit

```
locate next 1000000 for AUFTRNUM= OFFBEST->AUFTRNUM
```

der nächste Datensatz gesucht. Der entsprechende Datensatz wird immer gefunden, da eine Auftragsnummer in OFFBEST nur existieren kann, wenn gleichzeitig eine Eingabe in die Datei VERKAUF erfolgt ist.

Die Funktion *prow()* steuert die innere Schleife. Sie wird nie *wahr*, da die Ausgabe auf den Bildschirm gerichtet ist. Seitenweises Blättern wird von der eingeschlossenen *if*-Anweisung ausgeführt, gleiches gilt für den Seitenvorschub *eject*, der ebenfalls von einem eingeschlossenen *if* ausgegeben wird. *eject* schickt unabhängig von Ausgabeumleitungen einen Seitenvorschub an den Drucker.

Löschen alter Auftragsdatensätze - MEN47

Die siebte Menüauswahl, MEN47.PRG, löscht alle Datensätze, die älter als ein Jahr sind. Das Programm ist in Listing 8.17 zu sehen. Der Löschvorgang erfolgt einfach und schnell, da die Dateien nicht indiziert sind.

Die zu löschenden Datensätze stehen am Anfang der Datei in einem Block. Zuerst werden die alten Datensätze in der Datei VERKAUF gelöscht, die Datei enthält ein Datumsfeld, das zur Auswahl der zu löschenden Datensätze herangezogen wird. Ein Datum kann in arithmetische Berechnungen einbezogen werden, das Addieren oder Subtrahieren einer Zahl ergibt wieder ein Datum. Die addierte/subtrahierte Zahl ist die Anzahl der Tage (für ein Jahr 365). Alle Datensätze, die älter als ein Jahr sind, werden mit folgendem Befehl gelöscht:

```
delete while DATUM<=datum()-365
```

Der Prozeß des Markierens und Löschens von Datensätzen ist bei nichtindizierten Datenbanken schneller als bei indizierten, benötigt aber trotzdem viel Zeit für umfangreiche Dateien. Der Befehl *pack* wird deshalb nur ausgeführt, wenn Datensätze zur Löschung markiert sind.

Nach Beendigung des Löschvorgangs wird der Datensatzzeiger an den Anfang der Datei VERKAUF gestellt. Der Löschvorgang in der Tochterdatei VERKDET wird durch den ersten Datensatz gesteuert. In VERKDET sollen alle Datensätze gelöscht werden, die eine niedrigere Auftragsnummer besitzen als der erste Datensatz der Datei VERKAUF. Der Datensatzzeiger muß dabei immer auf den ersten Datensatz zeigen, da sonst auch Datensätze mit höherer Auftragsnummer, die noch kein Jahr alt sind, gelöscht werden. Der Befehl *go top* stellt die Datensatzzeiger an den Anfang der Dateien. Die Datensätze werden mit folgendem Befehl gelöscht:

```
delete while AUFTRNUM<VERKAUF->AUFTRNUM
```

Warum ist das endgültige Löschen (Entfernen) von Datensätzen mit *pack* so langsam? Zum Entfernen der Datensätze wird die physikalische Position aller Datensätze auf der Diskette verändert. Unter der Voraussetzung, daß die ersten 100 Datensätze zur Löschung markiert sind, befindet sich nach der Löschung der 101.te Datensatz auf der physikalischen Position des ehemals ersten Datensatzes. Der 102.te Datensatz befindet sich nun an der Stelle des früheren Datensatzes Nummer 2, usw. Das Lesen und Schreiben von/auf Diskette ist immer eine langwierige Operation, weil dazu mechanische Vorgänge benötigt werden.

Bei derart langsamen Operationen sollte dem Benutzer immer mitgeteilt werden, daß der Computer nicht funktionsunfähig (Stromausfall, Absturz des Systems) geworden ist. Die Anweisung *set talk on* dient der Verständigung des Benutzers. Auf dem Bildschirm erscheint nun eine Zählvariable, die jedesmal nach der Verlagerung eines Datensatzes inkrementiert wird. Nach Beendigung des Löschvorgangs muß *set talk off* spezifiziert werden, damit Programme wieder normal, das heißt, ohne unerwünschte Bildschirmausgabe, funktionieren.

```
* men47.prg
do UEBSCHR with "Datensätze (älter 1 Jahr) werden gelöscht"
select VERKAUF
go top
delete while DATUM <= date() - 365
if recno() > 1
   set talk on
   pack
   set talk off
   go top
   select VERKDET
   go top
```

```
    delete while AUFTRNUM < VERKAUF->AUFTRNUM
    if recno() > 1
       set talk on
       pack
       set talk off
    endif
    select VERKAUF
    go top
    select OFFBEST
    go top
    delete while AUFTRNUM < VERKAUF->AUFTRNUM
    if recno() > 1
       set talk on
       pack
       set talk off
    endif
endif
@ 12,0 say "Datensätze (älter 1 Jahr) sind gelöscht"
wait
```

Listing 8.17 - MEN47.PRG

Kapitel 9

Auftragserfüllung

Nach Speicherung des Auftrags wird der Kunde beliefert. Zur Lieferung gehört immer eine Rechnung. Der Lieferschein wird für den Kunden ausgedruckt und das Datum für die endgültige monatliche Rechnungsstellung (Sammelrechnung) abgespeichert.

Die Bestellmenge für ein bestimmtes Buch kann den vorhandenen Warenbestand des betreffenden Artikels überschreiten. Die vorhandene Ware wird sofort geliefert und ein Datensatz erstellt, der folgende Informationen enthält: Name des Buches, fehlende Buchmenge zur Auftragserfüllung und Preis. Sobald die fehlenden Bücher an den Buchgrossisten geliefert werden, erfolgt die Übergabe samt Rechnung an den Kunden.

Das Menü zur Auftragserfüllung finden Sie in Bild 9.2. Den zugehörigen Auszug aus MENU.PRG sehen Sie in Listing 9.1. Die verfügbaren Optionen zur *Auftragserfüllung* und *Rechnungsstellung* können Sie dem Menü entnehmen.

Die Rechnungsdatensätze werden nur 30 Tage gespeichert. Der Buchgroßhandel benötigt daher nur eine Datei, die alle Informationen bezüglich Lieferung und Rechnung enthält. Die Anzahl der geöffneten Dateien wird auf diese Weise gering gehalten und das Programm dadurch vereinfacht. Alternativ könnten die Auftragsdatensätze für den Zeitraum eines Monats gespeichert werden, die Rechnungsdatensätze stehen dann ein Jahr lang zur Verfügung.

Zur Auftragserfüllung werden die folgenden Dateien verwendet: KUNDE, INVENTAR, die drei Auftragsdateien, RECHGEN und NACHBEST. Die vorgenannten Dateien werden von dem Initialisierungsprogramm INIT5 in Listing 9.2 geöffnet. In den Tabellen 9.1 und 9.2 finden Sie die Datenbankpläne und Verknüpfungen zwischen den Dateien. Die Struktur der Datei RECHGEN ist mit der Dateistruktur von NACHBEST identisch.

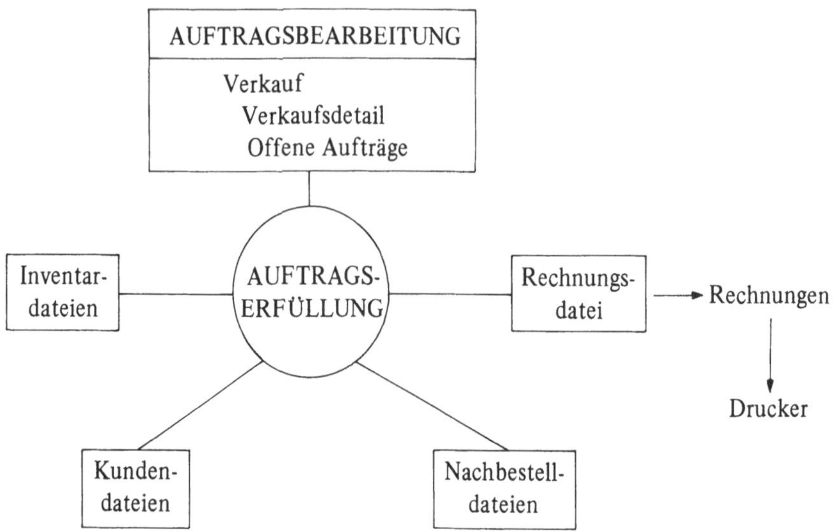

Bild 9.1 - Diagramm des Auftragserfüllungssystems

Die Überlegungen in diesem Kapitel sollen hauptsächlich der Verwaltung geöffneter Dateien gewidmet sein. Beim Einspringen in das Menü sind bereits folgende Dateien geöffnet:

MEN.PRG	VERKAUF.DBF
MENPROZ.PRG	VERKDET.DBF
MEN5.PRG	OFFBEST.DBF
KUNDE index KUNDNR	RECHGEN.DBF
INV.DBF index ISBN	NACHBEST.DBF
KONTROL.DBF	

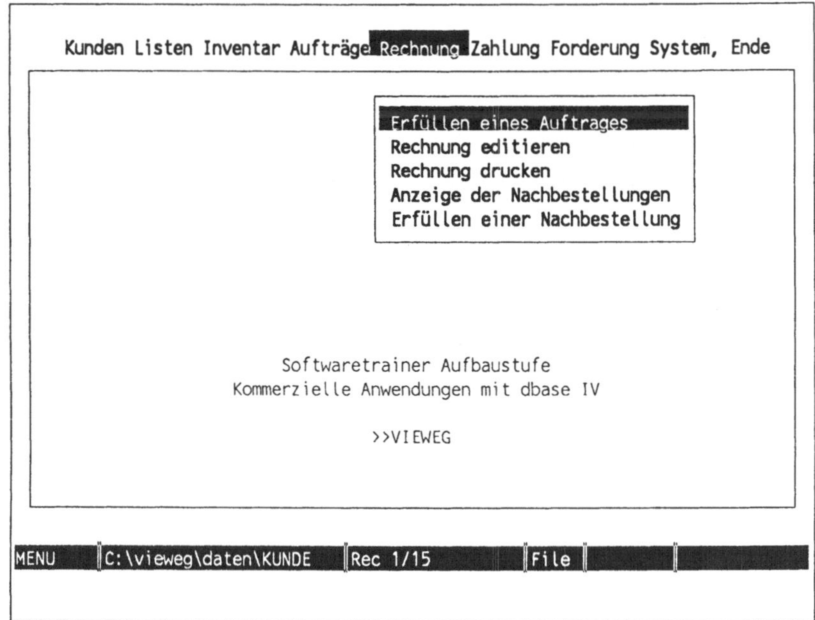

Bild 9.2 - Auftragserfüllungsmenü

```
on pad E of main  activate popup RECHNG_POP
...
on selection popup RECHNG_POP do callsbr
...
...
procedure DEF_MENS
define menu main
define pad E of main prompt "Rechnung" at 1,32 message "Rechnungen und
Nachbestellungen"

define popup RECHNG_POP from 3,32
define bar 1 of RECHNG_POP prompt " Erfüllen eines Auftrages"
define bar 2 of RECHNG_POP prompt " Rechnung editieren"
define bar 3 of RECHNG_POP prompt " Rechnung drucken"
define bar 4 of RECHNG_POP prompt " Anzeige der Nachbestellungen"
define bar 5 of RECHNG_POP prompt " Erfüllen einer Nachbestellung "
...
return
```

```
procedure CALLSBR
        do case
                case ...
                case Mpad = "E"
                        do INIT5.PRG
                        select RECHGEN
                        if .not. (eof() .and. bof())
                                Msbr = "men5" + Mbar
                                do &Msbr
                        else
                                do Men51
                        endif
                case ...
        endcase
        deactivate menu
return
```

Listing 9.1 - Auszug aus MENU.PRG

```
clear
? 'Auftragserfüllungsdatenbanken werden geöffnet ...'
select KUNDE
set Index to KUNDNR
select 4
use VERKAUF
select 5
use VERKDET
select 6
use OFFBEST
select 7
use RECHGEN
select 8
use NACHBEST
```

Listing 9.2 - Das Initialisierungsprogramm INIT5.PRG

Der Rücksprung des Programms zum Hauptmenü unterscheidet sich von vorangegangenen Techniken (siehe MEN50.PRG in Listing 9.3).

Rücksprung zum Hauptmenü - MEN50

Vor dem Rücksprung in das Hauptmenü (Menüauswahl 0) werden alle Dateien außer KUNDE, KONTROL und INVENTAR mit *use* geschlossen, damit der Systemzustand übersichtlich bleibt. Der eigentliche Rücksprung erfolgt über eine Variation der *return*-Anweisung: *return to master* läßt das System direkt zur obersten aufrufenden Programmebene springen.

```
* men50.prg
clear
? 'Rechnungsdatenbanken werden geschlossen...
select 2
use KONTROL
select 4
use
select 5
use
select 6
use
select 7
use
select 8
use
select 9
use
return to master
```

Listing 9.3 - MEN50.PRG

Auftragserfüllung

Für das Lager des Buchgroßhandels wird von jedem Auftrag eine Kopie ausgedruckt. Nach Erledigung des Auftrags wird die Kopie an das Rechenzentrum des Buchgrossisten zurückgegeben. Die gelieferte Menge wird auf die Kopie geschrieben, sofern das Lager die gesamte Bestellmenge nicht sofort liefern konnte.

Die Vorratsmenge eines bestimmten Werks könnte auch abgestimmt werden, bevor der Auftrag an das Lager weitergegeben wird. Wir haben uns gegen diese Möglichkeit entschieden, weil das System üblicherweise anders arbeitet als ein Lagerangestellter: Der Computer arbeitet nach dem Prinzip des *FIFO* (*first in - first out*), der Angestellte arbeitet meist nach dem Prinzip des LIFO (*last in - first out*): Aufträge werden gestapelt. Der Angestellte bearbeitet den obersten (letzten) Auftrag zuerst. Ein Angestellter, der einen der letzten Aufträge zur Hand nimmt, kann nicht wissen, ob Teile des Lagerbestandes vom Rechenzentrum nicht schon früher angenommenen Aufträgen zugeordnet wurden. Für den älteren Auftrag, den der Angestellte erst später bearbeitet, reicht die Lagermenge dann eventuell nicht mehr aus. Da alle Datensätze im Rechenzentrum an die Lagerbewegung angepaßt werden müssen, wird der Lagerverwaltung die erste Zuordnung *Ware-Auftrag* überlassen. Die Lagerbestände werden dann entsprechend der Zuordnung vom Lager auch per Computer bestimmten Aufträgen (vom Rechenzentrum) zugewiesen. Ein weiterer Vorteil besteht in der Vereinfachung der Software.

In Listing 9.4 sehen Sie das Programm zur Umwandlung eines Auftrags in eine Rechnung. Das Programm besteht hauptsächlich aus einer Reihe einfacher Operationen, die für jede Datenbank ausgeführt werden:

Eingabe der Auftragsnummer des erfüllten Auftrags;

Prüfung, ob die Auftragsnummer in der Datei OFFBEST vorhanden ist;

Suche des Auftrags in der Hauptauftragsdatei;

Suche des Kundendatensatzes über die Kundennummer, anzeigen und prüfen, ob es sich um den gesuchten Kunden und Auftrag handelt;

Inkrementierung der Rechnungsnummer;

Suche des ersten, zu diesem Auftrag gehörenden Datensatzes in VERKDET;

Übertragung der Daten von VERKDET nach RECHGEN;

Prüfung, ob Nachlieferung nötig ist;

Lagerbestand anpassen;

Entfernen des Eintrags aus der Datei für offene Aufträge.

Datenbankpläne: RECHGEN.DBF und NACHBEST.DBF

BESCHREIBUNG	FELDNAME	FELDTYP	FELDBREITE	
Rechnungsnummer	RECHNUNG	Zeichen	6	
Auftragsnummer	AUFTRNUM	Zeichen	6	
Kundennummer	KUNDNR	Zeichen	6	
Rechnungsdatum	DATUM	Datum	8	
Kundenbestell-nummer	BESTNUM	Zeichen	8	
ISBN-Nummer	ISBN	Zeichen	13	
Bestellmenge	MENGE	Numerisch	3	
Liefermenge	MENGLOESCH	Numerisch	3	
Preis für Kunde	PREIS	Numerisch	6	2
	Datensatzgröße		... 59 Bytes	

Tabelle 9.1 - Datenbankpläne von RECHGEN.DBF und NACHBEST.DBF

Kundendatenbank

Kundennummer	Name	Kontaktperson
→071254	Kastenbücher	Michael Anfang
598326	Costello	Rita Reinemer

Verkauf

Auftrags-nummer	Kunden-nummer	Datum	Kundenbestell-nummer
→100411	071254	04.08.87	A76382
100412	200461	04.08.87	B-2761
100413	598326	04.09.87	T3477

Verkaufsdetails

Auftrags-nummer	ISBN-Nummer	Menge	Preis
→100411	0-912677-03-1	21	19.95
100412	0-912677-42-2	14	29.95
100413	0-912677-16-3	7	18.95
100414	0-912677-26-0	23	17.95

Rechnungen

Rechnungs-nummer	Kunden-nummer	Bestell-datum	Betrag
→141612	071254	04.08.87	289.95
141613	200461	04.08.87	47.95
141614	598326	04.09.87	411.95

Inventar

ISBN-nummer	Verleger	Bestand	Bestell-menge
→0-912677-03-1	912677	23	5
0-912677-42-2	912677	47	15
0-912677-16-3	912677	48	27
0-912677-26-0	912677	101	14

Nachbestellungen

Rechnungs-nummer	Auftrags-nummer	ISBN-nummer	Menge	Preis	Liefer-menge
141612	100414	0-912677-16-3	10	8.95	5

Bild 9.3 - Verknüpfungen der Auftragserfüllungsdateien

```
* men51.prg
UEBSCHRMLD = "AUFTRAGSERFÜLLUNG"
do while .T.
   do UEBSCHR with UEBSCHRMLD
```

```
select OFFBEST
if eof()
   @ 12,0 say 'Keine offenen Aufträge vorhanden!'
   wait
   exit
endif
SAUFTRNUM = space(6)
do DATSAHOL with "Auftragsnummer", SAUFTRNUM, "AUFTRNUM"
if SAUFTRNUM = space(6)
   return
endif
select VERKAUF
go bottom
do while .not. AUFTRNUM = SAUFTRNUM
   skip -1
enddo
select KUNDE
seek VERKAUF->KUNDNR
do MEN1S.PRG
@ 23,2 say 'Bearbeitete Auftrag '+ SAUFTRNUM
select KONTROL
replace RECHNUNG with str(val(RECHNUNG)+17,6)
select VERKDET
do SUCHE with SAUFTRNUM,"AUFTRNUM"
set relation to ISBN into INVENTAR
do while SAUFTRNUM = AUFTRNUM .and. .not. eof()
   select RECHGEN
   append BLANK
   replace RECHNUNG with KONTROL->RECHNUNG, AUFTRNUM with SAUFTRNUM,;
   DATUM with date(), BESTNUM with VERKAUF->BESTNUM,;
   KUNDNR with VERKAUF->KUNDNR
   replace MENGE with VERKDET->MENGE, ISBN with VERKDET->ISBN,;
   MENGLOESCH with MENGE, PREIS with VERKDET->PREIS
   select INVENTAR
   replace BESTAND with BESTAND-RECHGEN->MENGLOESCH,;
   VERKDIESJR with VERKDIESJR+RECHGEN->MENGLOESCH,;
   LETZTVERK with date()
   select VERKDET
   skip
enddo
select RECHGEN
do SUCHE with RECHGEN->RECHNUNG,"RECHNUNG"
ERSTDATSA = recno()
do MENGEDIT with RECHGEN->RECHNUNG,ERSTDATSA
go ERSTDATSA
copy to DATEN\ARBDATEI while RECHNUNG = KONTROL->RECHNUNG
```

```
    select NACHBEST
    append from ARBDATEI for MENGLOESCH < MENGE
    select OFFBEST
    delete
    pack
enddo
```

Listing 9.4 - MEN51.PRG

Der erste Schritt besteht aus dem Öffnen der Datei OFFBEST. OFFBEST enthält die Auftragsnummern der nicht ausgeführten Aufträge. Die Datei ist nicht umfangreich, da die Auftragsnummern der erledigten Aufträge stets gelöscht werden. Die Auftragsnummer wird mit der Prozedur DATSAHOL gesucht, die außerdem bestimmte Tests ausführt: Wurde eine Nummer eingegeben? Ist die Nummer gültig? Befindet sich die Nummer in der Datei? Das Abfragen ist zwar nur Routine, muß aber trotzdem ausgeführt werden. Die Tests könnten zwar auch vom Hauptprogramm aus erfolgen, würden es aber komplizierter gestalten.

Haben wir die Auftragsnummer in der Datei OFFBEST gefunden, sucht das Programm den Datensatz mit derselben Auftragsnummer in der Auftragsdatei VERKAUF. Die Suche beginnt am Ende der Datei. Im Datensatz wird über das Feld KUNDNR die Verknüpfung zur Kundendatei dargestellt. Die Datei KUNDE wird angewählt und der Kundendatensatz aufgrund des Feldinhalts von KUNDNR mit *seek* gesucht.

Die Datei KONTROL enthält immer die letzte Rechnungsnummer, die nächste Rechnungsnummer ist um 17 höher. Die Rechnungsnummern (und natürlich jede beliebige andere Nummer) um eine Differenz von 17 zu erhöhen, bietet einen gewissen Schutz gegen Tippfehler.

Als nächstes muß für jeden Buchtitel ein Datensatz in der Datei RECHGEN angelegt werden. Der erste Datensatz, für den eine Rechnung erstellt werden soll, wird in VERKDET gesucht; mit einer *do*-Schleife werden die neuen Datensätze angelegt. Die Anweisung *replace* ermöglicht die Übernahme der benötigten Daten in die neuen Datensätze. Nach der Verknüpfung der Auftragsdatei VERKDET mit der Inventardatei wird INVENTAR bei der Dateneingabe in die Datei RECHGEN angewählt und das Feld BESTAND an MENGLOESCH angepaßt. Der Wert kann später beim Editieren der Rechnungsdatensätze verändert werden.

MENGLOESCH stellt die gelieferte Menge dar, der Wert kann mit MENGEDIT verändert werden, wenn der Auftrag nicht vollständig erfüllt wurde. Bei der Neuanlage des Rechnungsdatensatzes wird die Bestellmenge in die Felder MENGE und MENGLOESCH gespeichert. Das Programm MENGEDIT ist in Listing 9.5 dargestellt. Die Prozedur bietet eine seitenorientierte Editierung ähnlich dem Befehl *browse*. Die seitenorientierten Editierbefehle sind in Programmen nicht optimal einsetzbar, da Eingaben und Änderungen vom Programm nicht kontrolliert werden können.

Ist der Editiervorgang der Liefermengen beendet, soll für jeden Datensatz, bei dem der Inhalt des Feldes MENGLOESCH kleiner als der Inhalt des Feldes MENGE ist, ein Datensatz in der Nachlieferungsdatei angehängt werden. Datensätze werden an die Nachlieferungsdatei angehängt, indem der Datensatzzeiger der Datei RECHGEN auf den ersten Datensatz der neuen Rechnung gestellt und eine Kopie des Datensatzes mit *copy* angefertigt wird. Nachdem die Kopie erstellt ist, wird die Nachlieferungsdatei angewählt. Mit dem Befehl *append from* werden alle nicht erfüllten Datensätze an die Datei angehängt. Das Kommando *append from* ermöglicht es, Datensätze aus einer anderen Datei anzuhängen. Die Quelldatei darf dabei nicht geöffnet sein, und beide Dateien müssen Felder mit gleichen Namen besitzen. Es werden nur die Felder gleichen Namens kopiert.

Der Abschluß des Auftrags erfolgt durch Anwahl der Datei OFFBEST. Die Datensätze der vervollständigten Aufträge werden gekennzeichnet und anschließend gelöscht. Der Datensatzzeiger ist dabei immer noch auf den richtigen Datensatz (DATSAHOL) gerichtet.

Prozedur MENGEDIT - Editieren der gelieferten Menge

Die in Listing 9.5 dargestellte Prozedur wird zur Veränderung der gelieferten Menge (MENGLOESCH) einer Rechnung verwendet. Das Programm erhält die Rechnungs- und Datensatznummer des ersten Datensatzes vom aufrufenden Programm. Die Daten werden in den Speichervariablen SVAR und ERSTDATSA abgelegt. Die Variablen ERSTDATSA, START, LETZTDATSA und X werden als lokal deklariert und sind damit unabhängig gegenüber gleichnamigen Variablen im Programmsystem. Der Befehl *private all* wird dabei bewußt nicht verwendet, da Variablen höherer Programmebenen (Variablen der Prozeduren UEBSCHR und STRICH) verwendet werden.

Die aktive Datei ist mit INVENTAR über die ISBN-Nummer verknüpft, Buchtitel können auf diese Weise direkt angezeigt werden. Der Datensatzzeiger von INVENTAR wird automatisch auf den richtigen Datensatz gestellt, um den Inhalt des Feldes BESTAND anzupassen.

Die Variablen ERSTDATSA und START kontrollieren die Datensatzzeigerposition in der aktiven Datenbank. Beim Einsprung in die Prozedur steht der Datensatzzeiger auf dem ersten Datensatz der aktiven Datei.

Die erste *do*-Schleife wird abgearbeitet, solange der Inhalt der Variablen ANTWORT das Zeichen *J* ist. Die ersten Zeilen der Schleife dienen der Anzeige der Überschrift und der Spaltenbezeichnungen. Die Anzeige erfolgt über die Anweisungen *?* und *@...say*.

ERSTDATSA bezeichnet den ersten Datensatz einer Rechnung. START steuert die Schleife. Die innere Schleife verwendet sowohl den Wert der Zählvariablen X, als auch RECHNUNG an Stelle der Rechnungsnummer als Kontrolle. Es können bis zu 17 Datensätze auf dem Bildschirm angezeigt werden. Das Feld MENGLOESCH jedes Datensatzes wird in einer der Speichervariablen S10 bis S26 gespeichert. Der Name der ersten Variablen ist S10 (da ein Variablenname mit einem Buchstaben beginnen muß). Zudem würde der Vergleich einstelliger und zweistelliger Zeichenketten das Programm verkomplizieren (daher der Beginn beim Wert 10).

Der erste Befehl legt die Speichervariable SPEIVAR an und speichert ein S und eine zweistellige Zahl (zum Beispiel S14) hinein. Der zweite Befehl speichert den Inhalt von MENGLOESCH in die Variable, deren Name in SPEIVAR enthalten ist. Der Befehl entspricht der Anweisung *store MENGLOESCH to S14* lesen, wenn der String *S14* in der Speichervariablen enthalten ist.

Der Großteil der Bildschirmanzeige erfolgt über die Anweisung *?*. Die zwei numerischen Felder werden durch die Anpassung mit der Funktion *str* getrennt. Die Liefermenge MENGLOESCH kann zwischen die Bestellmenge MENGE und den Preis PREIS gesetzt werden. Der Wertebereich für jede Variable liegt zwischen Null und der bestellten Menge (MENGE). Diese Maximalbestellmenge ist der Inhalt des Feldes MENGE *bei Ausführung des Befehls*.

Nachdem die Informationen der ersten 17 Datensätze auf dem Bildschirm erscheinen, wird das Kommando *read* ausgegeben. Der Inhalt des Feldes MENGLOESCH jedes angezeigten Datensatzes kann editiert werden. Die Cursortasten bewegen den Cursor zum gewünschten Datensatz, dort kann der korrekte Wert eingegeben werden. *Ctrl-PgDn* blättert auf dem Bildschirm eine Seite weiter.

Nachdem der Lesebefehl abgearbeitet ist, wird die Zählvariable X auf den Wert gesetzt. Die in START gespeicherte Datensatznummer bestimmt den Datensatz, auf den der Zeiger gerichtet wird. Unterscheidet sich die im Datensatz angegebene Menge vom Inhalt der entsprechenden Variablen, wird INVENTAR angewählt und der Inhalt von BESTAND um die Differenz des Feldinhalts von MENGLOESCH und der Speichervariable verändert. Anschließend wird wieder RECHGEN angewählt und MENGLOESCH durch den Wert der Variablen ersetzt.

SVAR ist die steuernde Variable der *if*-Anweisung. Der Inhalt des Feldes RECHNUNG wird mit der Variable SVAR verglichen, nachdem aus der zweiten Schleife gesprungen wird. Bei Übereinstimmung wird die aktuelle Datensatznummer in START gespeichert und der nächste Bildschirm mit Daten editiert. Wird keine Übereinstimmung festgestellt, fragt das System den Benutzer, ob er weiter editieren möchte.

Beim Aussprung aus der Schleife werden die Ursprungsbedingungen wiederhergestellt. Die Verknüpfung mit INVENTAR wird gelöst und der Datensatzzeiger auf die ursprüngliche Position gesetzt.

```
procedure MENGEDIT
parameter SVAR, ERSTDATSA
private ERSTDATSA,START,LETZTDATSA,X
set relation to ISBN into INVENTAR
ANTWORT  = "J"
START    = ERSTDATSA
do while ANTWORT = "J"
   do UEBSCHR with "Editieren, Rechnung " + SVAR
   ? ' ISBN-Nummer      Titel '
   @ row(),col()+28 say 'Bestellt Versandt  Preis'
   ? ' '+STRICH
   go START
   x = 10
   do while RECHNUNG = SVAR .and. x < 27 .and. .not. eof()
      SPEIVAR = 'S'+str(x,2)
      store MENGLOESCH to &SPEIVAR
      X = X+1
      ? ' '+ISBN+'   ',INVENTAR->TITEL,str(menge,8),str(preis,18,2)
      @ row(),63 get &SPEIVAR picture '###' range 0,MENGE
      skip
   enddo
   read
   x=10
   go START
   do while RECHNUNG = SVAR .and. x < 27 .and. .not. eof()
      SPEIVAR = 'S'+str(x,2)
      if &SPEIVAR # MENGLOESCH
         select INVENTAR
         replace BESTAND with BESTAND - (&SPEIVAR - RECHGEN->MENGLOESCH),;
         VERKDIESJR with VERKDIESJR+(&SPEIVAR - RECHGEN->MENGLOESCH)
         select RECHGEN
         replace MENGLOESCH with &SPEIVAR
      endif
```

```
      X = X+1
      skip
   enddo
   if RECHNUNG # SVAR .or. eof()
      do FRAGE with "M chten Sie noch verbessern (J/N)? ",23,2,ANTWORT
      @ 23,2
      START = ERSTDATSA
   else
      START = recno()
   endif
enddo
set relation to
go ERSTDATSA
return
```

Listing 9.5 - Prozedur MENGEDIT

Die Prozedur ist viel komplexer als die bisherigen zur Aktualisierung der Inventardatei oder zum Editieren der Datei VERKDET. Die bereits vorhandenen Prozeduren hätten ebenfalls verwendet werden können, für den Benutzer wäre das Auftragserfüllungssystem dann aber schwieriger zu bedienen gewesen (mehr Tastenanschläge wären benötigt worden). Der Mehraufwand an Programmierarbeit ist aber durch die Steigerung der Arbeitseffektivität zu rechtfertigen. Ein Programmsystem sollte *für den Benutzer* so einfach wie möglich gestaltet werden.

Rechnungsdatensätze editieren - MEN52

Rechnungsdatensätze müssen immer dann editiert werden, wenn eine falsche Liefermenge für die Rechnung bzw. den Auftrag eingetragen wurde. Menüauswahl 2, MEN52.PRG in Listing 9.6, ruft das Programm zum Editieren von Datensätzen auf. Das Programm akzeptiert eine über die Tastatur eingebene Rechnungsnummer. Die Datei RECHGEN wird mit der Prozedur DATSAFIND nach der Rechnungsnummer durchsucht und der Datensatzzeiger auf den ersten zur Rechnung gehörenden Datensatz positioniert. Der Datensatzzeiger wird an das Ende der Datei gestellt, wenn kein passender Datensatz gefunden wird.

Das Feld MENGLOESCH kann mit der Prozedur MENGEDIT verändert werden. Liegt eine Veränderung der Rechnungen vor, müssen die Nachlieferungsdatensätze angepaßt werden. Die Veränderung kann folgende Auswirkungen haben: Nachlieferungsdatensätze entfallen, weitere Nachlieferungsdatensätze müssen erstellt werden oder die nachzuliefernde Menge muß verändert werden.

```
* men52.prg
do UEBSCHR with "Rechnung editieren"
```

```
select RECHGEN
do DATSAFIND with "Rechnungsnummer", "RECHNUNG"
if eof()
   return
endif
ERSTDATSA = recno()
SRECHNUNG = RECHNUNG
do MENGEDIT with SRECHNUNG,recno()
@ 23,2 say "Änderung von " + SRECHNUNG
go ERSTDATSA
copy to DATEN\ARBDATEI while RECHNUNG = SRECHNUNG
use ARBDATEI
delete for MENGLOESCH >= MENGE
pack
select NACHBEST
do SUCHE with SRECHNUNG, "RECHNUNG"
if eof()
   locate for RECHNUNG > SRECHNUNG
endif
PLATZHALT = recno()
set relation to recno()-(PLATZHALT-1) into ARBDATEI
do while ARBDATEI->RECHNUNG = SRECHNUNG
   if RECHNUNG # SRECHNUNG
      insert blank before
   endif
   replace AUFTRNUM with ARBDATEI->AUFTRNUM, RECHNUNG with SRECHNUNG,;
   DATUM with ARBDATEI->DATUM, ISBN with ARBDATEI->ISBN,;
   MENGLOESCH with ARBDATEI->MENGLOESCH, MENGE with ARBDATEI->MENGE
   replace BESTNUM with ARBDATEI->BESTNUM,;
   KUNDNR with ARBDATEI->KUNDNR,PREIS with ARBDATEI->PREIS
   skip
enddo
delete while RECHNUNG = SRECHNUNG
select ARBDATEI
use RECHGEN
```

Listing 9.6 - MEN52.PRG

Die Anpassungsmethode hängt nur von der Größe der Nachlieferungsdatei ab. Unter folgenden Annahmen ergibt sich die mittlere Größe der Nachlieferungsdatei zu 24 Kbyte: 10 % der Aufträge können nicht sofort erledigt werden, jede Nachlieferung erstreckt sich über einen Zeitraum von zehn Tagen, und jeder Nachlieferungsdatensatz benötigt einen Speicherplatz von 60 Byte. Eine derart kleine Datei kann mit *locate* auf einer Diskette in wenigen Sekunden durchsucht werden. Die Nachlieferungsdatensätze liegen in derselben Reihenfolge vor wie die Rechnungsdatensätze.

Die Nachlieferungsdatei wird wie folgt aktualisiert: Der Datensatzzeiger der Datei RECHGEN wird auf den ersten Datensatz gestellt, der zu der Rechnung gehört. Alle Datensätze, die zu der Rechnung gehören, werden in eine temporäre Arbeitsdatei kopiert (ARBDATEI), ähnlich der Übertragung der Auftragsdaten in die Rechnungsdatei. Mit den Daten der temporären Datei soll gearbeitet werden; dazu wird die Datei auf der Arbeitsfläche geöffnet, auf der zuvor die Rechnungsdatei geöffnet war. Die Arbeitsfläche trägt nun die Bezeichnung ARBDATEI (RECHGEN wurde geschlossen). Die letzte Programmanweisung lädt die Datei RECHGEN und stellt den ursprünglichen Zustand wieder her.

In der Datei ARBDATEI werden alle erfüllten Datensätze gelöscht. Für die erfüllten Datensätze gilt, daß Liefer- und Bestellmenge identisch sind. Anschließend wird die Nachlieferungsdatei angewählt und der Datensatz für die betreffende Rechnung gesucht. Wird kein passender Datensatz gefunden, wird mit *locate* nach dem nächsten größeren Datensatz gesucht. Die Suche über die Prozedur ist schneller als mit der Anweisung *locate*. Die schnellste Suchmethode sollte immer zuerst ausgeführt werden. Nur falls der Suchvorgang erfolglos war, erfolgt die Abarbeitung einer langsameren Suchmethode. Die Dateien NACHBEST und ARBDATEI werden über den Offset der Datensatznummern verknüpft.

In die *do*-Schleife wird nur gesprungen, wenn Datensätze in der Datei ARBDATEI vorliegen (SRECHNUNG = ARBDATEI->RECHNUNG). Sobald der leere Datensatz am Ende der Datei ARBDATEI erreicht ist, stimmen die Werte der beiden Variablen nicht mehr überein. Falls bei einem Vergleich der Variable SRECHNUNG und des Feldes RECHNUNG Ungleichheit festgestellt wurde, soll der Datei NACHBEST ein leerer Datensatz angehängt werden. Unabhängig vom Inhalt der verbleibenden Felder werden alle Felder mit den Daten der Datensätze der Datei ARBDATEI überschrieben und es wird zum nächsten Datensatz gesprungen. Nachdem alle ARBDATEI-Datensätze abgearbeitet wurden, wird aus der Schleife gesprungen. Alle Nachlieferungsdatensätze, deren Rechnungsnummer mit dem Inhalt der Variablen SRECHNUNG übereinstimmt, werden gelöscht.

Die Suche nach einer Rechnungsnummer

Die in Listing 9.7 gezeigt Prozedur gibt eine Eingabeaufforderung bezüglich einer Nummer aus. Die übergebenen Parameter sind der vom Benutzer eingegebene Antwortstring und der Name des zu durchsuchenden Feldes. Die eingegebene Zahl muß nach Abzug einer Konstanten ohne Rest durch 17 teilbar ist.

Die Prozedur arbeitet ähnlich wie die anderen Suchprozeduren. Hier wird der Aussprung aus der Schleife durch die Ausführung der Anweisungen *go bottom* und *skip* (*End-Of-File*-Bedingung wird *wahr*) bewußt erzwungen.

```
procedure DATSAFIND
parameters LEGENDE,  FELDNAME
private all
do while .T.
   GUELTTEST = .F.
   SPEIVAR    = space(6)
   @ 23,2 say LEGENDE get SPEIVAR picture "999999"
   read
   if SPEIVAR = space(6)
      if .not. eof()
         go bottom
         skip
      endif
      exit
   endif
   do GUELTAUF with SPEIVAR,GUELTTEST
   if .not. GUELTTEST
      @ 22,2 say SPEIVAR + ' ist ung ltig  '
      ?? chr(7)
      loop
   endif
   @ 22,2
   do SUCHE with SPEIVAR, "&FELDNAME"
   if eof()
      @ 22,2 say SPEIVAR + ' nicht gefunden'
      ?? chr(7)
      loop
   endif
   exit
enddo
return
```

Listing 9.7 - Prozedur zur Suche einer Rechnungsnummer

Rechnungen ausdrucken - MEN53

In Listing 9.8 sehen Sie das Programm MEN53.PRG. Das Programm zeigt die letzten 15 Rechnungen auf dem Bildschirm an und hilft damit dem Benutzer, sich an die letzte vergebene Rechnungsnummer zu erinnern. Zur Steuerung wird hierbei die Cursorposition (Zeile) verwendet. Bei jedem Schleifendurchlauf werden Rechnungsnummer, Auftragsnummer und Kundenname angezeigt und die Variable SSUMME initialisiert. Die innere Schleife summiert den Rechnungsbetrag auf. Nach Beendigung der Schleife wird der Datensatzzeiger auf den letzten Datensatz der vorigen Rechnung gesetzt. Der Wert von SSUMME wird mit der Anweisung *??* an der aktuellen Cursorposition angezeigt.

Mit der Prozedur DATSAFIND wird die auszudruckende Rechnung gefunden. Der Datensatzzeiger ist nach Ausführung der Prozedur auf den gesuchten Datensatz gerichtet oder zeigt auf das Ende der Datenbank (falls kein passender Datensatz gefunden wurde). Bei gefundenem Datensatz stehen die Datensatzzeiger nun auf dem ersten Datensatz der gesuchten Rechnung und auf dem Kundendatensatz, der aufgrund des Inhalts von KUNDNR identifiziert wird. Die einzelnen Rechnungsdatensätze werden über eine Verknüpfung zu der Datei INVENTAR mit den entsprechenden Titeln verbunden.

Die beiden Zählvariablen SEITE und SSUMME werden mit dem Wert 0 initialisiert. Dazu dient der Befehl *store*, der verwendet werden sollte, wenn mehreren Variablen derselbe Wert zugewiesen wird.

Die ausgedruckte Rechnung (Bild 9.4) wird durch die innere Schleife erstellt. Das Programm MEN53A.PRG in Listing 9.9 druckt die Überschrift, der Inhalt der Variablen SEITE wird mit dem Beginn einer neuen Seite inkrementiert.

Bei jedem Durchlauf der inneren Schleife wird ein Datensatz der Rechnung ausgegeben und der Inhalt der Variablen SSUMME angepaßt. Das Format der numerischen Werte wird durch die *picture*-Anweisungen gesteuert. *picture "###"* beschränkt die Feldanzeige auf drei Zeichen, zeigt aber den Wert 0 nicht an; mit *picture "@Z ###"* wird die Anzeige ebenfalls auf drei Stellen beschränkt, die Anzeige des Wertes 0 ist in diesem Format aber möglich.

Der Aussprung aus der inneren Schleife erfolgt, wenn eine der drei folgenden Bedingungen *wahr* wird: das Ende der Datei ist erreicht, die Rechnungsnummer stimmt nicht mehr mit dem Inhalt der steuernden Variable überein oder das Ende der Seite ist erreicht. In den ersten beiden Fällen muß die Rechnungssumme ausgegeben werden und in allen Fällen erfolgt ein Papiervorschub.

```
* men53.prg
do while .T.
   select RECHGEN
   do UEBSCHR with  'Rechnungen drucken'
   set relation to KUNDNR into KUNDE
   go bottom
   ? 'Rechnung   Auftrag   Kundenname                         Summe'
   do while row() < 20 .and. .not. bof()
      SSUMME = 0
      ? RECHNUNG,'   ', AUFTRNUM,'   ', KUNDE->NAME
      SRECHNUNG = RECHNUNG
      do while RECHNUNG = SRECHNUNG .and. .not. bof()
         SSUMME = (MENGLOESCH * PREIS) + SSUMME
         skip -1
      enddo
      ?? SSUMME
   enddo
   do DATSAFIND with "Rechnungsnummer", "RECHNUNG"
   if eof()
      exit
   endif
   SRECHNUNG = RECHNUNG
   set relation to ISBN into INVENTAR
   do UEBSCHR with  'Rechnungen drucken'
   do drwahl
   if drwahl='J'
      set device to.print
      store 0 to SSUMME, SEITE
      do while RECHNUNG = SRECHNUNG .and. .not. eof()
         do MEN53A.PRG
         do while RECHNUNG = SRECHNUNG .and. prow() < 55 .and. .not. eof()
            SSUMME = SSUMME + (PREIS * MENGLOESCH)
            @ prow()+2,1 say INVENTAR->TITEL
            @ prow(),35  say MENGLOESCH         picture "###"
            @ prow(),40  say MENGE-MENGLOESCH   picture "@Z ###"
            @ prow(),45  say PREIS              picture "###.##"
            @ prow(),55  say PREIS * MENGLOESCH picture "###,###.##"
            @ prow()+1,5 say ISBN
            skip
         enddo
         if SRECHNUNG # RECHNUNG .or. eof()
            @ prow()+2,39 say '* Summe *'
            @ prow(),52   say SSUMME picture '##,###,###.##'
            SSUMME = 0
         endif
         eject
```

```
      enddo
      set device to screen
   endif
enddo
set relation to
```

Listing 9.8 - MEN53.PRG

```
RECHNUNG: 100017   Seite:  1

FüR:      TURNBERGER LÄDCHEN                       Ihr Auftrag
          TURMSTRASSE 44                                   697
          D  6204  TAUNUSSTEIN
          z.Hd. FRANZ FöLLER

VON:      BENNYS BüCHER
          Alte Gartenstrasse 4
          3500 Kelkheim                                  06666/987654
-------------------------------------------------------------------
Titel/ISBN-Nummer                      Menge NB   PREIS       SUMME
-------------------------------------------------------------------

MÄNNER, MÄNNER, MÄNNER                  2     1  200.00      400.00
     3-528-04489-6

THE ROBOT                               4          9.90       39.60
     0-586-06200-9

                                          * Summe *          439.60
```

Bild 9.4 - Die ausgedruckte Rechnung

```
* men53a.prg
SEITE = SEITE+1
S_STRICH  = '-'
do while len(S_STRICH) < 78
   S_STRICH = S_STRICH + S_STRICH
enddo
S_STRICH = substr(S_STRICH,1,64)
@ 3,1  say 'RECHNUNG: '+ SRECHNUNG+'   Seite: '+str(SEITE,2)
@ 3,(65-len(CDATUM)) say CDATUM
@ 5,1  say 'F R: '
@ 5,10 say KUNDE->NAME+space(6)+'Ihr Auftrag '
@ 6,10 say KUNDE->ADRESSE
@ 6,54 say BESTNUM
@ 7,10 say KUNDE->LAND+' '+KUNDE->PLZ+' '+trim(KUNDE->STADT)
if KUNDE->EMPF # space(30)
   @ 8,10 say 'z.Hd. '+KUNDE->EMPF
endif
```

```
@ 10,1  say 'VON:'
@ 10,10 say "BENNYS B CHER"
@ 11,10 say 'Alte Gartenstrasse 4'
@ 12,10 say '3500 Kelkheim '
@ 12,52 say '06666/987654'
@ 13,1  say S_STRICH
@ 14,1  say 'Titel/ISBN-Nummer'
@ 14,35 say 'Menge NB   PREIS          SUMME'
@ 15,1  say S_STRICH
```

Listing 9.9 - MEN53A.PRG

Nachlieferungsdaten anzeigen - MEN54

In Listing 9.10 sehen Sie das Programm MEN54.PRG, das den Auswahlpunkt 4 abarbeitet. Hier wird Ihnen eine Alternative zur Umleitung von Ausgaben auf Drucker oder Bildschirm gezeigt. Eine typische Ausgabe des Programms sehen Sie in Bild 9.5.

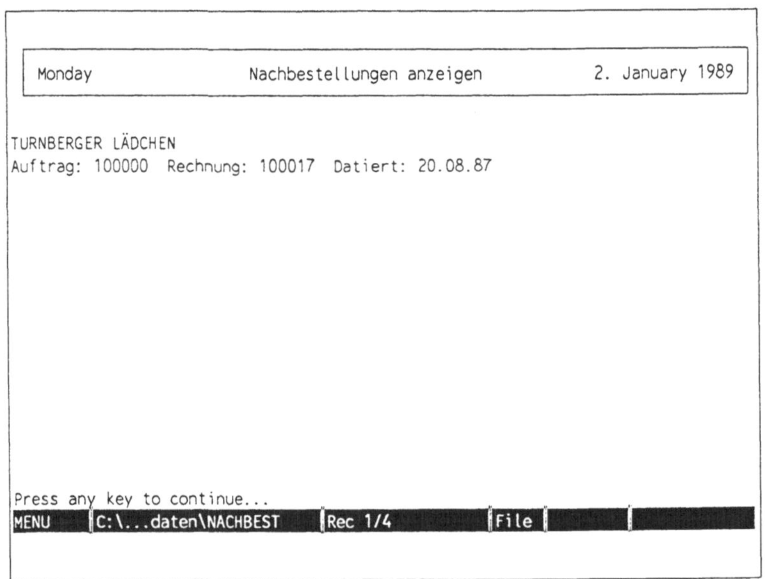

Bild 9.5 - Bildschirmdarstellung von MEN54.PRG

Mit der Anweisung *set heading* wird die Anzeige der üblichen Spaltenüberschriften ermöglicht. *set heading off* unterdrückt die Spaltenüberschriften, durch *set heading on* werden sie zur Anzeige gebracht.

Die gesamte Ausgabe (außer mit *@...say* erzeugte Ausgaben) wird durch die Anweisung *set print on* auf den Drucker umgeleitet.

Beim Einsprung in die *do*-Schleife werden zwei Verknüpfungen gebildet (*set relation*). Jede Ausführung von *set relation* setzt den Datensatzzeiger der verknüpften Datei auf den ersten passenden Datensatz. Der Vorgang wird für jeden Schleifendurchlauf wiederholt. Eine ringförmige Verknüpfung ist nicht erlaubt.

Der größte Teil des Programms befaßt sich mit der Feststellung, welche Handlungen vom Benutzer gewünscht werden. Vergleichen Sie das Programm mit dem Druckprogramm des letzten Kapitels zum Ausdruck offener Bestellungen. Auch hier wird das Programm durch das Zeichen *Zeilenvorschub*, *chr(10)*, verkürzt.

```
* men54.prg
do UEBSCHR with "Nachbestellungen anzeigen"
do FRAGE with "W schen Sie einen Ausdruck (J/N)? ",23,2,ANTWORT
do UEBSCHR with "Nachbestellungen anzeigen"
select NACHBEST
go top
set heading off
ZEIL = iif (ANTWORT = 'J',"prow()","row()")
SEITGROES = iif (ANTWORT = 'J',55,20)
if ANTWORT='J'
   set print on
endif
do while .not. eof()
   set relation to KUNDNR into KUNDE
   set relation to ISBN   into INVENTAR
   if ANTWORT = 'J' .and. &ZEIL <= 1
      ? CHR(10)+CHR(10)+CHR(10)+CHR(10)
      ? 'STATUS DER NACHBESTELLUNGEN VOM: '+CDATUM
   endif
   if ANTWORT = 'N' .and. &ZEIL <= 1
      do UEBSCHR with "Nachbestellungen anzeigen"
   endif
   ?
   ? KUNDE->NAME
   ? 'Auftrag: '+AUFTRNUM+'  Rechnung: '+RECHNUNG+'  Datiert: '+dtoc(DATUM)
   ?
   SKUNDNR   = KUNDNR
   list off space(10),INVENTAR->TITEL,ISBN,str(MENGE,5),str(MENGLOESCH,5);
   while &ZEIL < SEITGROES .and. SKUNDNR = KUNDNR
```

```
    if (ANTWORT = 'J') .and. (eof() .or. (&ZEIL >= SEITGROES))
        clear
        eject
    endif
    if (ANTWORT = 'N') .and. (eof() .or. (&ZEIL >= SEITGROES))
        wait
        clear
    endif
enddo
set print off
set relation to
set heading on
```

Listing 9.10 - MEN54.PRG

Erfüllung einer Nachlieferung - MEN55

Die Erfüllung einer Nachlieferung gleicht der Erfüllung eines Auftrags. Der Hauptunterschied besteht darin, daß die Nachlieferungsdatei zur Erstellung der Rechnungsdatensätze verwendet wird. Das Programm zur Erfüllung von Nachlieferungen ist MEN55.PRG in Listing 9.11.

Zur Erfüllung einer Nachlieferung muß die Originalrechnungsnummer der nachbestellten Artikel bereitgestellt werden. Diese Information ist der Menüauswahl 4 zu entnehmen. Die Rechnungsnummer wird in der Nachlieferungsdatei mit der Prozedur DATSAFIND gesucht. Die EOF-Flagge wird gesetzt und das Programm beendet, wenn die Rechnung nicht gefunden wird. Andernfalls wird der Datensatzzeiger von der Prozedur auf den gesuchten Datensatz gestellt, den ersten Datensatz der Nachlieferungsdatenbank, der die spezifizierte Rechnungsnummer enthält.

Nachdem der Datensatz in der Nachlieferungsdatei gefunden ist, wird über das Feld KUNDNR auf den Kundendatensatz zugegriffen. Über das Programm MEN1S.PRG werden Kundeninformationen auf dem Bildschirm angezeigt. Das Programm MEN1S.PRG wurde zur Dateneingabe und Anzeige von Kundendaten entwickelt.

Den nachgelieferten Waren wird nach dem Versand eine neue Rechnungsnummer zugeordnet. Diese Rechnung wird wie ein gesonderter neuer Auftrag behandelt. Die Quelle des Rechnungsdatensatzes ist hier allerdings die Nachlieferungsdatei. Die Rechnungsnummer in der Datei KONTROL wird um den Wert 17 erhöht.

Anschließend wird die Nachlieferungsdatenbank wieder angewählt und deren Datensätze über die ISBN-Nummer mit der Inventardatenbank verknüpft.

Die *do*-Schleife erzeugt in der Rechnungsdatenbank für jede zur Beendigung gebrachte Nachlieferung einen Datensatz. Für jeden Nachlieferungsdatensatz wird ein leerer Datensatz mit *append* an die Rechnungsdatei angehängt und mit der Anweisung *replace* mit Daten gefüllt. Die Menge (MENGE), die in den Datensatz geschrieben wird, ist die Differenz zwischen der ursprünglich bestellten Menge, MENGE, und der gelieferten Menge, MENGLOESCH.

Die Datenbank INVENTAR wird angewählt und der Inhalt des Eintrags LETZTVERK an das entsprechende Datum angepaßt. Das Feld BESTAND wird durch MENGLOESCH aktualisiert.

```
* men55.prg
UEBSCHRMLD = "Erf llung einer Nachlieferung"
do while .T.
   do UEBSCHR with UEBSCHRMLD
   select NACHBEST
   do DATSAFIND with "Rechnungsnummer ", "RECHNUNG"
   if eof()
      return
   endif
   ERSTNB  = recno()
   SRECHNUNG = RECHNUNG
   select KUNDE
   seek VERKAUF->KUNDNR
   do MEN1S.PRG
   @ 23,2 say 'Bearbeitete Auftrag '+ SRECHNUNG
   select KONTROL
   replace RECHNUNG with str(val(RECHNUNG)+17,6)
   select NACHBEST
   set relation to ISBN into INVENTAR
   do while RECHNUNG = SRECHNUNG .and. .not. eof()
      select RECHGEN
      append BLANK
      replace RECHNUNG with KONTROL->RECHNUNG,;
      AUFTRNUM with NACHBEST->AUFTRNUM,;
      DATUM with date(), BESTNUM with NACHBEST->BESTNUM
      replace KUNDNR with NACHBEST->KUNDNR, ISBN with NACHBEST->ISBN,;
      MENGE with NACHBEST->MENGE - NACHBEST->MENGLOESCH,;
      MENGLOESCH with MENGE, PREIS with NACHBEST->PREIS
      select INVENTAR
      Replace BESTAND with BESTAND-RECHGEN->MENGLOESCH,;
      VERKDIESJR with VERKDIESJR+RECHGEN->MENGLOESCH,;
      LETZTVERK with date()
      select NACHBEST
      delete
      skip
   enddo
```

```
    select RECHGEN
    do SUCHE with RECHGEN->RECHNUNG,"RECHNUNG"
    ERSTDATSA = recno()
    do MENGEDIT with RECHGEN->RECHNUNG,ERSTDATSA
    go ERSTDATSA
    copy to ARBDATEI while RECHNUNG = KONTROL->RECHNUNG
    select NACHBEST
    append from ARBDATEI for MENGLOESCH < MENGE
    pack
enddo
```

Listing 9.11 - MEN55.PRG

Nachdem die Aktualisierung abgeschlossen ist, wird die Nachlieferungsdatei angewählt. Der so bearbeitete Nachlieferungsdatensatz wird zur Löschung markiert, bevor zur Bearbeitung des nächsten Datensatzes übergegangen wird.

Nach Anwahl der Rechnungsdatei wird der erste passende Datensatz für den nächsten Datensatz der Nachlieferungsdatei mit der Prozedur SUCHE gesucht. Die Datensatznummer wird in die Variable ERSTDATSA gespeichert.

Kapitel 10

Kundenzahlungen

Der Buchgrossist erhält im Laufe eines Monats Zahlungen von Kunden, die Zahlungseingänge werden in eine monatliche Zahlungsdatei eingegeben, die am Ende des Monats in eine übergreifende Zahlungsdatei transferiert und von der Buchhaltungsabteilung verwendet wird. Die Datenbank mit den monatlichen Zahlungseingängen wird gelöscht und der beschriebene Prozeß beginnt erneut.

In die monatliche Zahlungsdatenbank werden drei Arten von Einträgen geschrieben: Zahlungsausgleich, Unterzahlung und Überzahlung. Unter- und Überzahlung werden verwendet, um der Buchführungsabteilung den Kontostand eines Kunden mitzuteilen, der nicht bar bezahlt. Eine Überzahlung wird aufgenommen, wenn der Kunde Waren zurückgesendet oder zu viel bezahlt hat, eine Unterzahlung, wenn beispielsweise ein Scheck nicht gedeckt war oder ein Kunde nur einen Teil der Forderungen beglichen hat.

Der Datenbankplan für Zahlungen

Der Datenbankplan der Datenbank ZAHLUNG ist in Tabelle 10.1 dargestellt. Die Datenbank ZAHLUNG wird über das Feld KUNDNR mit der Kundendatenbank KUNDE verknüpft. Dazu muß ZAHLUNG nach KUNDNR indiziert werden. Das Kommentarfeld wird verwendet, um Standardkommentare, wie *Unterzahlung* oder *Zahlungsausgleich* aufzunehmen.

BESCHREIBUNG	FELDNAME	FELDTYP	FELDBREITE	
Kundennummer	KUNDNR	Zeichen	6	
Zahlungskommentar	KOMMENTARE	Zeichen	20	
Zahlungsdatum	DATUM	Datum	8	
Zahlungsbetrag	BETRAG	Numerisch	9	2
	Datensatzgröße		... 44 Bytes	
Indiziert nach: KUNDNR			zu: ZAHLUNG	

Tabelle 10.1 - Datenbankplan von ZAHLUNG

Das Zahlungsmenüprogramm

Im Menü *Zahlung* kann unter drei Optionen gewählt werden: Eingabe von Kundenzahlungen, Ausdruck eines Zahlungsberichts und Rücksprung zum Hauptmenü. In Bild 10.1 sehen Sie das Zahlungsmenü, den erzeugenden Programmauszug aus MENU.PRG zeigt Listing 10.1.

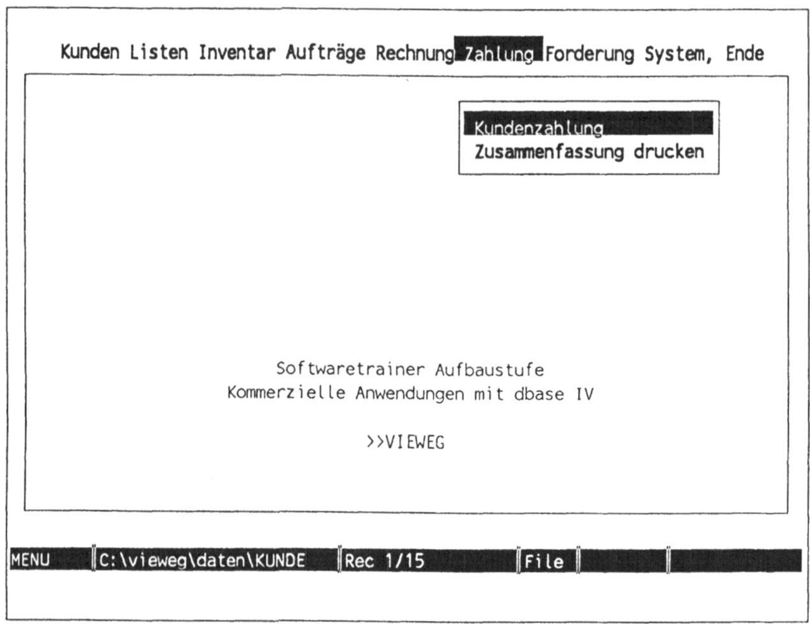

Bild 10.1 - Zahlungsmenü

Am Beginn eines Monats werden nur die beiden sinnvollen Alternativen angezeigt: Eingabe einer Kundenzahlung und Rücksprung zum Hauptmenü.

Die Menüvorbereitung besteht aus dem Öffnen der Zahlungsdatenbank und der entsprechenden Indexdateien auf der Arbeitsfläche 4. Jede Menüwahl, die bestimmte Dateien benötigt, arbeitet mit der Arbeitsfläche 4 und schließt die Zahlungsdatei automatisch.

```
on pad F of main  activate popup ZAEING_POP
...
on selection popup ZAEING_POP do callsbr
...

procedure DEF_MENS
...
define pad F of main prompt "Zahlung" at 1,41 message "Kundenzahlungen verbuchen"
...
define popup ZAEING_POP from 3,41
define bar 1 of ZAEING_POP prompt " Kundenzahlung"
define bar 2 of ZAEING_POP prompt " Zusammenfassung drucken "
return

procedure CALLSBR
Mbar = str( bar(), 1)
Mpad = pad()
        do case
                case ...
                case Mpad = "F"
                        select 4
                        use ZAHLUNG index ZAHLUNG
                        Msbr = "men6" + Mbar
                        do &Msbr
                case ...
        endcase
        deactivate menu
return
```

Listing 10.1 - MEN6.PRG

Eingabe von Kundenzahlungen - MEN61

Das Programm zur Eingabe von Kundenzahlungen ist MEN61.PRG in Listing 10.2. In Bild 10.2 sehen Sie eine dafür typische Dateneingabemaske. Bei der Auswahl dieses Untermenüs soll die letzte eingegebene Zahlung angezeigt werden. Dieser Eintrag ist der letzte physikalische Datensatz der Zahlungsdatei. Der Datensatz wird durch die Anwendung eines Tricks gefunden; gesucht wird ein nicht vorhandener Datensatz, und anschließend wird um einen Satz zurückgesprungen (vorausgesetzt, die Datensatznummer des letzten Datensatzes ist größer als 1).

```
* men61.prg
UEBSCHRMLD = 'Kundenzahlung'
ZAHLUNG  = 0
select ZAHLUNG
seek chr(13)
if recno() > 1
   go recno() - 1
endif
select KUNDE
set index to KUNDNR
seek ZAHLUNG->KUNDNR
do MEN6S.PRG
select ZAHLUNG
do MEN6B.PRG with 'NILESE'
select KUNDE
set INDEX to KUNDNAME
do while .T.
   select KUNDE
   SNAME = space(30)
   do FINDKUND with "Geben Sie den Kundennamen ein",SNAME

   if SNAME = space(30)
      return
   endif
   if .not. eof()
      do MEN6S.PRG
      clear gets
      select ZAHLUNG
      do MEN6B.PRG with 'NILESE'
      do MEN6A.PRG
   endif
enddo
```

Listing 10.2 - MEN61.PRG

Nachdem der Datensatzzeiger auf den letzten Datensatz positioniert ist, wird die Datei KUNDE Kunden angewählt. Der steuernde Index wird auf KUNDNR gesetzt udn der Kundendatensatz, der zu einer Zahlung gehört, kann nun gefunden werden. Kundenname, -adresse und Telefonverbindung werden mit dem Programm MEN6S.PRG in der oberen linken Bildschirmecke angezeigt. Zur Anzeige von Zahlungsdaten wird die Zahlungsdatei angewählt. Das Programm MEN6B.PRG dient der Anzeige von Zahlungsdaten.

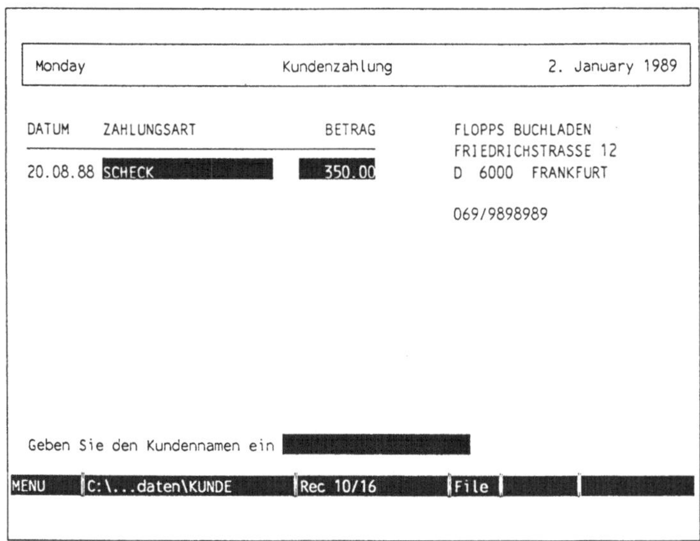

Bild 10.2 - Bildschirmdarstellung von MEN61.PRG

Nachdem die Bildschirmanzeige komplettiert ist, wird wieder die Kundendatei angewählt und der steuernde Index auf KUNDNAME gesetzt. Dadurch wird der Datensatzzeiger versetzt, die Hilfsmitteilung (letzte Zahlung mit Angabe von Kundendaten) verbleibt jedoch auf dem Bildschirm. Auf die Kundendatei soll von nun an nur noch über den Kundennamen zugegriffen werden.

Der Hauptteil des Programms besteht aus der *do*-Schleife. In der Schleife wird die Kundendatei angewählt. Mit der Prozedur FINDKUND werden über den Kundennamen, nach dem die Prozedur fragt, passende Kundendatensätze gesucht (siehe Kapitel 5).

Kundendaten werden über das Menü MEN6S.PRG angezeigt, sobald ein passender Kundendatensatz gefunden wurde. Das Programm MEN1S.PRG wurde hier nicht verwendet, da auf dem Bildschirm auch Kundenzahlungen angezeigt werden sollen. MEN1S.PRG hätte mit kleinen Änderungen auch hierzu verwendet werden können.

Nach der Anzeige der Kundendaten wird die Zahlungsdatei angewählt und Daten über Zahlungseingänge angezeigt. Der Parameter *NILESE* teilt MEN6B.PRG mit, daß der Zugriff nur auf die Anzeige beschränkt werden soll. Der Zugriff auf die angezeigten Datensätze erfolgt über das vom Programm MEN6A.PRG dargestellte Menü. Daten werden anhand des Menüs eingegeben oder geändert.

Dateneingabebildschirm für Zahlungen

Die Dateneingabemaske wird von drei Programmen erstellt: MEN6S.PRG, MEN6B.PRG und MEN6A.PRG. Die Programme finden Sie in den Listings 10.3, 10.4 und 10.5.

```
* men6s.prg
do UEBSCHR with UEBSCHRMLD
@ 5,50 say NAME    picture '@!'
@ 6,50 say ADRESSE picture '@!'
@ 7,50 say LAND+' '+PLZ+' '+trim(STADT)
@ 9,50 say TEL
```

Listing 10.3 - MEN6S.PRG

Diese Auswahl erzeugt das in Bild 10.2 dargestellte Untermenü. Es wird zur Eingabe von Zahlungsdaten in den auf dem Bildschirm dargestellten Datensatz verwendet.

Bei jedem Schleifendurchlauf werden die Funktionstasten F2, F4 und F6 auf die im Programm gezeigten Werte gesetzt. Da die Funktionstasten in der Prozedur FINDKUND verwendet werden, werden sie aus dem Programm heraus gesetzt. Der neue Inhalt der Funktionstasten beginnt mit dem Zeichen *chr(25)*, Ctrl-Y, das die Kommentarfelder löscht. Das Semikolon steht stellvertretend für die Betätigung der Return-Taste und läßt so den Cursor automatisch aus dem Kommentarfeld springen. Die Inhalte der Funktionstasten werden im unteren Bildschirmbereich angezeigt. Nach der Beendigung des Programms sind die Funktionstasten in der in der Routine festgelegten Form nicht mehr wirksam.

```
* men6b.prg
parameter KONTR
seek KUNDE->KUNDNR
X = 10
@ 5,2 say "DATUM    ZAHLUNGSART                    BETRAG"
@ 6,2 say substr(STRICH,1,41)
do while KUNDNR = KUNDE->KUNDNR .and. .not. eof()
   SPEIVAR1 = 'MC'+str(X,2)
   SPEIVAR2 = 'MA'+str(X,2)
   &SPEIVAR1 = KOMMENTARE
   &SPEIVAR2 = BETRAG
   @ row()+1,2  say dtoc(datum) get &SPEIVAR1 picture '@!'
   @ row(),col()+2 get &SPEIVAR2 picture "@R( ###,###.##"
   X = X+1
   skip
enddo
ZAHLUNG = X-10
if KONTR = "LESE"
   READ
   X = 10
   seek KUNDE->KUNDNR
   do while KUNDNR = KUNDE->KUNDNR .and. .not. eof()
      SPEIVAR1 = 'MC'+str(X,2)
```

```
      SPEIVAR2 = 'MA'+str(X,2)
      if KOMMENTARE # &SPEIVAR1 .or. BETRAG # &SPEIVAR2
         replace KOMMENTARE with &SPEIVAR1, BETRAG with &SPEIVAR2
      endif
      X = X+1
      skip
   enddo
endif
```

Listing 10.4 - MEN6B.PRG

Das kleine Menü im oberen Bildschirmbereich wird angepaßt. Die Editieroption ist nur wählbar (und wird auch nur dann angezeigt), wenn mindestens eine Zahlung des Kunden vorhanden ist. Um das Menü ist ein Rahmen gezeichnet. Der Rahmen wird bei der Darstellung des Menüs gezeichnet, die dafür benötigte Zeit ist akzeptabel. Über die Funktion *chr()* werden ASCII-Zeichen des erweiterten Zeichensatzes aufgerufen. Durch die Verwendung von Rahmen wird die Bildschirmdarstellung benutzerfreundlicher. Zum Zeichnen eines Rahmens wird jedoch viel Zeit benötigt; folglich sollten Rahmen nur verwendet werden, wenn der Zeitaspekt nicht wichtig ist.

Welches Untermenü ausgewählt wird, wird über eine *do case*-Anweisung bestimmt. Es sind nur drei Optionen wählbar: Verlassen des Programms, Hinzufügen oder Editieren von Datensätzen.

```
* men6a.prg
do while .T.
   set function 2 to "ZAHLUNGSAUSGLEICH;"
   set function 4 to chr(25)+"UNTERZAHLUNG;"
   set function 6 to chr(25)+"ÜBERZAHLUNG;"
   WAHL  = ' '
   WAHLEN = '01'
   @ 23,2  say "F2 = ZAHLUNGSAUSGLEICH      F4 = UNTERZAHLUNG    "+;
   "F6 = ÜBERZAHLUNG"
   @ 14,50 say chr(201)+substr(STRICH,1,27)+chr(187)
   @ 15,50 say chr(186)+' 0 - Nächster Kunde         '+chr(186)
   @ 16,50 say chr(186)+' 1 - Neue Zahlung eingeben '+chr(186)
   if ZAHLUNG > 0
      @ 17,50 say chr(186)+' 2 - Zahlungsdaten ändern  '+chr(186)
      WAHLEN = '012'
   endif
   @ row()+1,50 say chr(186)+ '      Ihre Wahl               '+chr(186)
   ZEIL = row()
   @ row()+1,50 say chr(200)+substr(STRICH,1,27)+chr(188)
   do while .not. WAHL $ WAHLEN
      @ ZEIL,52 get WAHL
```

```
      read
   enddo
   do case
      case wahl = '0'
         exit
      case wahl = '1'
         append blank
         replace KUNDNR with KUNDE->KUNDNR, DATUM with date()
         ZAHLUNG = ZAHLUNG + 1
         @ 6+ZAHLUNG,2 say DATUM
         @ row(),col()+1 get KOMMENTARE picture '@!'
         @ row(),col()+2 get BETRAG picture "@R ###,###.##"
         read
      case wahl = '2'
         do MEN6B.PRG with 'LESE'
   endcase
enddo
set function 2 to ";"
set function 4 to ";"
set function 6 to ";"
@ 23,2
@ 14,50 clear
```

Listing 10.5 - MEN6A.PRG

Hinzufügen eines Zahlungsdatensatzes

Zum Hinzufügen eines Zahlungsdatensatzes (Auswahlpunkt 1) wird ein leerer Datensatz mit *append* angehängt. Datum und Kundennummer werden automatisch in den neuen Datensatz übernommen. In der Variablen ZAHLUNG, die beim ersten Einsprung in das Programm MEN61.PRG angelegt wird, ist die Bildschirmposition des neuen Datensatzes abgelegt. ZAHLUNG ist für alle Programme, die von MEN61.PRG aufgerufen werden, eine globale Variable. Die Bildschirmposition des neuen Datensatzes wird durch die Addition von Eins zum Inhalt der Variablen sowie einem Offset von 6 errechnet. Die Dateneingabe erfolgt durch Anzeige der leeren Felder an der richtigen Position und der Ausgabe eines *read*-Befehls.

Editieren eines Zahlungsdatensatzes

Das Programm zur Anzeige von Zahlungen, MEN6B.PRG, wird mit dem Parameter *LESE* zum Editieren von Zahlungsdatensätzen verwendet. In Listing 10.4 wird MEN6B.PRG dargestellt. Das Programm zeigt alle Zahlungsdatensätze eines Kunden an. Bei der Darstellung werden die Inhalte der Felder KOMMENTARE und BETRAG in Variablen gespeichert, die mit *get*-Befehlen angezeigt werden. Der Cursor wird auf den ersten angezeigten Datensatz positioniert, wenn der übergebene Parameter *LESE* ist. Der Benutzer kann den Cursor auf jeden angezeigten Kommentar oder Betrag stellen und beliebige Veränderungen vornehmen. Die Anweisung *seek* am Anfang des Programmes stellt sicher, daß die Anzeige mit dem ersten Zahlungsdatensatz des Kunden beginnt. Die zweite *seek*-Anweisung stellt den Datensatzzeiger auf den ersten Zahlungsdatensatz des Kunden, damit der Inhalt der Felder durch den Inhalt der entsprechenden Variablen ersetzt werden kann. Die Ersetzung wird nur ausgeführt, wenn die Inhalte von Feld und Variable ungleich sind. Die Anweisung *replace* ist eine langsame Anweisung. Wie bei den vorherigen seitenorientierten Systemen werden die Variablen mittels Makrosubstitution erzeugt. Dazu wird eine Variable benötigt, die den Namen der gewünschten Variablen enthält. Unter Verwendung des Kaufmanns-Und *&* wird die neue Variable dann erstellt.

Zahlungsberichte drucken - MEN62

Die Menüauswahl 2, Programm MEN62.PRG, steht für den Ausdruck eines Zahlungsberichts und ist in Listing 10.6 abgebildet. In Bild 10.3 sehen Sie einen mit diesem Programm erstellten Beispielausdruck.

In dem Untermenü soll die Zahlungsdatenbank nach Kundennummern ausgegeben werden. Die Kundennamen können angezeigt werden, indem eine Verknüpfung zwischen Kunden- und Zahlungsdatenbank erstellt wird. Die Verknüpfung wird über das Feld KUNDNR gebildet. Dazu wird zuerst die Kundendatei angewählt und der steuernde Index spezifiziert. Nach der anschließenden Anwahl der Zahlungsdatei wird mit *set relation* eine Verknüpfung zwischen den beiden Datenbanken erstellt. Vor der Beendigung des Programms wird die Verknüpfung gelöst.

Mit *set heading off* wird die in diesem Fall störende Ausgabe der Überschriften unterdrückt. Der Parameter wird am Ende des Programms wieder auf *on* gesetzt. Die Verwendung von *chr(10)* stellt sicher, daß die vertikalen Abstände eine korrekte Ausgabe verursachen. *chr(10)* ist der ASCII-Code für *Zeilenvorschub*.

Die äußere *do*-Schleife wird abgearbeitet, bis das Ende der Datei erreicht ist. Die innere Schleife wird nur beendet, wenn entweder das Ende der Datei oder der Druckkopf die Zeile 53 erreicht ist. In der inneren Schleife wird eine Leerzeile ausgegeben und der Kundenname mit Kundennummer am linken Rand angezeigt. Mit der Anweisung *list* werden alle Zahlungen des Kunden aufgelistet.

```
* men62.prg
select KUNDE
set index to KUNDNR
select ZAHLUNG
do UEBSCHR with "Zusammenfassung der Zahlungen"
do drwahl
if drwahl='J'
   go top
   set relation to KUNDNR into KUNDE
   set heading off
   set console off
   set print on
   SEITE = 1
   do while .not. eof()
      ? chr(10)+chr(10)+chr(10)
      ? 'Seite:'+str(SEITE,3),space(10)+'ERHALTENE ZAHLUNG VOM '+CDATUM+chr(10)
      do while .not. eof() .and. prow() <= 53
         ?
         ?  KUNDE->NAME, KUNDNR,chr(10)
         SKUNDNR = KUNDNR
         list off space(20),DATUM, KOMMENTARE, BETRAG;
         while KUNDNR = SKUNDNR .and. prow() <= 55
      enddo
      eject
   enddo
  set heading on
  set relation to
  set print off
  set console on
endif
```

Listing 10.6 - MEN62.PRG

```
Seite:   1               ERHALTENE ZAHLUNG


FLOPPS BUCHLADEN                        100136

                   20.08.87 SCHECK                                   350.00


TURNBERGER LÄDCHEN                      100204

                   20.08.87 ÜBERWEISUNG                              300.00
                   20.08.87                                            0.00
```

Bild 10.3 - Beispielausdruck

Kapitel 11

Außenstände

Obwohl der Buchgrossist mit jeder Lieferung eine Rechnung an den Kunden schickt, erfolgt die eigentliche Abrechnung erst am Anfang des neuen Monats. In diesem Kapitel wird die monatliche Rechnungsstellung behandelt. Die Abrechnungsprogramme werden von einem Menüprogramm aufgerufen. Das Menü erkennen Sie in Bild 11.1, das Programm dazu in Listing 11.1.

Was tun die Unterprogramme? Sie legen eine Zusammenfassung der monatlichen Veränderungen an (Menüauswahl 1), bereiten Kundenberichte vor (Menüauswahl 2 und 3) und bereiten einen Bericht vor, der Aufschluß über die Zahlungsfreudigkeit des Kunden gibt (Menüauswahl 4). Das System soll die Abrechnung außerdem am ersten Tag eines jeden Monats automatisch einleiten. Die Software muß also das Datum des letzten Abrechnungsdatums mit dem jeweils aktuellen Datum vergleichen und nach Ablauf eines Monats den Abrechnungsvorgang einleiten.

Im Laufe des Monats werden Zahlungseingänge und ausgestellte Rechnungen in zwei dafür vorgesehene Dateien geschrieben. Die Inhalte der beiden Datenbanken werden in eine Abrechnungsdatenbank übertragen und aus den monatlichen Datenbanken gelöscht. Für den neuen Monat liegen uns also eine leere Rechnungs- und eine leere Zahlungsdatei vor. Eine klare Trennung zwischen Abrechnungsdaten und den täglich anfallenden Rechnungs-/Zahlungsdaten ist gewährleistet.

```
on pad G of main  activate popup RSTELL_POP
...
on selection popup RSTELL_POP do callsbr

procedure DEF_MENS
...
define pad G of main prompt "Forderung" at 1,49 message "Forderungen und
Sammelrechnungen"
...
define popup RSTELL_POP from 3,49
define bar 1 of RSTELL_POP prompt " monatliche Forderungsauflistung"
define bar 2 of RSTELL_POP prompt " Sammelrechnungen ausgeben"
define bar 3 of RSTELL_POP prompt " Sammelrechnung eines Kunden"
define bar 4 of RSTELL_POP prompt " monatliche Zahlungsauflistung"
```

```
return

procedure CALLSBR
Mbar = str( bar(), 1)
Mpad = pad()
        do case
                case ...
                case Mpad = "G"
                        do init7.prg
                        select KUNDE
                        select 4
                        use
                        select 5
                        use
                        select 3
                        use INV index ISBN alias INVENTAR
                        Msbr = "men7" + Mbar
                        do &Msbr
                case ...
        endcase
deactivate menu
return
```

Listing 11.1 - Auszug aus MENU.PRG

Die Datenbankpläne

Zur Vorbereitung der Kundenabrechnungen werden vier Datenbankdateien verwendet: Kunden- Rechnungs-, Zahlungs-und KONTROL-Datei. Die Kundenzahlungen werden in Feldern festgehalten, die Gebühren (Kaufpreis, zu dem gegebenenfalls bei einer Programmerweiterung Versandkosten zugeschlagen werden können) wurden der Kundendatenbank hinzugefügt. Die Felder könnten zu einer eigenständigen Datenbank werden, effizienter ist es allerdings, die Daten direkt in die Kundendatenbank zu schreiben. Die Datenbankpläne der veränderten Kundendatei finden Sie in Tabelle 11.1. In die Datei KONTROL wurden zwei Felder aufgenommen: RECHDAT und LETZTRECH. Der Datenbankplan der revidierten Kontrolldatei ist in Tabelle 11.2 zu sehen.

Die Felder S1GEB bis S6GEB enthalten die Rechnungssummen der letzten Monate, S1GEB enthält die Rechnungssumme des letzten Monats. S1BEZ bis S6BEZ enthalten die Zahlungen der letzten Monate. S1BEZ enthält die Zahlungen des Kunden des letzten Monats. VORGESCH ist der Saldo der Rechnungen und Zahlungen aller vorigen Monate. Jeden Monat werden die Daten in das jeweils nächste Feld verschoben, also zum Beispiel von

S1GEB nach S2GEB. In die Felder S1GEB und S1BEZ werden die neuen Daten übertragen. RECHDAT enthält das Datum der letzten Abrechnung, SALDO enthält den für dieses Datum fälligen Zahlungsbetrag.

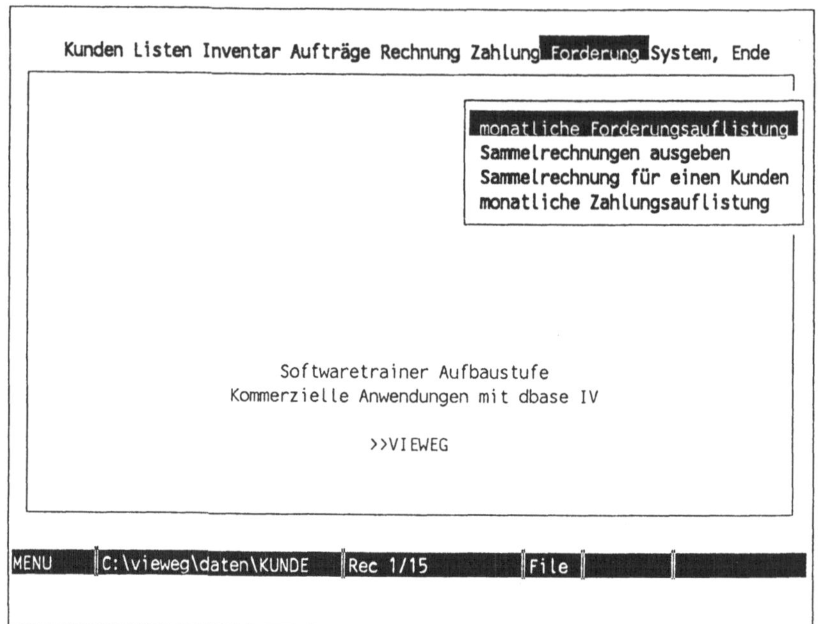

Bild 11.1 - Bildschirmdarstellung des Programmes MEN7.PRG

Die Informationen für den Zahlungsbericht sind nun alle in der Kundendatei vorhanden. Vernünftigerweise sollten alle den Kunden betreffenden Informationen angezeigt werden, wenn Kundendaten auf den Bildschirm gebracht werden. Über das Kundenmenü könnte durch kleine Änderungen die Finanzsituation eines Kunden angezeigt werden. Vielleicht verändern Sie das Kundenmenü noch dementsprechend? Sinnvoll wäre auch eine Löschsperre, wenn bei einem Kunden noch Rechnungen offenstehen.

Die Zahlungsdatei BEZAHLT enthält alle Zahlungseingänge des letzten Monats und ist nach dem Feld KUNDNR indiziert. Den Datenbankplan dieser Datei finden Sie in Tabelle 11.3.

BESCHREIBUNG	FELDNAME	FELDTYP	FELDBREITE	
Kundenname	NAME	Zeichen	30	
Empfohlener Ansprechpartner	EMPF	Zeichen	30	
Straße	ADRESSE	Zeichen	25	
Stadt	STADT	Zeichen	20	
Bundesland	LAND	Zeichen	2	
Postleitzahl	PLZ	Zeichen	4	
Telefonverbindung	TELEFON	Zeichen	14	
Kunde seit	DATUM	Zeichen	8	
Kundennummer	KUNDNR	Zeichen	6	
Kreditstand	KREDIT	Zeichen	1	
aktueller Saldo	SALDO	Numerisch	8	2
Datum des Saldo	RECHDAT	Datum	8	
Forderungen...				
letzter Monat	S1GEB	Numerisch	8	2
1 Monat früher	S2GEB	Numerisch	8	2
2 Monate früher	S3GEB	Numerisch	8	2
3 Monate früher	S4GEB	Numerisch	8	2
4 Monate früher	S5GEB	Numerisch	8	2
5 Monate früher	S6GEB	Numerisch	8	2
Zahlungen...				
letzter Monat	S1BEZ	Numerisch	8	2
1 Monat früher	S2BEZ	Numerisch	8	2
2 Monate früher	S3BEZ	Numerisch	8	2
3 Monate früher	S4BEZ	Numerisch	8	2
4 Monate früher	S5BEZ	Numerisch	8	2
5 Monate früher	S6BEZ	Numerisch	8	2
Saldo Rechnungen und Zahlungen der letzten Monate	VORGESCH	Numerisch	8	2

Datensatzgröße ... 264 Bytes

Indiziert nach: KUNDNR zu: KUNDNR

NAME zu: KUNDNAME

Tabelle 11.1 - Revidierter Kundendatenbankplan

BESCHREIBUNG	FELDNAME	FELDTYP	FELDBREITE
Kundennummer des letzten Kunden	KUNDNR	Numerisch	6
Letzteditierter Kunde	LETZTEDIT	Zeichen	6
Letzter Inventareintrag	INVDATSATZ	Zeichen	13
Aktualisierungsschritt	AKTSCHRITT	Numerisch	1
Letzte Bestellnummer	BESTNUM	Numerisch	6
Bestelldatum	BESTDAT	Datum	8
Letzte Rechnungsnummer	RECHNUNG	Zeichen	6
Letztes Abrechnungsdatum	LETZTRECH	Datum	8
Voriges Rechnungsdatum	RECHDAT	Datum	8
	Datensatzgröße		*... 63 Bytes*

Tabelle 11.2 - Revidierter Datenbankplan der Datei KONTROL

BESCHREIBUNG	FELDNAME	FELDTYP	FELDBREITE	
Kundennummer	KUNDNR	Zeichen	6	
Zahlungskommentar	KOMMENTAR	Zeichen	20	
Zahlungsdatum	DATUM	Datum	8	
Zahlungsbetrag	BETRAG	Numerisch	9	2
	Datensatzgröße		... 44 Bytes	

Indiziert nach: KUNDNR zu: BEZAHLT

Tabelle 11.3 - Datenbankplan der Datei BEZAHLT

Die Rechnungsdatenbank BERECH enthält die im Vormonat ausgestellten Rechnungen. Auch diese Datei ist nach dem Feld KUNDNR indiziert. Der Datenbankplan der Rechnungsdatenbank ist in Tabelle 11.4 zu erkennen.

BESCHREIBUNG	FELDNAME	FELDTYP	FELDBREITE	
Rechnungsnummer	RECHNUNG	Zeichen	6	
Kundennummer	KUNDNR	Zeichen	6	
Rechnungsdatum	DATUM	Datum	8	
Liefermenge	MENGLOESCH	Numerisch	3	
Preis	PREIS	Numerisch	6	2
	Datensatzgröße	... 30 Bytes		
Indiziert nach: KUNDNR		zu: BERECH		

Tabelle 11.4 - Datenbankplan der Datenbank BERECH

Automatische Abrechnung

Automatisch vorgenommene Operationen erleichtern dem Benutzer die Arbeit. Das Programm soll selbst erkennen, wann der Zeitpunkt für die monatliche Abrechnung gekommen ist, der Benutzer wird an den Vorgang erinnert. Zu diesem Zweck wird ein Sensor in das Initialisierungsprogramm INIT.PRG eingebaut. Beim Systemstart prüft INIT, ob der Zeitpunkt zur Abrechnung gekommen ist.

Der Buchgrossist erledigt seine Abrechnung am ersten Arbeitstag eines jeden Monats. Das Datum der letzten Rechnungsstellung wird in das Feld LETZTRECH der Kontrolldatei KONTROL gespeichert. Beim Systemstart wird einfach das aktuelle Datum mit dem Datum der letzten Abrechnungsaktion verglichen. Falls der Monat des aktuellen Datums nicht mit dem des Abrechnungsdatums übereinstimmt, wird direkt in das Abrechnungsmenü MEN7.PRG gesprungen (und nicht in das Hauptmenü).

Beim Einsprung in das Menüprogramm (Listing 11.1) wird zuerst das Initialisierungsprogramm INIT7.PRG (Listing 11.2) ausgeführt. Der Bildschirm wird gelöscht, und eine Meldung erscheint, damit der Benutzer über die Vorgänge informiert ist. Anschließend werden die für dieses Menü benötigten Dateien geöffnet. Die Inventardatei wird mit ihren zugehörigen Indexdateien geschlossen, da das Untermenü diese Daten nicht benötigt.

```
* init7.prg
clear
? 'Zahlungs- und Rechnungsdateien laden... '
select KUNDE
if eof() .and. bof()
   return to master
endif
select INVENTAR
use
```

```
select 4
use BERECH index BERECH alias GEBUEHR
GEBUEHR = eof()
select 5
use BEZAHLT index BEZAHLT alias KREDITE
KREDITE = eof()
if month(KONTROL->RECHDAT) # month(date())
   do UEBSCHR with "Monatliche Rechnungsstellung"
     Text
          Die monatliche Rechnungsstellung beginnt.

          Um die automatische Rechnungsstellung auszuschalten,
          antworten Sie auf die n chsten Frage mit "J"
     endtext
   do FRAGE with "Automatische Rechnungsstellung unterbinden (J/N)?",23,2,ANTWORT
   if ANTWORT = 'N'
      do MEN7X.PRG
   endif
endif
```

Listing 11.2 - INIT7.PRG

Nachdem die Abrechnungsdateien geöffnet sind, wird der schon beschriebene Datumsvergleich ausgeführt. Liegen zwei unterschiedliche Monate vor, wird der Bildschirm erneut gelöscht und Abrechnungsmeldungen mit dem Befehl *text* angezeigt. Sollte die Abrechnung zu diesem Zeitpunkt nicht stattfinden können (aus welchen Gründen auch immer), kann der Vorgang abgebrochen werden. Das System springt dann in das Abrechnungsmenü und mit der Auswahl 0 in das Hauptmenü.

Falls der automatische Abrechnungsvorgang nicht abgebrochen wird, erfolgt die Abarbeitung des Programms MEN7X.PRG in Listing 11.3. Zur Abrechnung werden die Daten in den monatlichen Datenbanken ZAHLUNG (MEN6) und RECHGEN (MEN5) verwendet. Das Programm MEN7X.PRG kopiert die Daten in die Dateien BEZAHLT und BERECH, löscht die beiden Quelldateien und bereitet sie damit zur Verwendung für den nächsten Monat vor.

Die Daten werden von RECHGEN nach BERECH übertragen, indem die Datenbank GEBUEHR (Aliasname für BERECH) angewählt und die Datei RECHGEN geöffnet wird. Nur interessierende Felder werden aus der Datei RECHGEN (KUNDNR, RECHNUNG, DATUM, MENGLOESCH und PREIS) kopiert. Beachten Sie, daß der gesamte Pfadname für die Zieldatei angegeben werden muß, falls Sie mit Unterverzeichnissen arbeiten. Mit der Anweisung *zap* wird der Inhalt der Datei RECHGEN gelöscht. Die Datei BERECH wird geöffnet und nach KUNDNR indiziert.

```
* men7x.prg
do UEBSCHR with 'Aktualisierung der Forderungen '
? ' bertragung der Rechnungen'
select GEBUEHR
use RECHGEN
copy fields KUNDNR,RECHNUNG,DATUM,MENGLOESCH,PREIS to \BUCH\DATEN\BERECH
zap
use BERECH alias GEBUEHR
index on KUNDNR to \BUCH\DATEN\BERECH
? ' bertragung der Zahlungen'
select KREDITE
use
copy file ZAHLUNG.DBF to \BUCH\DATEN\BEZAHLT.DBF
use ZAHLUNG index ZAHLUNG
zap
use BEZAHLT alias KREDITE
index on KUNDNR to \BUCH\DATEN\BEZAHLT
select KONTROL
replace LETZTRECH with RECHDAT, RECHDAT with date()
? ' bertragung der Tabellen'
select KUNDE
close index
go bottom
skip
DATSAZAEHL = str(recno()-1,5)
do LTRIM with DATSAZAEHL
? 'Es sind ',DATSAZAEHL,' Kundendatens tze vorhanden'
set console off
go top
do while .not. eof()
   @ 23,2 say 'Verarbeitet wird Datensatz '+str(recno(),5)
   select KREDITE
   seek KUNDE->KUNDNR
   sum BETRAG while KUNDNR = KUNDE->KUNDNR to SBEZAHLT
   select GEBUEHR
   seek KUNDE->KUNDNR
   sum PREIS * MENGLOESCH while KUNDNR = KUNDE->KUNDNR to UEBTRAG
```

```
    select KUNDE
    replace VORGESCH with VORGESCH - S6BEZ + S6GEB,S6GEB with;
    S5GEB,S5GEB with S4GEB,S4GEB with S3GEB,S3GEB with;
    S2GEB,S2GEB with S1GEB,S1GEB with UEBTRAG
    replace S6BEZ with S5BEZ,S5BEZ with S4BEZ,S4BEZ with S3BEZ,;
    S3BEZ with S2BEZ,S2BEZ with S1BEZ,S1BEZ with SBEZAHLT
    replace SALDO with VORGESCH+S6GEB+S5GEB+S4GEB+S3GEB+S2GEB+S1GEB;
    -S6BEZ-S5BEZ-S4BEZ-S3BEZ-S2BEZ-S1BEZ
    skip
enddo
set console on
```

Listing 11.3 - MEN7X.PRG

Die Anwahl von KREDITE (Aliasname für BEZAHLT) und das Schließen der Datei mit *use* ist der erste Schritt zur Datenübertragung von ZAHLUNG nach BEZAHLT. Da der gesamte Inhalt von ZAHLUNG kopiert wird, kann die Anweisung *copy file* verwendet werden, die schneller als das normale Kopierkommando *copy* ist. Auch hier muß bei Verwendung von Unterverzeichnissen der gesamte Pfadname der Zieldatei angegeben werden. Nach Abschluß des Kopiervorgangs wird der Inhalt der Datei mit der Anweisung *zap* gelöscht. Es wird nach dem Öffnen der Datei BEZAHLT nach KUNDNR indiziert.

In der KONTROL-Datei wird der Inhalt von RECHDAT nach LETZTRECH übertragen und RECHDAT auf das heutige Datum gesetzt. Bei Ersetzungen ist darauf zu achten, daß sie in der richtigen Reihenfolge vorgenommen werden.

Nachdem die Rechnungs- und Zahlungsdatensätze übertragen sind, kann die Kundendatei aktualisiert werden, was sich, je nach Anzahl der Kundendatensätze, über einen längeren Zeitraum erstrecken kann. Für den Benutzer wird die Gesamtzahl der Kundendatensätze und die Datensatznummer des gerade bearbeiteten Datensatzes angezeigt. Die Kundendatensätze liegen in der natürlichen Reihenfolge vor; die angezeigte Datensatznummer entspricht daher der Anzahl der bis zu diesem Zeitpunkt bearbeiteten Kundendatensätze.

Die Kundendatensätze werden in physikalischer Reihenfolge abgearbeitet, weil dieser Vorgang schneller ist, als die Abarbeitung in indizierter Reihenfolge und die Indizierung hier keinerlei Vorteil bringt.

Für jeden Kundendatensatz wird die Datei KREDITE angewählt und der erste Zahlungsdatensatz für diesen Kunden mit *seek* gesucht. Mit der Anweisung *sum* wird die Summe aller Kundenzahlungen in die Variable SBEZAHLT gespeichert. Der Vorgang wird mit der Datei GEBUEHR wiederholt und diese Summe in die Variable UEBTRAG gegeben. Bei Ausführung der *do*-Schleife ist der Steuerparameter *set console* auf *off* gesetzt, da der Summationsbefehl sonst auf den Bildschirm wirkt.

In der Kundendatenbank wird anschließend die Ersetzung mit *replace* vorgenommen. Die Ersetzungen müssen in der richtigen Reihenfolge vorgenommen werden.

Nach der Aktualisierung wird in das Abrechnungsmenü (Bild 11.1) gesprungen. Im Abrechnungsmenü stehen vier Auswahlmöglichkeiten zur Verfügung: der monatliche Bericht, der Ausdruck aller Kundenberichte, der Ausdruck eines einzelnen Kundenberichts und der Ausdruck des Zahlungsberichts. Die Ausdrucke können beliebig oft vorgenommen werden, die Daten werden vor dem nächsten Monat nicht mehr verändert.

Monatsbericht - MEN71

Eine Standardauswahl des Abrechnungsmenüs ist der monatliche Bericht (Menüauswahl 1). In Bild 7.2 sehen Sie einen beispielhaften Ausdruck eines Berichts. Das Programm MEN71.PRG (Listing 11.4) erstellt den monatlichen Bericht.

Der Monatsbericht wird ausgedruckt. Nachdem der Bildschirm gelöscht und die Bildschirmüberschrift angezeigt wurde, erscheint auf dem Bildschirm eine Meldung, die den Benutzer daran erinnert, daß der Drucker betriebsbereit sein muß. Das Programm arbeitet mit vier Variablen: SUMSALD, SUMBEZ, SUMGEB und SEITE. Die vier Variablen werden in einer Anweisung (*store*) auf den Wert 0 initialisiert.

Seite: 1 Monatliche Forderungsauflistung

Kunde	Ausgang-forderung	Erhaltene Zahlungen	Laufende Forderung	Rest-forderung
CELICO FABRICI BÜCHER		300	7,623	7,323
ERNST AG				
FLOPPS BUCHLADEN	(350)	500		(850)
GELIA & GILBERT GmbH			1,894	1,894
GUTTENTAG GmbH & Co. KG		200		(200)
HURTIG & HARRY		100		(100)
KUNDENBÜCHER		200		(200)
MUELLER-BÜCHER				
NICKEL-NORBERT-NEUAUFLAGEN	700	150		550
OLIVAR-BUCHLADEN			852	852
PÜTTER-TECHNIK-BÜCHER		200	213	13
RATLOS KG		2,000	15,173	13,173
REIHER BÜCHER & COMICS				
SORGLOS GmbH				
TURNBERGER LÄDCHEN	139	139		
GESAMT	489	3,789	25,756	22,456

Bild 11.2 - Beispielhafter Monatsbericht

In der Schleife wird für jede Seite ein Seitenkopf ausgedruckt. Die Seitenzahl wird mit dem Programm SEITE (Listing 11.5) in Zeile 6, Spalte 1 gedruckt. Das Programm kann auch in allen vorherigen Beispielen verwendet werden, die von einer Seitenzahl Gebrauch machen. Dafür muß die Seitennummer in einer globalen Variablen enthalten sein. Dies ist ein gutes Beispiel zur Verwendung von Unterprogrammen. Die mehrfache Verwendung von Programmausschnitten ist durch jeweils eine Zeile (den Aufruf) ersetzt worden. Das Gesamtprogramm wird verständlicher und gleichzeitig steht ein nützliches Unterprogramm zur Verfügung, das auch von anderen Programmsystemen aus angesprochen werden kann.

```
* men71.prg
do UEBSCHR with 'Monatliche Forderungsauflistung'
do drwahl
if drwahl='J'
   store 0 to SUMSALD,SUMBEZ,SUMGEB,SEITE
   select KUNDE
   set device to print
   set index to KUNDNAME
   do while .not. eof()
      do SEITE with 6,1
```

```
      @ 6,15 say 'Monatliche Forderungsauflistung '+CDATUM
      @ 8,29 say 'Ausgang-  Erhaltene'
      @ 8,50 say 'Laufende   Rest-'
      @  9,1 say 'Kunde                         forderung Zahlungen'
      @ 9,50 say 'Forderung   forderung'
      @ 10,1 say '--------------------------------------------------;
--------------------'
      do while prow() < 55 .and. .not. eof()
         @ prow()+1,1  say NAME
         @ prow(),30   say SALDO-S1GEB+S1BEZ picture "@Z( ###,###"
         @ prow(),40   say S1BEZ picture "@Z( ###,###"
         @ prow(),50   say S1GEB picture "@Z( ###,###"
         @ prow(),60   say SALDO picture "@Z( #,###,###"
         SUMSALD = SUMSALD + SALDO - S1GEB + S1BEZ
         SUMBEZ = SUMBEZ + S1BEZ
         SUMGEB = SUMGEB + S1GEB
         skip
      enddo
      if eof()
         @ prow()+2,1  say 'GESAMT'
         @ prow(),30 say SUMSALD picture "@Z( ###,###"
         @ prow(),40 say SUMBEZ picture "@Z( ###,###"
         @ prow(),50 say SUMGEB picture "@Z( ###,###"
         @ prow(),59 say SUMSALD-SUMBEZ+SUMGEB picture "@Z( ##,###,###"
      endif
      eject
   enddo
   set device to screen
endif
```

Listing 11.4 - MEN71.PRG

```
* procedure SEITE
parameter ZEIL,SPAL
SEITE = SEITE + 1
SSEITE = str(SEITE,3)
do LTRIM with SSEITE
@ ZEIL,SPAL say 'Seite:  ' + SSEITE
return
```

Listing 11.5 - Drucken einer Seitenzahl an einer durch Zeile und Spalte spezifizierten Stelle

SEITE.PRG ruft LTRIM.PRG auf, um die führenden Leerzeichen von Speichervariablen entfernt. LTRIM sehen Sie in Listing 11.6.

```
* procedure LTRIM
parameter SVAR
do while SVAR = space(1)
   SVAR = substr(SVAR,2)
enddo
return
```

Listing 11.6 - LTRIM.PRG

Die innere Schleife ist für den Ausdruck des Hauptteils des Berichtes verantwortlich. Die Schleife wird abgearbeitet, bis das Ende der Datei oder der untere Seitenrand erreicht ist. Falls das Ende der Datei erreicht wird, wird die letzte Zeile am unteren Ende des Blattes ausgegeben.

Die ausgedruckten Kundendaten enthalten den Saldo des letzten Monats. Der Saldo wird durch Subtraktion der gestellten Rechnungen und Addition der erfolgten Zahlungen zum letzten Saldo errechnet. Die Variablen SUMSALD, SUMBEZ und SUMGEB werden bei jedem Schleifendurchlauf aktualisiert.

Die Werte werden mit Hilfe von *picture*-Funktionen und einer picture-Schablone angezeigt. Eine *picture*-Funktion bezieht sich auf den gesamten anzuzeigenden Wert. Bei *picture*-Schablonen wird mit einzelnen Zeichen (oder Stellen) gearbeitet. Die Funktion *#* beschränkt jede Stelle einer Anzeige auf ein numerisches Symbol. Die Breite der Anzeige wird durch die Anzahl der *#*-Symbole bestimmt. Ein Komma ergibt in der Anzeige nur dann ein Komma, wenn links vom Komma Stellen vorhanden sind, die ungleich Null sind. Das Symbol *Z* hinter dem Klammeraffezeichen @ ist eine *picture*-Funktion. Der Klammeraffe zeigt an, daß die folgenden Zeichen als *picture*-Funktionen zu verstehen sind. Ein Leerzeichen zeigt an, daß die folgenden Zeichen als *picture*-Schablone vorliegen. Das Zeichen *Z* verhindert die Anzeige des Wertes 0. Die öffnende Klammer *(* setzt eine negative Zahl in Klammern; Minuszeichen werden nicht angezeigt.

Kundenberichte ausdrucken - MEN72

In Listing 11.7 sehen Sie das Programm MEN72.PRG. Das Programm ruft MEN7P.PRG auf, um Kundenberichte auszudrucken. MEN72.PRG druckt für jeden Kunden eine Rechnung aus.

Die Kundendatei wird angewählt und der Datensatzzeiger hinter den letzten Datensatz gerichtet. Damit kann die Anzahl der in der Datei vorhandenen Datensätze bestimmt werden. Während des Ausdrucks wird der Benutzer durch Anzeige der Kundendaten des gerade bearbeiteten Kunden unterhalten. Die Anzeige der Kundendaten erfolgt durch das Programm MEN1S.PRG und wird durch die Anzeige der bearbeiteten und gesamten Datensätze überlagert.

Vor dem Einsprung in die Schleife wird der steuernde Index auf KUNDNAME gesetzt. Die Ausdrucke erfolgen in alphabetischer Reihenfolge. Die Anweisung *set* richtet den Datensatzzeiger gleichzeitig auf den ersten logischen Datensatz. Jeder Bericht wird mit dem Programm MEN7P.PRG ausgedruckt. Nach dem Ausdruck eines Kundenberichts wird die Kundendatei wieder angewählt und zum nächsten Datensatz übergegangen.

```
* men72.prg
UEBSCHRMLD = "Ausgabe der Forderungsliste eines Kunden"
do UEBSCHR with UEBSCHRMLD
do drwahl
if drwahl='J'
   select KUNDE
   go bottom
   skip
   DATSAETZE  = 0
   DATSAZAEHL = str(recno()-1,5)
   do LTRIM with DATSAZAEHL
   set index to KUNDNAME
   do while .not. eof()
      do MEN1S.PRG
      DATSAETZE = DATSAETZE + 1
      @ 23,2
      @ 23,2 say 'Drucke '+str(DATSAETZE,5)+' von '+DATSAZAEHL
      do MEN7P.PRG
      select KUNDE
      skip
   enddo
endif
```

Listing 11.7 - MEN72.PRG

Das Druckerprogramm - MEN7P

Die Berichte werden von MEN7P.PRG in Listing 11.8 ausgedruckt. Das Programm druckt jeweils nur die Daten für einen Kundendatensatz aus. Ein typischer Kundenbericht ist in Bild 11.3 zu sehen.

Im Programm werden Daten der drei Datenbanken KUNDE, KREDITE und GEBUEHR verwendet. Jeder Kundenbericht kann über mehrere Seiten gehen, obwohl das unwahrscheinlich ist. Die Druckerroutine verwendet die direkte Adressierung für einen Druckvorgang sowie die relative Adressierung mit dem doppelten Fragezeichen ??. Die Steuerparameter *set device to print* und *set print on* müssen gesetzt sein. Zur vollständigen Bildschirmkontrolle wird der Steuerparameter *set console* auf *off* gesetzt.

Die Kundenzahlungen werden durch Auswahl der Zahlungsdatei und einem anschließenden *seek*-Befehl zur Suche der Kundennummer ausgegeben. Die *do*-Schleife druckt die Zahlungsdatensätze aus. Forderungen werden durch Auswahl der Datei GEBUEHR ausgegeben. Dazu wird der Datensatzzeiger auf den ersten Datensatz gestellt, der die in der Zahlungsdatei gefundene Kundennummer enthält. In die Variable ZEIL wird vor Einsprung in die Schleife eine Druckerzeilennummer gespeichert. Der Druckvorgang in der Schleife arbeitet mit dieser Variablen zur Positionskontrolle des Druckerkopfes.

```
* men7p.prg
set console off
set device to print
set print on
STORE 0 to SEITE
do MEN7PH.PRG
select KREDITE
@ prow()+2,1 say 'Kundenzahlungen seit '
?? KONTROL->LETZTRECH
seek KUNDE->KUNDNR
do while KUNDNR = KUNDE->KUNDNR
   @ prow()+2,10    say BETRAG picture "@Z( ###,###.##"
   ?? '  ',DATUM, KOMMENTARE
   skip
enddo
@ prow()+2,10    say KUNDE->S1BEZ picture "@Z( ###,###.##"
?? "   *** Gesamtzahlung ***"
select GEBUEHR
@ prow()+2,1 say 'Kundenforderungen seit '+dtoc(KONTROL->LETZTRECH)
seek KUNDE->KUNDNR
do while KUNDNR = KUNDE->KUNDNR
   @ prow()+2,14 say 'Betrag     Rechnung     Datiert'
   ZEIL = prow()+2
   do while KUNDNR = KUNDE -> KUNDNR .and. prow() < 55
      SRECHNUNG = RECHNUNG
      sum PREIS * MENGLOESCH while RECHNUNG = SRECHNUNG to BETRAG
      @ ZEIL,10    say BETRAG picture "@Z( ###,###.##"
      ?? '    ',SRECHNUNG,'    ',DATUM
      ZEIL = ZEIL + 1
   enddo
   if KUNDNR = KUNDE->KUNDNR .and. prow() >= 55
      eject
      do MEN7PH.PRG
   endif
```

```
enddo
ALTSALDO = KUNDE->SALDO - KUNDE->S1GEB + KUNDE->S1BEZ
@ prow()+2,10    say KUNDE->S1GEB picture " #,###,###.##"
?? "  *** Gesamtforderungen ***"
@ prow()+1,10    say KUNDE->S1BEZ picture " #,###,###.##"
?? "  *** Gesamtzahlungen ***"
@ prow()+1,10    say ALTSALDO picture " #,###,###.##"
?? "  Saldo vom ",KONTROL->LETZTRECH
@ prow()+2,10    say  KUNDE->SALDO picture ' #,###,###.##'
?? "  Offener Betrag "
eject
set console on
set device to screen
set print off
```

Listing 11.8 - MEN7P.PRG

```
FÜR:      TURNBERGER LÄDCHEN                          1. November 1987
          TURMSTRASSE 44                                      Seite:  1
          D  6204  TAUNUSSTEIN
          EMPF: FRANZ FÖLLER

VON:      BENNYS BÜCHER
          Alte Gartenstrasse 4
          3500 Kelkheim                                Tel. 06666/987654

               Zahlung: innerhalb 14 Tagen rein netto

Kundenzahlungen seit 01.09.87

             139.60    01.11.87 ZAHLUNGSAUSGLEICH

             139.60    *** Gesamtzahlung ***

Kundenforderungen seit 01.09.87

                0.00   *** Gesamtforderungen ***
              139.60   *** Gesamtzahlungen ***
              139.60   Saldo vom  01.09.87

                0.00   Offener Betrag
```

Bild 11.3 - Ein typischer Kundenbericht

Das Überschriftenprogramm - MEN7PH

Die Überschriften zu den Kundenberichten werden vom Programm MEN7PH.PRG in Listing 11.9 ausgedruckt.

```
* men7ph.prg
@ 3,(65-len(CDATUM)) say CDATUM
@ 3,1  say 'F R: '
@ 3,10 say KUNDE->NAME
@ 4,10 say KUNDE->ADRESSE
do SEITE with 4,59
@ 5,10 say KUNDE->LAND+' '+KUNDE->PLZ+' '+trim(KUNDE->STADT)
if KUNDE->EMPF # space(30)
   @ 6,10 say 'EMPF: '+KUNDE->EMPF
endif
@  8,1  say 'VON:'
@  8,10 say "BENNYS B CHER"
@  9,10 say 'Alte Gartenstrasse 4'
@ 10,10 say '3500 Kelkheim'
@ 10,52 say 'Tel. 06666/987654'
@ 12,18 say 'Zahlung: innerhalb 14 Tagen rein netto'
```

Listing 11.9 - MEN7PH.PRG

Das Drucken einzelner Kundenberichte - MEN73

Dieser Menüauswahlpunkt (Option 3) erlaubt die Auswahl eines bestimmten Kunden und druckt den letzten Bericht des gewählten Kunden aus. Der Kunde wird über den Kundennamen gewählt. Das bearbeitende Programm heißt hier MEN73.PRG und ist in Listing 11.10 zu sehen. Die eigentliche Ausgabe des Einzelberichts erfolgt mit MEN7P.PRG, einem Druckprogramm. Eine solche Option sollten Sie in jedem Programmsystem bereitstellen, um unnötige Ausdrucke zu vermeiden, wenn ein Bericht verlorengeht oder doppelt benötigt wird.

```
* men73.prg
UEBSCHRMLD = "Ausgabe von Kundendaten"
select KUNDE
set index to KUNDNAME
```

```
do while .T.
   clear
   do UEBSCHR with UEBSCHRMLD
   SNAME = space(30)
   do FINDKUND with "Kundenname",SNAME
   if SNAME = space(30)
      exit
   endif
   MANT=" "
   do drwahl
   if drwahl='J'
      do MEN1S.PRG
      do MEN7P.PRG
   endif
   select KUNDE
enddo
```

Listing 11.10 - MEN73.PRG

Der Zahlungsbericht - MEN74

Der Zahlungsbericht (Menüauswahl 4) gibt Ihnen Aufschluß über die Zahlungsgewohnheiten und Zahlungsfreudigkeit eines jeden Kunden. Das Programm MEN74.PRG in Listing 11.11 erzeugt den in Bild 11.4 beispielhaft dargestellten Ausdruck.

```
Seite:   1      Monatliche Zahlungsauflistung

                                  September    Oktober   November
CELICO FABRICI BÜCHER                  0.00       0.00     300.00  Zahlungen
                                       0.00       0.00    7623.00  Forderungen
ERNST AG                               0.00       0.00       0.00  Zahlungen
                                       0.00       0.00       0.00  Forderungen
FLOPPS BUCHLADEN                       0.00     350.00     500.00  Zahlungen
                                       0.00       0.00       0.00  Forderungen
GELIA & GILBERT GmbH                   0.00       0.00       0.00  Zahlungen
                                       0.00       0.00    1894.00  Forderungen
GUTTENTAG GmbH & Co. KG                0.00       0.00     200.00  Zahlungen
                                       0.00       0.00       0.00  Forderungen
HURTIG & HARRY                         0.00       0.00     100.00  Zahlungen
                                       0.00       0.00       0.00  Forderungen
KUNDENBÜCHER                           0.00       0.00     200.00  Zahlungen
                                       0.00       0.00       0.00  Forderungen
MUELLER-BÜCHER                         0.00       0.00       0.00  Zahlungen
                                       0.00       0.00       0.00  Forderungen
NICKEL-NORBERT-NEUAUFLAGEN             0.00       0.00     150.00  Zahlungen
                                       0.00     700.00       0.00  Forderungen
OLIVAR-BUCHLADEN                       0.00       0.00       0.00  Zahlungen
                                       0.00       0.00     852.20  Forderungen
PÜTTER-TECHNIK-BÜCHER                  0.00       0.00     200.00  Zahlungen
                                       0.00       0.00     213.60  Forderungen
RATLOS KG                              0.00       0.00    2000.00  Zahlungen
                                       0.00       0.00   15173.80  Forderungen
REIHER BÜCHER & COMICS                 0.00       0.00       0.00  Zahlungen
                                       0.00       0.00       0.00  Forderungen
SORGLOS GmbH                           0.00       0.00       0.00  Zahlungen
                                       0.00       0.00       0.00  Forderungen
TURNBERGER LÄDCHEN                     0.00     300.00     139.60  Zahlungen
                                       0.00     439.60       0.00  Forderungen
```

Bild 11.4 - Beispielhafter Zahlungsbericht

Das Programm ist einfach gehalten. Nur die Kundendatei wurde zur Erstellung des Berichts benötigt. Das Interessante an diesem Bericht sind die Monatsbezeichnungen, die sich jeden Monat ändern. Die Monatsbezeichnungen werden den Daten direkt entnommen.

```
* men74.prg
do UEBSCHR with "Zahlungsauflistung"
do drwahl
if drwahl='J'
   select KUNDE
   set index to KUNDNAME
   set device to print
   store KONTROL->RECHDAT to DATUM1,DATUM2
   SEITE = 0
   do while month(DATUM2) = month(DATUM1)
      DATUM2 = DATUM2 - 28
   enddo
   DATUM3 = DATUM2
   do while month(DATUM3) = month(DATUM2)
```

```
      DATUM3 = DATUM3 - 28
   enddo
   MONAT1  = cmonth(DATUM1)
   MONAT2  = cmonth(DATUM2)
   MONAT3  = cmonth(DATUM3)
   UEBSCHRIFT = space(10-len(MONAT3))+MONAT3+space(10-len(MONAT2))+;
   MONAT2+space(10-len(MONAT1))+MONAT1
   do while .not. eof()
      do SEITE with 6,1
      @ 6,pcol()+5 say 'Monatliche Zahlungsauflistung f r '+cmonth(DATUM1);
      +str(year(DATUM1),5)
      @ 8,29 say UEBSCHRIFT
      do while prow() < 55 .and. .not. eof()
         @ prow()+1,1  say NAME
         @ prow(),31   say S3BEZ
         @ prow(),41   say S2BEZ
         @ prow(),51   say S1BEZ
         @ prow(),61   say 'Zahlungen'
         @ prow()+1,31 say S3GEB
         @ prow(),41   say S2GEB
         @ prow(),51   say S1GEB
         @ prow(),61   say 'Forderungen'
         skip
      enddo
      eject
   enddo
   set device to screen
endif
```

Listing 11.11 - MEN74.PRG

Die derzeitige Abrechnungsperiode ist die Grundlage zur Bestimmung der Monatsnamen. Die *do*-Schleife subtrahiert bei jedem Durchlauf 28 Tage (Anzahl der Tage des kürzesten Monats) vom Datum. Die Zahl 28 ist die größte Zahl, die vom Datum subtrahiert werden darf, aus Geschwindigkeitsgründen wollen wir mit dieser Zahl arbeiten.

Nachdem die drei Monatsnamen extrahiert und in die Variablen MONAT1, MONAT2 und MONAT3 gespeichert wurden, wird die Überschrift zusammengesetzt. Die Überschrift wird durch Verknüpfung von Leerzeichen, die mit der Funktion *space()* erzeugt wurden, und den Inhalten der Variablen erstellt. Die Spaltenüberschriften werden so rechtsbündig angezeigt. Die Anzahl der Leerzeichen vor den Monatsnamen wird durch Subtraktion der Länge des Monatsnamens von zehn Zeichen (Breite des Anzeigefeldes) errechnet.

Kapitel 12

Utilities

Zu jedem Programmsystem gehört eine Reihe von Utility-Programmen. Sie werden zur Anlage von Sicherheitskopien und dem Reset von Indexdateien benötigt. Die Gefahr, daß Daten zerstört werden oder der Strom ausfällt, besteht immer. Die Utility-Programme bieten dagegen zumindest einen minimalen Schutz.

Hard- und Software zur Erstellung von Sicherheitskopien sollten für den Benutzer verfügbar sein. Leider bieten die Handbücher, vor allem für Anfänger, nur eine magere Systembeschreibung. Für die Arbeit mit großen Datenbanken wird zum Beispiel ein besonderes System zur Erzeugung von Sicherheitskopien gefordert: Arbeiten Sie hier mit Magnetbändern. Magnetbänder besitzen eine Reihe von Vorteilen beim Kopieren von großen Datenbanken. Regel 1 lautet demnach:

> *Die Benutzung eines Magnetbandsystems ist angebracht, wenn große Datenbankdateien zu kopieren sind.*

Bei der Arbeit mit kleineren Dateien sind Diskettensysteme durchaus empfehlenswert. Der Kopiervorgang ist mit den DOS-Kommandos BACKUP und RESTORE schnell erledigt. Das System benötigt dazu jedoch mindestens 320 Kbyte Hauptspeicherkapazität. Die in diesem Kapitel vorgestellten Routinen entsprechen den DOS-Routinen, sind aber merklich langsamer. Überschreiten die zu kopierenden Dateien eine Länge von 360 Kbyte, ist der Kauf einer Erweiterungskarte mit RAM-Speicher unvermeidlich. Wenn das System 320 Kbyte Speicherkapazität besitzt, können die Backup- und Restore-Routinen entsprechend Menüauswahl 4 verändert werden. Die Hardwareinvestition vereinfacht die Software und verschnellert das System.

Nach meinen Erfahrungen werden Sicherheitskopien beim heutigen Stand der Technik nur dann regelmäßig gemacht, wenn das System nicht ständig benötigt wird und der Kopiervorgang nicht allzu lange dauert. Sicherheitskopien, die vor vier Wochen angelegt wurden, sind im Notfall nicht mehr zu gebrauchen.

Die folgenden Programme sollten wegen der in ihnen verwendeten dBASE IV-Programmiertechniken und ihren Eigenschaften durchgearbeitet werden. Es wird davon ausgegangen, daß jeder im täglichen Geschäftsleben eingesetzte PC die entsprechende Hardware zum schnellen Erstellen von Sicherheitskopien besitzt. Das System muß eine Hauptspeicherkapazität von mindestens 320 Kbyte besitzen.

Datenbankpläne

Das Hilfsfunktionensystem arbeitet mit zwei Datenbankdateien: DATEIEN.DBF und UTILITY.DBF. Die beiden Dateien vereinfachen die Software. Die Datenbankpläne sind in Tabelle 12.1 zu finden. Die wichtigsten Daten des Systems sind in den beiden Dateien zu finden.

Das Hilfsmenü - MEN8

Das Menü (Bild 12.1) dient dem Erstellen von Sicherheitskopien, Laden und Wiederherstellen des Ursprungszustandes der Datenbankdateien. Zudem gibt es ein Programm zum Formatieren von Disketten. Hier kommt der DOS-Befehl FORMAT zur Anwendung. Das Menüprogramm MEN8-.PRG ist in Listing 12.1 zu sehen.

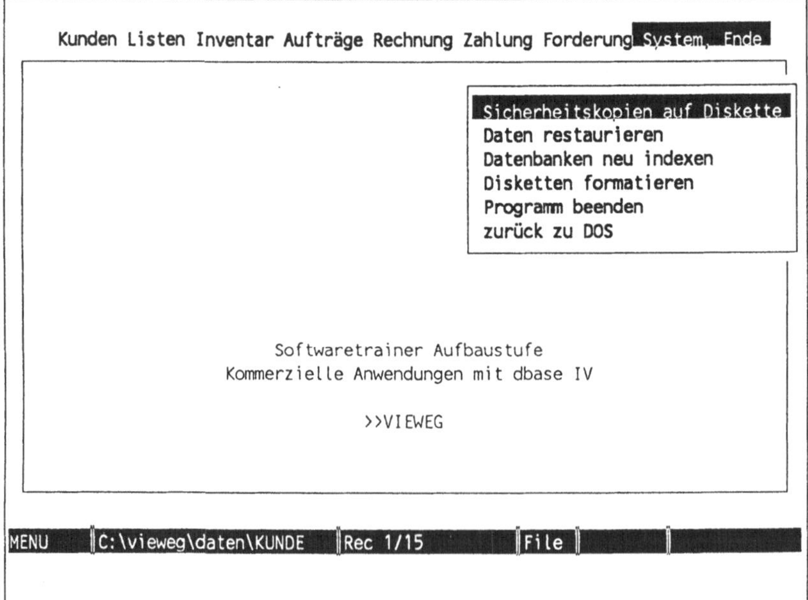

Bild 12.1 - Menü des Hilfsprogramms

Das Initialisierungsprogramm schließt alle geöffneten Datenbanken und deren Indexdateien mit dem Befehl *close databases*. Beim Verlassen des Menüsystems 8 wird das System mit dem Programm INIT (Kapitel 4) re-initialisiert.

Datenbankplan: DATEIEN.DBF

BESCHREIBUNG	FELDNAME	FELDTYP	FELDBREITE
Dateiname	DATEI	Zeichen	40
Meldung	MELDUNG	Zeichen	20
Datensatzgröße	DATSAGROES	Numerisch	4
	Datensatzgröße	... 65 Bytes	

Datenbankplan: UTILITY.DBF

BESCHREIBUNG	FELDNAME	FELDTYP	FELDBREITE
Datenbereich	DATEN	Zeichen	80
	Datensatzgröße	... 81 Bytes	

Tabelle 12.1 - Datenbankpläne für die Hilfsfunktionen

```
on pad H of main  activate popup UTILIT_POP
...
on selection popup UTILIT_POP do callsbr
...
procedure DEF_MENS
...
define pad H of main prompt "System, Ende" at 1,59 message "Dienstprogramme"
...
define popup UTILIT_POP from 3,60
define bar 1 of UTILIT_POP prompt " Sicherheitskopien auf Diskette  "
define bar 2 of UTILIT_POP prompt " Daten restaurieren"
define bar 3 of UTILIT_POP prompt " Datenbanken neu indexen"
define bar 4 of UTILIT_POP prompt " Disketten formatieren"
define bar 5 of UTILIT_POP prompt " Programm beenden"
define bar 6 of UTILIT_POP prompt " zurück zu DOS"
return

procedure CALLSBR
Mbar = str( bar(), 1)
Mpad = pad()
        do case
                case ...
```

```
                case Mpad = "H"
                        close databases
                        do case
                                case Mbar = "5"
                                        Mexit = .f.
                                case Mbar = "6"
                                        quit
                                otherwise
                                        Msbr = "men8" + Mbar
                                        do &Msbr
                                        do INIT.PRG
                        endcase
        endcase
        deactivate menu
return
```

Listing 12.1 - MEN8.PRG

Sicherheitskopien von Datenbanken erstellen - MEN81

In Listing 12.2 sehen Sie das Programm zur Erstellung von Sicherheitskopien, MEN81.PRG. Im Programm muß berücksichtigt sein, daß die Länge einer Datei größer als 360 Kbytes werden kann, eine Datenbank demzufolge (für PCs) diskettenübergreifend ist. Der DOS-Standardkopierbefehl und das dBASE IV-Äquivalent *copy file* können zur Kopie von diskettenübergreifenden Datenbanken nicht verwendet werden. Bei einer Ausstattung von 320 Kbytes oder mehr Hauptspeicher kann der DOS-Befehl BACKUP verwendet werden. Er ist wesentlich schneller und vereinfacht das Programm. Trotzdem läßt sich aus dem Programm einiges über dBASE IVlernen.

```
* men81.prg
do MEN81A.PRG
if ANTWORT = 'J'
   return
endif
DISK     = 10
RESTPLAT = 0
SDATEI    = space(6)
select 1
use UTILITY
select 2
use DATEIEN
do NSTDATEI
do while .not. eof()
   if RESTPLAT < 2000
```

```
      do DISKHOL.PRG
      @ 4,0 clear
   endif
   SDATEI = TRIM(SDATEI)
   select &SDATEI
   DATSAKOPIE = INT((RESTPLAT-1000)/DATEIEN->DATSAGROES)
   ANFDATSA = recno()
   copy next DATSAKOPIE to A:&SDATEI..DDD
   select DATLIST
   append blank
   if ANFDATSA = 1
      replace DATEI with trim(SDATEI)+'.001', MELDUNG with DATEIEN->MELDUNG
   else
      replace DATEI with trim(SDATEI)+'.002', MELDUNG with DATEIEN->MELDUNG
   endif
   ? 'Kopieren ',MELDUNG
   NEUDATEI = trim(DATEI)
   if file("a:&neudatei")
      erase a:&neudatei
   endif
   rename A:&SDATEI..DDD to A:&NEUDATEI
   select &SDATEI
   if .not. eof()
      RESTPLAT = RESTPLAT - 1000 - (DATSAKOPIE * DATEIEN->DATSAGROES)
      skip
   else
      RESTPLAT = RESTPLAT - 1000 - (recno()-ANFDATSA* DATEIEN->DATSAGROES)
   endif
   if .not. eof()
      loop
   endif
   select DATEIEN
   skip
   if .not. eof()
      do NSTDATEI
   endif
enddo
save all like DISK to DATEN\DISKS
```

Listing 12.2 - MEN81.PRG

```
do UEBSCHR with "Datenbanken auf Disketten überspielen"

Text
        Dieses Programm kopiert Ihre Datenbanken auf Disketten.

        Sie können dafür eine leere, formatierte Diskette oder
        eine ältere Sicherungskopie aus Ihren Bestand nehmen.

endtext
do FRAGE with 'Wollen Sie die Sicherung abbrechen (J/N)? ',23,2,ANTWORT
```

Listing 12.3 - MEN81A.PRG

Beim Einsprung in das Programm wird eine Meldung auf dem Bildschirm ausgegeben. Die Ausgabe wird vom Unterprogramm MEN81A.PRG mit den Anweisungen *text* und *endtext* vorgenommen. Der Benutzer kann den Vorgang zu diesem Zeitpunkt noch abbrechen.

Erfolgt kein Programmabbruch, werden die Speichervariablen DISK und RESTPLAT initialisiert und die beiden Dateien UTILITY und DATEIEN geöffnet. Die Prozedur NSTDATEI (Listing 12.4) wird aufgerufen und extrahiert den Namen der nächsten zu kopierenden Datei aus dem Dateiverzeichnis DATEIEN. Die Funktion *substr* extrahiert den Namen aus dem Feld DATEI. Die entsprechende Datei wird auf Arbeitsfläche 3 geöffnet.

```
procedure NSTDATEI
SDATEI = substr(DATEI,1,at(space(1),DATEI))
select 3
use &SDATEI
return
```

Listing 12.4 - Die Prozedure NSTDATEI

Die *do*-Schleife wird fortgesetzt, bis alle Dateien kopiert sind; das Ende der Datei DATEIEN ist dann auch erreicht. In der Schleife wird der Inhalt der Speichervariablen RESTPLAT ausgewertet. Die Variable enthält die verbleibende freie Speicherkapazität der Sicherheitskopiediskette. Die Sicherheitskopiediskette muß sich in Laufwerk A befinden, die zu kopierenden Daten sind auf einer Festplatte vorhanden. Sobald die verfügbare Speicherkapazität der Diskette 2000 Bytes unterschreitet, wird die Prozedur DISKHOL aufgerufen.

DISKHOL

Die Prozedur (Listing 12.5) prüft, ob auf einer Diskette genügend freier Speicherbereich für die Verwendung als Sicherheitsdiskette vorhanden ist. Beim Einsprung in das Programm wird der Diskettenzähler DISK um Eins erhöht und in die Schleife gesprungen. Die Datei DISKNR.MEM ist auf der Diskette enthalten, wenn sie schon einmal für einen früheren Kopiervorgang verwendet wurde. Die Datei dient der Sicherheitskopie als Erkennungszeichen, sie enthält die Speichervariable DISKNR, deren Inhalt größer gleich elf ist. Der Test auf die Existenz der Datei erfolgt mit der *files*-Funktion. Verläuft der Test positiv, wird die Datei geöffnet und die Speichervariable mit *restore from A:DISKNR additive* in den Hauptspeicher geladen. Die Modifikation *additive* muß verwendet werden, weil sonst alle anderen im Speicher befindlichen Variablen durch das Laden der .MEM-Datei gelöscht werden.

Falls die Inhalte von DISKNR und DISK nicht übereinstimmen, soll der Benutzer eine andere Diskette einlegen. Nachdem sichergestellt ist, daß sich die richtige Diskette im Laufwerk befindet, wird die Sicherheitskopie des Dateiverzeichnisses auf der Diskette geöffnet. Die Datei (A:DATLIST) besitzt dieselbe Struktur wie DATEIEN und enthält die Namen der auf diese Diskette kopierten Dateien. Als nächstes werden die Dateien einzeln gelöscht. Das ist nötig, weil der Befehl *erase* nicht mit Dateigruppenzeichen (Fragezeichen ? oder Asteriskzeichen *) verwendet werden kann.

Mit der Prozedur RESTPLAT wird der auf der Diskette verbleibende Speicherplatz überprüft. Bei weniger als 300.000 freien Bytes (willkürliche Festlegung) soll die Diskette nicht verwendet werden.

Die Diskette wird dann als Sicherheitskopiediskette initialisiert, dazu wird die Diskettenmarkierung A:DISKNR.MEM auf die Diskette geschrieben und das Verzeichnis A:DATLIST angelegt. Die beiden Schritte werden auch unternommen, wenn Markierung und Verzeichnis bereits existieren, um sicherzustellen, daß anschließend beides auf der Diskette vorhanden und das Verzeichnis leer ist.

```
* diskhol.prg
DISK = DISK + 1
private SDATEI
do while .T.
   if file('A:DISKNR.MEM')
      restore from A:DISKNR additive
      if DISK # DISKNR
         @ 23,2 say 'Falsche Disketten-Nr. - Bitte einlegen: '+str(DISK,2)
         ?? GLOCKE
         loop
      endif
      @ 23,2
      select 4
      use A:DATLIST
      do while .not. eof()
         SDATEI = trim(DATEI)
         erase &SDATEI
         skip
      enddo
      use
   endif
   do RESTPLAT.PRG
   @ 23,2
   if RESTPLAT < 300000
      @ 23,2 say 'Diskettenkapazität erschöpft - Andere Diskette einlegen'
      ?? GLOCKE
      wait
```

```
  else
     DISKNR = DISK
     save all like DISKNR to A:DISKNR
     select DATEIEN
     copy structure to A:DATLIST
     select 4
     use A:DATLIST
     exit
  endif
enddo
```

Listing 12.5 - Prozedur DISKHOL

RESTPLAT

```
* restplat.prg
do UEBSCHR with "Freie Diskettenkapazität feststellen"
set default to a:
store diskspace() to RESTPLAT
set default to c:
```

Listing 12.6 - Prozedur RESTPLAT

RESTPLAT.PRG arbeitet mit der dBASE IV-Funktion *diskspace()*, die die freie Diskettenkapazität auf einem Datenträger feststellt. Eine Bestimmung der freien Diskettenkapazität war ohne diese Funktion nur auf Umwegen möglich.

In Laufwerk A befindet sich eine formatierte Diskette, das Kopieren der Datenbankdateien kann nun beginnen. Die zu kopierende Datei wird ausgewählt und der Dateiname in die Variable SDATEI geschrieben. Die Datensatzlänge ist im aktuellen Datensatz in DATEIEN enthalten, interessant ist, wieviele Datensätze kopiert werden. Von der Anzahl der Bytes (der zu kopierenden Datei) werden 1000 Bytes (Header der dBASE IV-Dateien) abgezogen und der Rest durch die Datensatzlänge geteilt. Die Datensatznummer wird in ANFDATSA gespeichert, und die Datensätze werden auf die Diskette in Laufwerk A kopiert. Die kopierte Datei in Laufwerk A besitzt denselben Namen wie die Ursprungsdatei.

Die Dateinamenerweiterungen .001 und .002 markieren den ersten bzw. zweiten Teil einer zur Sicherheit kopierten Datenbankdatei. Üblicherweise besitzt auch die Sicherheitskopie die Dateinamenerweiterung .DBF. Der Befehl *rename* ermöglicht aber die Änderung des Namens einer Datei. Beachten Sie die beiden Punkte im umzubenennenden Dateinamen. Da ein Makro als Teil eines längeren Ausdrucks gebraucht wird, muß das Makroende (mit einem Punkt) spezifiziert werden. Der zweite Punkt stellt den Beginn der Dateinamenerweiterung dar.

Die kopierte Datei wird wieder angewählt und die verbleibende freie Speicherkapazität der Diskette berechnet. Die Berechnung erfolgt aufgrund der bisher kopierten Datensätze. Sind noch nicht alle Datensätze übertragen, wird mit *skip* zum nächsten Datensatz gesprungen und dieser kopiert. Der Programmablauf verzweigt zum Anfang der *do*-Schleife, sofern das Ende der Datei nicht erreicht ist.

Nachdem die gesamte Datei kopiert ist, wird DATEIEN angewählt und der Datensatzzeiger einen Datensatz weitergestellt. Die nächste Datei kann kopiert werden. Die Schleife wird nach Komplettierung des Prozesses verlassen und die Variable DISK in die Datei DISK gespeichert. Der Name des Unterverzeichnisses \DATEN kann weggelassen werden, wenn für Daten und Programme keine Unterverzeichnisse verwendet werden.

Übertragung der Sicherheitskopien - MEN82

Diesen Menüpunkt werden Sie hoffentlich niemals benötigen. Das Programm, MEN82.PRG in Listing 12.7, überträgt den Inhalt der Sicherheitskopien auf die Festplatte, nachdem die Originaldaten auf der Festplatte zerstört wurden.

Wichtig ist, daß die Sicherheitskopien in der richtigen Reihenfolge übertragen werden. In der Variable DISK in der Datei DISKS ist die Anzahl der verwendeten Disketten abgelegt. Die Variable wird mit *restore* in den Hauptspeicher geladen und anschließend die Speichervariable DISK angelegt und der Anfangswert auf 10 gesetzt.

In der Schleife wird dafür gesorgt, daß die Sicherheitskopiedisketten in der richtigen Reihenfolge verwendet werden. Der Programmabbruch wird ebenfalls hier überwacht. Eine Diskette (Eingabeaufforderung mit Diskettenspezifikation) muß eingelegt werden. Die Datei DISKNR.MEM wird geöffnet und die Inhalte der Variablen DISKNR und DISK verglichen. Bei Übereinstimmung der Variablen kann der nächste Schritt bearbeitet werden.

```
* men82.prg
do UEBSCHR with 'Datenbanken von Disketten zurückholen'
restore from DISKS additive
DISKS = DISK
DISK = 10
Do while DISK < DISKS
  DISK = DISK + 1
  @ row()+1,0 clear
  do while .T.
    @ 20,0 say 'Bitte einlegen: Diskette-Nr. '+str(DISK,2)
    @ 21,0 say 'Leertaste betätigen, wenn die Diskette eingelegt ist'
    wait 'oder "A" zum Abbrechen ' to ABORT
    @ 20,0 clear
    if ABORT $ 'aA'
      return
    endif
    if .not. file('A:DISKNR.MEM')
      @ 23,2 say 'Dies ist keine Sicherheitskopiediskette '
      ?? GLOCKE
      loop
    endif
    restore from A:DISKNR additive
    if DISKNR # DISK
      @ 23,2 say 'Falsche Sicherheitskopiediskette'
      ?? GLOCKE
      loop
    endif
    exit
  enddo
  select 1
  use a:DATLIST
  @ 4,0 clear
  do while .not. eof()
    SDATEI   = trim(DATEI)
    NEUNAME = substr(DATEI,1,at('.',DATEI)) + 'DBF'
    ? 'Zurückladen ',MELDUNG
    if substr(DATEI,at('.',DATEI),4) # '.001'
      select 2
      use &NEUNAME
      append from a:&SDATEI
    else
      copy file a:&SDATEI to \BUCH\DATEN\&NEUNAME
    endif
```

```
    select DATLIST
    skip
  enddo
enddo
do MEN83.PRG
```

Listing 12.7 - MEN82.PRG

Die Datei DATLIST wird geöffnet (vorausgesetzt, die richtige Diskette liegt im Laufwerk). DATLIST enthält die Namen der Dateien, in denen die Sicherheitskopien vorliegen. Die Standarddateinamenerweiterung .DBF ist durch .001 oder .002 ersetzt worden. Die Erweiterungen dienen der Unterscheidung zwischen dem ersten und zweiten Teil einer Datenbankdatei. Durch die innere Schleife ist sichergestellt, daß alle Datensätze des Verzeichnisses vor einem Diskettenwechsel abgearbeitet sind.

Jeder Datensatz enthält den Namen der Sicherheitskopiedatei, wie sie auf der Diskette gespeichert ist. Der Name wird in die Variable SDATEI, der Zielname nach NEUNAME gespeichert. Der Zielname besteht aus dem Dateinamen, wobei für .001 und .002 die Dateinamenerweiterung .DBF gesetzt wird. Mit *substr* wird nach dem Punkt gesucht, der die Namenerweiterung vom Basisnamen trennt. Auf dem Bildschirm wird der Inhalt des Feldes MELDUNG zur Benutzerinformation angezeigt.

Der Befehl *copy file* wird auf alle Dateien angewandt, die die Namenerweiterung .001 tragen. Im Beispiel wurde angenommen, daß die Datei in ein Unterverzeichnis kopiert werden soll. Falls Unterverzeichnisse in Ihrem System nicht verwendet werden, muß \BUCH\DATEN\ aus der Spezifikation des Zielnamens gestrichen werden. Die Datei wird während des Kopiervorgangs umbenannt.

Für Dateien, die die Namenerweiterung .002 tragen, kann der Befehl *copy* nicht verwendet werden. *copy* überschreibt den Inhalt einer vorhandenen Datei. Daher wird die Arbeitsfläche 2 angewählt und der bereits übertragene Teil der Datei geöffnet. Mit *append from* werden die restlichen Datensätze angefügt.

Nachdem alle Dateien kopiert sind, muß das nächste Programm, MEN83-.PRG, angewählt werden, um die Indexdateien wieder anzulegen. Beachten Sie, daß weder Indexdateien noch Programmdateien kopiert wurden. Indexdateien können jederzeit aus den Datenbankdateien rekonstruiert und Programmdateien müssen nur ein einziges mal kopiert (und sicher verwahrt) werden.

Datenbankdateien zurücksetzen - MEN83

Das Programm MEN83.PRG in Listing 12.8 bereitet Datenbankdateien nach einem Notfall (zum Beispiel Stromausfall) auf den Zugriff vor. Der dBASE IV-Header und die Indexdateien müssen rekonstruiert werden, selbst wenn dies zu einem weiteren Datenverlust führen sollte.

```
* men83.prg
do UEBSCHR with 'Reset der Datenbankdateien'
@ 4,24 say 'Reset von                    Datensätzen'
select 2
use DATEIEN
do while .not. eof()
   @ recno()+4,24 say MELDUNG
   DATEINAME = DATEI
   select 1
   use &DATEINAME
   if .not. (eof() .and. bof())
      go bottom
      skip
   endif
   ?? recno()-1
   @ 18,0
   set talk on
   pack
   set talk off
   select DATEIEN
   @ recno()+5,0 clear
   skip
enddo
```

Listing 12.8 - MEN83.PRG

Eine Fehlermeldung bezüglich der Datensatzmenge einer Datenbankdatei erscheint meist beim Zugriff auf eine beschädigte Datei. *pack* bringt die Datei in einen Zustand, in dem sie wieder verwendet werden kann. Die Datenbank wird von nicht verwendbaren Datensätzen befreit und der Datensatzzähler neu gesetzt. Zudem werden alle offenen Indexdateien automatisch reindiziert.

Im Menü werden die Dateien mit ihren Indexdateien nacheinander geöffnet und der Befehl *pack* ausgeführt. Auf dem Bildschirm erscheint dabei die Gesamtzahl der Datensätze der Datei, um dem Benutzer zu zeigen, daß das System beschäftigt ist. *set talk on* ermöglicht die Ausgabe des aktuellen Status der Operation auf dem Bildschirm.

Formatieren von Disketten - MEN84

Für viele Operationen muß eine Diskette bereits formatiert sein. Die Befehle *run* oder *!* können zum Starten eines externen Programms oder eines DOS-Befehls von dBASE IVaus verwendet werden, wenn das System über mindestens 320 Kbyte Hauptspeicherkapazität verfügt. Die Programme MEN81 und MEN82 können entsprechend abgeändert werden.

In MEN84.PRG (Listing 12.9) wird die Verwendung des Befehls *run* demonstriert. Das Programm besteht größtenteils aus beschreibenden Texten und Warnungen. Die Verarbeitung sollte aus dBASE IVheraus geschehen, wenn das verwendete System die Möglichkeiten dazu bietet.

```
* men84.prg
do UEBSCHR with "Disketten formatieren"
if .not. file('FORMAT.COM')
   ? 'Formatierprogramm FORMAT.COM ist nicht im Systemverzeichnis'
   wait
   return
endif
Text

          Dieses Programm formatiert leere Disketten, damit sie
          als Sicherheitskopien für Datenbankdateien verwendet
          werden können.

          Auf der Diskette gespeicherte Daten werden durch den
          Formatierprozeß zerstört!

          Betätigen Sie entweder ....<Return> für Weiter
                                     "A"      für Abbruch
endtext
wait ' ' to ANTWORT
if upper(ANTWORT) # 'A'
   @ 11,0 clear
   run format a:
endif
```

Listing 12.9 - MEN84.PRG

Teil 3

Ausgewählte Probleme

Kapitel 13

Dateneingabe

Die Dateneingabe ist in erster Linie ein manueller Vorgang und folglich sehr zeitaufwendig. dBASE IV stellt einige Hilfen zur Dateneingabe zur Verfügung. Diese Befehle sind:

append
browse
change
edit
insert

append und *insert* fügen neue Datensätze hinzu und geben dem Benutzer Gelegenheit, Daten einzugeben. Mit *browse* können neue Datensätze angehängt und existierende Datensätze editiert werden. Die Inhalte bereits vorhandener Datensätze lassen sich mit den Anweisungen *change* und *edit* verändern.

Die Befehle sind leistungsstark und bieten einen seitenorientierten Editiervorgang. *Seitenorientiert* (*full-screen*) bedeutet, daß der Cursor vollständig der Kontrolle des Benutzers unterliegt, er kann an jede beliebige Stelle des Bildschirms gestellt werden. Seitenorientiertes Editieren stellt ein flexibles Dateneingabemerkmal dar.

Die Programmiersprache dBASE IV verfügt über Mittel zur Optimierung die Dateneingabe. Die Dateneingabe kann verbessert werden durch:

Angepaßte Bildschirmformate;

Indirekte Dateneingabe;

Gleichzeitige Eingabe in zwei Datenbanken;

Fehlerüberprüfung;

Editieren über ein Menü.

Befehle, die bei der Dateneingabeprogrammierung in dBASE IV verwendet werden, sind:

append blank	set format to
@x,y say	clear
@x,y get	clear gets
replace	read
accept	input

Von diesen Anweisungen werden *accept* und *input* nur selten verwendet. Sie sind Überbleibsel von dBASE II. Der Benutzer wird aufgefordert, Daten in Zeichen- oder numerische Variablen einzugeben. Die beiden Anweisung werden an der nächsten freien Bildschirmposition (geringe Kontrollmöglichkeit bezüglich der Position) ausgeführt, die Eingabe muß vom richtigen Datentyp sein und wird mit der Return-Taste abgeschlossen.

Angepaßte Bildschirmformate

Eine typische, von *append* oder *edit* erzeugte Bildschirmmaske ist in Bild 13.1 zu sehen. Die Eingabeaufforderungen bestehen dabei aus den Feldnamen. Die Feldbreite wird durch Inversdarstellung angedeutet. Feldnamen und Markierungsbalken erscheinen jeweils in einer Spalte. Sind in der Datei mehr als 22 Felder vorhanden, so werden die ersten 22 Feldnamen angezeigt. Nach einer Eingabe in das 22.te Feld wird der Bildschirm nach oben gerollt.

Mit dBASE IV können angepaßte Eingabemasken anstelle von Anzeigebefehlen definiert werden. Ein Beispiel sehen Sie in Bild 13.2.

Die Befehle zum Erstellen von seitenorientierten Eingabemasken sind:

clear
@zeil,spal say ausdruck
@zeil,spal get variable
read

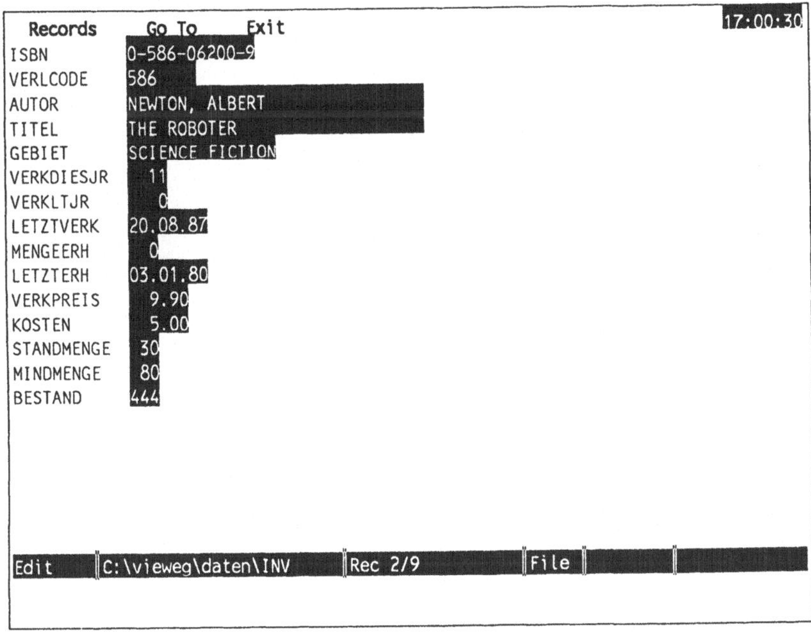

Bild 13.1 - Beispiel einer Eingabemaske für append und edit

clear löscht den Bildschirm. Die mit dem Klammeraffezeichen @ beginnenden Befehle dienen der Anzeige/Eingabe von Daten. Die Startposition (Zeile/Spalte) der Daten auf dem Bildschirm kann angegeben werden. Der Bildschirm ist in 25 Zeilen (0-24) und 80 Spalten (0-79) aufgeteilt; Zeile 0 ist dabei für dBASE-Statusmeldungen reserviert.

Mit @...*say* kann nur ein einziger Ausdruck eines beliebigen Datentyps angezeigt werden. Die Anzeige des Inhaltes eines einzelnen Feldes oder einer Speichervariablen erfolgt mit @...*get*. Die Variable erscheint im allgemeinen in inverser Darstellung. Mit *get* angezeigte Variablen können mit *read* editiert werden. *read* setzt den Cursor auf die erste mit *get* auf dem Bildschirm angezeigte Variable. Der Cursor kann mit den Cursortasten in jede beliebige Position auf eine mit *get* angezeigte Information gebracht werden. Die Veränderung der Variablen erfolgt durch einfaches Überschreiben der angezeigten Daten.

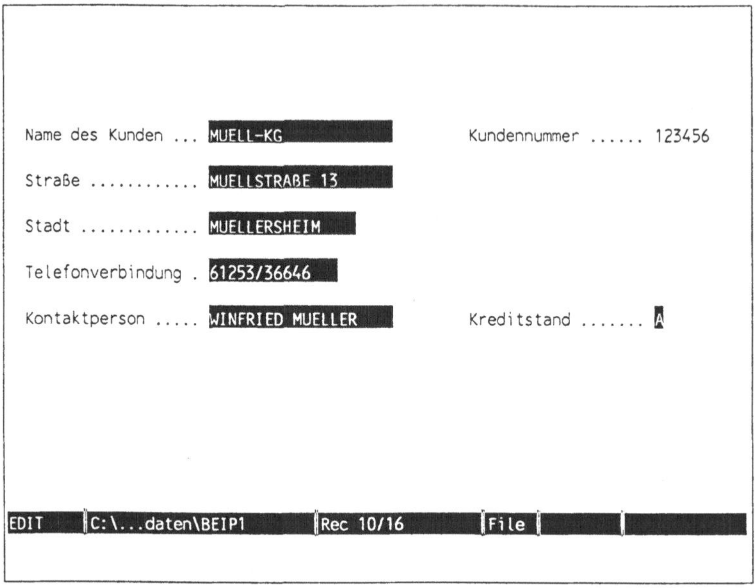

```
Name des Kunden ... MUELL-KG                Kundennummer ...... 123456

Straße ........... MUELLSTRAßE 13

Stadt ............ MUELLERSHEIM

Telefonverbindung . 61253/36646

Kontaktperson ..... WINFRIED MUELLER        Kreditstand ....... A


EDIT  C:\...daten\BEIP1   Rec 10/16   File
```

Bild 13.2 - Eingabemaske

Die in Bild 13.2 gezeigte Eingabemaske wurde mit einer Formatdatei angelegt. Eine Formatdatei ist ein Programm, das lediglich die folgenden drei Befehle enthält: *@...say*, *@...get* und *note* (oder *). Die Datei kann in Verbindung mit den seitenorientierten Editierbefehlen *append*, *change*, *edit* und *insert* verwendet werden. In Listing 13.1 sehen Sie eine Formatdatei, die die Eingabemaske in Bild 13.2 erzeugt. Die Namenerweiterung .FMT wird automatisch für Formatdateien vergeben. Der Befehl

```
set format to dateiname
```

öffnet die Formatdatei auf der aktiven Arbeitsfläche. Die Verwendung der vier seitenorientierten Editierbefehle erzeugt die in Bild 13.2 gezeigte Eingabemaske, solange die Formatdatei auf der Arbeitsfläche geöffnet ist. Nach der Veränderung der Datenbankdatei kann die Formatdatei geschlossen werden. Das Öffnen einer anderen Formatdatei auf derselben Arbeitsfläche oder die Anweisung *close format* schließt die aktuelle Formatdatei. Für jede geöffnete Datenbank darf nur eine Formatdatei geöffnet sein.

```
@ 5,50 say 'Kundennummer ...... '+ KUNDNR
@ 5,2  say 'Name des Kunden ... ' get NAME picture '@!'
@ 7,2  say 'StraÄe ............ ' get STRASSE picture '@!'
@ 9,2  say 'Stadt ............. ' get STADT picture '@!'
@ 11,2 say 'Telefonverbindung . ' get TELEFON picture '99999/999999'
@ 13,2 say 'Kontaktperson ..... ' get EMPF picture '@!'
@ 13,50 say 'Kreditstand ....... ' get KREDIT picture '! '
```

Listing 13.1 - Formatdatei zur Erzeugung der Eingabemaske in Bild 2

Der Befehl *read* kann in Verbindung mit Formatdateien verwendet werden. Die in der Formatdatei vorformatierte Eingabemaske wird angezeigt und der aktuelle Datensatz mit *read* editiert. Allgemein ist zu Formatdateien folgendes zu sagen:

Die Felder können in beliebiger Reihenfolge auf dem Bildschirm erscheinen. Die Eingabemaske kann so formatiert werden, daß die zu editierenden Felder zuerst angezeigt werden.

Es müssen nicht alle Felder, sondern nur die zu editierenden auf dem Bildschirm erscheinen.

Jede mit *get* angezeigte Variable kann editiert werden. Variablen und Felder können gleichermaßen editiert werden.

Auf dem Bildschirm können Erläuterungen und erklärende Texte angezeigt werden.

In Formatdateien können nur dBASE IV-Befehle verwendet werden: *@x,y say* und *@x,y get*. *say* und *get* können in derselben Zeile erscheinen und mit der Option *picture* erweitert werden. Diese Möglichkeit ist in Listing 13.1 gezeigt:

```
@zeil,spal say ausdruck get variable
```

PICTURE

Der Befehl *picture* erzeugt Spezialeffekte bei der Datenein-/-ausgabe (Darstellung in Großbuchstaben oder Eingabebeschränkung auf numerische Zeichen). Für jeden *say*- und *get*-Befehl darf eine eigene *picture*-Funktion spezifiziert werden:

```
@zeil,spal say...picture "..." get...picture "..."
```

Funktion picture

Die Darstellung besteht aus zwei optionalen Teilen: der *picture*-Funktion und der *picture*-Schablone. Bei Verwendung der *picture*-Funktion muß mindestens eine Schablone verwendet werden. Die Funktion gilt für die gesamte Variable. Eine Schablone gilt für jeweils ein Zeichen der Variablen bzw. des Feldes. Eine *picture*-Funktion beginnt mit einem Klammeraffensymbol @. Die *picture*-Funktion @! zwingt beispielsweise alle Zeichen einer Variablen zu Großbuchstaben.

```
@11,2 say 'Land........'get LAND picture '@!'
```

picture-Funktionen

In Tabelle 13.1 sind die *picture*-Funktionen zu sehen:

C	zeigt die Zeichenfolge CR nach einer positiven Zahl an.
X	zeigt die Zeichenfolge DB nach einer negativen Zahl an.
(	schließt negative Zahlen in Klammern ein.
B	zeigt numerische Daten linksbündig an.
Z	zeigt den numerischen Wert 0 als Leerzeichen.
D	amerikanisches Datumsformat.
E	europäisches Datumsformat.
A	nur Buchstaben.
!	nur Großbuchstaben.
R	erlaubt Literale in der Schablone, die nicht Teil der Daten sind.

Tabelle 13.1 - picture-Funktionen von dBASE IV

picture-Schablonen

Das untenstehende Beispiel zeigt die Verwendung einer Schablone, die die Eingabe der Ziffern 0 bis 9 für jedes Zeichen erlaubt (zur Ermöglichung der Korrespondenz mit dem Ausland sind fünf Stellen vorgesehen).

```
@11,24 say 'Postleitzahl.....' get PLZ picture '99999'
```

Alle erlaubten Schablonensymbole sind in Tabelle 13.2 zu sehen. Alle anderen in der Schablone verwendeten Zeichen werden zum festen Bestandteil der Eingabe, sofern die Funktion *R* nicht spezifiziert wurde. Im Beispiel, das der Eingabe amerikanischer Telfonnummern dient, sind die Symbole *()* und - keine Schablonensymbole. Sie werden mit den eingegebenen Daten gespeichert.

```
@13,2 say 'Telefon'get TEL picture '(999)9999-999'
```

Die Schablone begrenzt die Anzeige numerischer Daten. Ein Nebeneffekt der Schablonen ist die begrenzte Eingabe numerischer Daten, daß heißt, bei Eingabe numerischer Werte ist die Stellenanzahl begrenzt. Diese Limitierung besteht nicht für Variablen, sie werden für gewöhnlich mit zehn Stellen angezeigt. Um die Anzeige einer Variable zu formatieren, muß das Nummernzeichen # verwendet werden:

```
@...get NUMMER picture '###.##'
```

9	nur Ziffern bei Zeichendaten, Ziffern und Vorzeichen bei numerischen Daten.
#	nur Ziffern, Leerzeichen und Vorzeichen.
A	nur Buchstaben.
L	nur logische Daten.
N	Buchstaben und Ziffern.
X	alle Zeichen.
!	konvertiert Buchstaben zu Großbuchstaben (keine Auswirkung auf andere Zeichen).
$	zeigt das Dollarzeichen anstelle führender Nullen an.
*	zeigt Asteriskzeichen anstelle führender Nullen an.
.	Position des Dezimalzeichens.
,	zeigt Komma an, wenn Ziffern links davon existieren.

Tabelle 13.2 - Schablonensymbole

Wertebereich prüfen

Für numerische Daten und ein Datum kann ein gültiger Wertebereich bestimmt werden. Das Feld KOSTEN soll auf die Eingabe negativer Zahlen einschließlich der Null beschränkt werden. Der diesbezügliche Befehl lautet:

```
@...get KOSTEN range 0
```

Ein zweites Beispiel: Das Feld BREITE soll auf die Eingabe von Zahlen zwischen 5 und 9 (jeweils einschließlich) beschränkt werden.

```
@... get BREITE range 5,9
```

Die Eingabe einer ungültigen Zahl führt zu einer Fehlermeldung in der Statuszeile (Zeile 0). Die Fehlermeldung zeigt den korrekten Wertebereich an und der Benutzer wird aufgefordert, die Leertaste zu betätigen. Die Anzeige des Wertebereiches (und der Fehlermeldung) entfällt bei Spezifikation des Systemparameters *set scoreboard off*.

Der Wertebereich kann auch indirekt durch den Inhalt von Variablen und Feldern bestimmt werden. Der Grenzwert ist der Inhalt des Feldes bzw. der Variablen zum Zeitpunkt des Befehlsaufrufs. Eine dynamische Grenzwertanpassung ist (leider) nicht möglich. Von den beiden Feldern KOSTEN und PREIS kann KOSTEN als untere Grenze von PREIS verwendet werden.

```
@...get PREIS range KOSTEN
```

Formatdateien sind separat angelegte Dateien. Das Öffnen einer Formatdatei benötigt nur einen Sekundenbruchteil. Bei einigen Systemen sind beim Öffnen von Formatdateien merkliche Verzögerungen festzustellen. In diesem Fall sollten Sie die Formatdatei nach der Beendigung der Entwicklung in Ihr Programm aufnehmen.

Indirekte Dateneingabe

Für die Aktualisierung des Inventarsystems müssen der Lagerbestand und die Liefermenge für jeden Artikel addiert und das Ergebnis der Addition in die Datenbank gespeichert werden. Der Benutzer soll nur die gelieferte Menge eingeben, die Berechnung und das Speichern der berechneten Gesamtmenge in die Datenbank soll vom System übernommen werden. Dieser Vorgang heißt *indirekte Eingabe.*

Die Technik wurde in den vorigen Kapitel bereits weitestgehend genutzt. Die folgenden Zeilen zeigen ein Beispiel:

```
NUMMER= space(10)
LIEFERMENG = 0
@ 12,10 say 'Geben Sie eine Teilnummer ein' get NUMMER
@ 14,10 SAY 'Gelieferte Menge'              get LIEFERMENG
read
replace BESTAND with BESTAND+LIEFERMENG for TEILNUMMER = NUMMER
```

Die indirekte Dateneingabe befreit den Benutzer von unnötigen Entscheidungen und Berechnungen. Auch die Fehlerwahrscheinlichkeit wird dadurch herabgesetzt.

Gleichzeitige Eingabe von Daten in zwei Datenbanken

Daten von mehreren Datenbanken können gleichzeitig auf den Bildschirm ausgegeben werden. Dazu muß über einen Verweis auf die Datenbanken (die geöffnet sein müssen) auf die einzelnen Felder in der Form Datenbankname->Feldname zugegriffen werden.

Die für das in Listing 13.2 gezeigte Beispiel geöffneten Datenbanken sind INVENTAR und VERLEGER.

```
use c:\buch\daten\inv alias inventar
select 2
use c:\buch\daten\verleger
@  5,2  say 'Titel  '          get INVENTAR->TITEL      picture '@!'
@  6,2  say 'Autor  '          get INVENTAR->AUTOR      picture '@!'
@  7,2  say 'Gebiet '          get INVENTAR->GEBIET     picture '@!'
@ 14,17 say "Verlegerinformationen"
@ 16,2  say 'Verleger      '   get VERLEGER->NAME       picture '@!'
@ 17,2  say 'Kontaktperson '   get VERLEGER->EMPF       picture '@!'
@ 18,2  say 'Adresse       '   get VERLEGER->ADRESSE    picture '@!'
read
```

Listing 13.2 - Dateneingabe von einem Bildschirm in zwei Datenbanken

Fehlerprüfung

Die Dateneingabe bietet dem Benutzer die beste Gelegenheit, Fehler in ein System einzubringen. Eine Vielzahl dieser Fehler (aber nicht alle) läßt sich durch geschickte Programmierung vermeiden.

Die *picture*-Anweisung bietet einen gewissen Schutz vor fehlerhaften Eingaben. Jedes eingegebene Zeichen kann gesondert geprüft und Buchstaben zu Großbuchstaben konvertiert werden; die Eingabe von Buchstaben in numerische Felder läßt sich ebenfalls verhindern. Teile des Eingabefeldes können bereits vom System ausgefüllt werden, wie zum Beispiel der Schrägstrich bei Telefonnummern. *picture* ist eine erste Abhilfe gegen Fehler!

Eine weitere Hilfestellung ist die Spezifikation des Wertebereichs. Der Wertebereich bei der Eingabe in numerische und Datumsfelder sollte mit *range* beschränkt werden, sofern dies möglich ist. *range* bringt keine merkliche Verzögerung und wird jedesmal aktiv, wenn der Cursor auf diesen Datenpunkt positioniert wird.

Besteht der Inhalt eines Feldes aus einer Ja/Nein-Antwort, kann ein logisches Feld verwendet werden. dBASE IV erlaubt in logischen Feldern keine Eingabe außer *Wahr/Falsch* (*Ja/Nein*). Bei der Arbeit mit logischen Feldern muß beachtet werden, daß die meisten *J/N*-Entscheidungen (Entscheidungen mit zwei Antwortmöglichkeiten) in Wirklichkeit drei mögliche Antworten besitzen: *Ja*, *Nein* und *Unbekannt*. Der Benutzer kennt vielleicht die Antwort auf die J/N-Frage nicht, was dann? Alle Anzeigebefehle außer den standardisierten seitenorientierten Editierbefehlen zeigen eine solche Antwort als *Falsch* (*Nein*) an. Falls die Möglichkeit besteht, daß die Antwort *Unbekannt* vorkommt, sollte statt des logischen Feldes ein Zeichenfeld verwendet werden.

Als letzten Schutz gegen Fehler können eingegebene Daten sofort oder später überprüft werden. Im ersten Fall gehen einige der Eigenschaften des seitenorientierten Editiervorgangs verloren, der Benutzer kann bereits bearbeitete Datensätze nicht mehr verändern. Die Überprüfung im Nachhinein ist vorzuziehen (Vergleich zwischen den Datensätzen), weil hier die Tatsache genutzt wird, daß die meisten Daten richtig eingegeben werden. Die sofortige Überprüfung ist nur dann von Vorteil, wenn die Werte voneinander abhängig sind (dynamische Bildschirmeingabe).

In Listing 13.3 sehen Sie ein Programm, das die Fehlerüberprüfung sofort vornimmt. Die bearbeiteten Felder sind NAME, RAUM, KLASSE und BESTANDEN. Alle vier Felder sind Zeichenfelder. Das Programm stellt sicher, daß zumindest die letzten drei Werte gültig sind. In Listing 13.4 sehen Sie ein Programm, das dieselbe Aufgabe erfüllt, die Überprüfung aber erst nach Beendigung der Eingabe durchführt. Diese Prüfoperation ist etwas komplexer, erscheint dem Benutzer aber einfacher und flexibler. Obgleich nützlich, unterbindet Listing 13.3 den Hauptvorteil des seitenorientierten Editiervorgangs: Daten in beliebiger Reihenfolge zu verändern. Nach einem *read*-Prozeß kann ein vorher editierter Datensatz nicht mehr angesprochen werden. Es können nur Daten angesprochen werden, die seit dem letzten *read*-Befehl angezeigt wurden.

Eine optimale Fehlerüberprüfung bietet das Programm in Listing 13.4. Der Benutzer kann Daten eingeben, die nach der Eingabe überprüft werden. Eine fehlerhafte Eingabe wird vom Benutzer überschrieben. Das längere Programm in Listing 13.4 ist dem ursprünglichen Programm vorzuziehen.

```
use schule
@ 3,1 say "Name des Schülers" get NAME
do while .not. RAUM $ ' 1, 3,15,22,31,4A'
  @ 5,1 say 'Raum' get RAUM
  read
enddo
do while .not. KLASSE $ 'K123456'
  @ 5,20 say 'Klasse' get KLASSE
  read
enddo
  do while .not. upper(BESTANDEN) $ 'JN'
  @ 5,40 say 'BESTANDEN' get BESTANDEN
  read
enddo
close databases
```

Listing 13.3 - Beispiel einer zeilenorientierten Fehlerprüfung

Dateneingabemasken

Die zeilenorientierte Fehlerpüfung sollte nur eingesetzt werden, wenn Teile der Bildschirmdarstellung aufgrund einer Anwort verändert werden. In diesem Fall wird nicht auf die Gültigkeit der Antwort geprüft, sondern festgestellt, was als nächstes geschehen soll.

Zum Beispiel müssen englische Schulen, die sich mit einer Vielzahl von Schülern zu beschäftigen haben, deren Muttersprache nicht englisch ist, die englischen Sprachkenntnisse dieser Schüler bewerten. Englischsprachige Schüler benötigen diesen Leistungsnachweis nicht. Eine Angabe zur Muttersprache muß folglich im Schülerdatensatz enthalten sein. Für englischsprachige Schüler wird die Leistungsbewertung übergangen. Im Programmsegment in Listing 13.5 wird gezeigt, wie die Dateneingabe für ein derartiges Problem aussehen könnte.

In dem einfachen Beispiel gibt der Benutzer die Muttersprache des Schülers ein und wird nur dann nach der Leistungsbewertung gefragt, wenn die Antwort zu der Frage "Ist die Muttersprache Englisch?" negativ ist.

```
use schule
@ 3,1  say "Name des Schülers"  get NAME
@ 5,1  say 'Raum'               get RAUM
@ 5,20 say 'Klasse'             get KLASSE
@ 5,40 say 'Bestanden (J/N)'    get BESTANDEN
read
do while .not. RAUM $ ' 1, 3,15,22,31,4A'
   @ 5,1 say 'Raum' get RAUM
   read
enddo
do while .not. KLASSE $ 'K123456'
   @ 5,20 say 'Klasse' get KLASSE
   read
enddo
do while .not. upper(BESTANDEN) $ 'JN'
@ 5,40 say 'Bestanden (J/N)' get BESTANDEN
read
enddo
close databases
```

Listing 13.4 - Verbessertes Fehlerprüfungsprogramm

```
@ 3,1  say "Name des Schülers"    get NAME
@ 5,1  say 'Raum'                 get RAUM
@ 5,20 say 'Klasse'               get KLASSE
@ 5,40 say 'Bestanden (J/N)'      get BESTANDEN
@ 7,1  say 'Muttersprache Englisch (J/N)?' get FRAGE
read
clear gets
if FRAGE $ 'Nn'
  @ 7,0   && Zeile löschen
  @ 7,1  say 'Muttersprache'      get SPRACHE
  @ 9,1  say 'Leistungsbewertung' get LEISTUNG
  read
else
  replace SPRACHE with 'ENGLISCH'
endif
```

Listing 13.5 - Dynamische Dateneingabe

Eine sich anpassende Dateneingabemaske ist oftmals sinnvoll. Ein weiteres Beispiel: Die Frage nach dem Namen des Ehegatten kann bei einer ledigen Person entfallen.

Editieren über Menüs

Bei vielen unterschiedlichen Daten ist es nützlich, ein Editiermenü zu erstellen. Über diese Technik kann das eigentliche Programm besser genutzt werden, da mit nur einer Information pro *read*-Anweisung gearbeitet wird.

Listing 13.6 bezieht sich auf das Schulbeispiel und zeigt die Verwendung eines Editiermenüs. Als großer Vorteil kann die Ausgeklügeltheit des Editierprogramms angesehen werden, die in dieser Ausführlichkeit nur beim Editieren eines einzelnen Datensatzes möglich ist (beispielsweise können andere Dateien durchsucht werden). Diese leistungsfähige Technik wird nur selten verwendet.

Browse

Die Anweisung *browse* kann verwendet werden. Leider besitzt sie aber auch einige Unzulänglichkeiten. Eine effektive Nutzung des Befehls ist nur mit den Cursortasten möglich. Das Hilfsmenü wird bei der Betätigung der Funktionstaste *F1* angezeigt. Es gibt aber keine Gewährleistung dafür, daß der Benutzer diese Taste verwendet oder mit den Funktionen der Cursortasten vertraut ist. Weiterhin stellt *browse*, am Ende der Datei angekommen, die Frage nach neuen Datensätzen. Diese Frage kann für Anfänger verwirrend sein.

Alle in diesem Kapitel angesprochenen Techniken unterstützen die Eingabe und sind nützliche Erweiterungen der dBASE IV-Eingabeanweisungen *append*, *insert*, *browse* und *edit*. Sie sollten mit jeder Technik einmal gearbeitet haben. Der Erfolg eines Dateneingabeprogramms steht und fällt mit der Bedienbarkeit. Die Wünsche der Benutzer sollten dabei nicht unberücksichtig bleiben.

```
use schule
do while .T.
PUNKT  = space(1)
@ 3,1  say "1 - Name des Schülers "  get NAME
@ 5,1  say '2 - Raum'                get RAUM
@ 5,20 say '3 - Klasse'              get KLASSE
@ 5,40 say '4 - Bestanden (J/N)?'    get BESTANDEN
@ 18,1 say 'Eingabe von * für Beenden'
clear gets
@ 20,1 say 'Nummer des zu editierenden Punktes eingeben' get PUNKT
read
do case
   case PUNKT = '*'
     exit
   case PUNKT = '1'
         @ 3,1 say '1 - Name des Schülers 'get NAME
         read
   case PUNKT='2'
          @ 5,1 say '2 - Raum' get RAUM
          read
          do while .not. RAUM $ ' 1, 3,15,22,31,4A'
               @ 18,1 say 'Raum existiert nicht
               @ 5,1  say '2 - Raum' get RAUM
               read
          enddo
   case PUNKT='3'
          @ 5,20 say '3 - Klasse' get KLASSE
          read
          do while .not. KLASSE $ '1,2,3,4,5,6,K'
               @ 18,1 say 'ungültige Klassenstufe
               @ 5,20 say '3 - Klasse' get KLASSE
               read
          enddo
```

```
   case PUNKT='4'
          @ 5,40 say '4 - Bestanden (J/N)?' get BESTANDEN
          read
          do while .not. BESTANDEN $ 'jJNn'
               @ 18,1 say 'Bitte antworten Sie mit Ja oder Nein'
               @ 5,40 say '4 - Bestanden (J/N)?'get BESTANDEN
               read
         enddo
   endcase
   @ 18,1
enddo
```

Listing 13.6 - Beispiel eines Menüeditierprogramms

Kapitel 14

Datum und Zeit

In dBASE gibt es mehrere Datums- und Zeitfunktionen. Vor allem das Datum wird in Geschäftsanwendungen häufig benötigt. Ohne die Datumsfunktionen und den Datentyp *Datum* wäre das Arbeiten mit Datumsangaben sehr umständlich.

Leider ist die Schreibweise des Datums nicht einheitlich. In den USA wird das Datum in der Form *Monat, Tag Jahr* geschrieben, in Europa wird das Format *Tag, Monat Jahr* verwendet. Japan bietet eine dritte Version: *Jahr, Monat, Tag*. Hinzu kommt, daß die Trennsymbole mit Land und Kultur variieren. Es werden mindestens die folgenden vier Symbole zur Trennung von Tag, Monat und Jahr verwendet: Schrägstrich /, Punkt ., Bindestrich - und Komma ,.

Die Standardsortier- und Vergleichsoperationen beginnen mit dem linken Zeichen und vergleichen Zeichen für Zeichen von links nach rechts. Ein Datum als Zeichenkette in einem Zeichenfeld kann folglich niemals sinnvoll sortiert werden, weil hier der 05. September 1985 vor den 20. März 1960 sortiert würde. Das gleiche Problem tritt auf, wenn ein Datum mit einem anderen Datum verglichen wird. Lediglich in Japan kann mit der Eingabe eines Datums in Form von Zeichen gearbeitet werden.

Erschwerend wirkt sich die Tatsache aus, daß die Monate eine unterschiedliche Anzahl von Tagen (von 28 bis 31) besitzen und Schaltjahre berücksichtigt werden müssen. Jedes vierte Jahr ist ein Schaltjahr (das heißt, der Februar hat 29 Tage), die vollen Jahrhunderte sind aber nicht immer Schaltjahre. Nur jedes vierte volle Jahrhundert ist ein Schaltjahr (1600 und 2000, aber nicht 1700, 1800 und 1900).

Datum

Bei der Arbeit mit einem Datum ist der Datentyp *Datum* hilfreich. Sowohl Felder als auch Variablen können vom Typ *Datum* sein. Charakteristisch ist, daß ein Datumsfeld eine Länge von acht Zeichen aufweist und das Datum scheinbar in dem uns gewohnten Format gespeichert wird. Der 25. September 1987 erscheint als 25.09.1987. dBASE IV speichert das Datum aber als 19870925, so daß sich die normalen Vergleichs-, Sortier- und Indizieroperationen darauf anwenden lassen.

Bei Eingabe eines Datums im seitenorientierten Editiermodus wird das Datum auf seine Gültigkeit geprüft. Der 32. September wird vom System nicht angenommen. Auf dem Bildschirm erscheint eine Fehlermeldung, und der Benutzer kann nicht fortfahren, ehe er ein gültiges Datum eingegeben hat.

Berechnungen mit Datum

Ein weiteres Merkmal eines Wertes des Typs *Datum* ist die Möglichkeit, damit Berechnungen anzustellen. Die Subtraktion einer Zahl von einem Datum ist ein Datum, gleiches gilt für die Addition. Die Zahl ist dabei der Anzahl der Tage zwischen den beiden Datumsangaben. Auch zwei Datumsangaben können voneinander abgezogen werden; das Resultat ist die Anzahl der zwischen den beiden Datumsangaben liegenden Tage.

```
Datum1 - Datum2    = Anzahl der Tage zwischen Datum1 und Datum2
Datum1 - N(Tage)   = Neues Datum1
Datum1 + N(Tage)   = Neues Datum1
```

Verändern eines Datums

Das Systemdatum kann von dBASE IV nicht direkt verändert werden. Bei einem System mit mehr als 320 Kbyte Speicherkapazität kann der Befehl *run* mit dem DOS-Programm *DATE* verwendet werden:

```
run DATE
```

Sie sollten für Geschäftanwendungen eine Erweiterungskarte mit Kalenderfunktion kaufen (sofern nicht vorhanden). Oftmals bietet die Erweiterungskarte nützliche Leistungsmerkmale wie weitere Speicherkapazität und besitzt eine Batterie, die die Erhaltung der Kalenderfunktion auch bei abgeschaltetem Computer sicherstellt.

Datumsfunktionen

In dBASE sind Standarddatumsfunktionen enthalten, die

das aktuelle Datum lesen;

das Jahr eines Datums liefern;

den Monat eines Datums liefern;

den Tag eines Datums liefern;

den Wochentag (als Ziffer) eines Datums liefern;

den Monatsnamen eines Datums liefern;

den Namen des Wochentages eines Datums liefern;

ein Datum in einen String (Zeichenkette) umwandeln und umgekehrt.

Aktuelles Datum: date()

Auf das von der Systemuhr gesetzte aktuelle Datum erfolgt der Zugriff mit *date()*. Dem Datum wird von dBASE automatisch der Datentyp Datum zugewiesen. Das Datumsformat ist für ein deutsches dBASE-System das europäische Format *tt.mm.jj*, kann aber mit *set date* jederzeit verändert werden. Die Datumsfunktion *date()* kann wie folgt verwendet werden:

```
DATUM1 = date()
DATUM2 = date() + 7
? date()
replace AUFTRDAT with date()
```

Jahr: year(datum)

Die Funktion *year()* extrahiert aus einem gegebenen Datum das Jahr als vierstellige Zahl. Die Funktion kann für Berechnungen mit Jahreszahlen oder zur Anzeige verwendet werden. Beispiele für die Verwendung der Funktion finden Sie im folgenden:

```
? 'Kauf der Ausstattung:',year(kaufdat)
? 'Alter der Ausstattung:',year(date())-year(kaufdat)
```

Monat: month(datum)

Die Funktion *month()* gibt die den Monat beschreibende Zahl (1 bis 12) aus einem Datum zurück. Der Monat wird oftmals für Berechnungen und Vergleiche benötigt. Hier ein Beispiel zur Verwendung von *month()*:

```
? 'Daten f r den Monat',month(datum)
if month(datum) => 9
   ? 'Einkommensteuererkl rung f llig'
endif
```

Tag: day(datum)

day() stellt den aktuellen Tag eines Datums in Form einer Zahl (1 bis 31) dar. Auch mit dieser Funktion lassen sich Berechnungen und Vergleiche anstellen:

```
? 'Tag:',day(date())
TAG = day(date())
```

Wochentag (Ziffern): dow(datum)

Diese Funktion stellt den Wochentag eines Datums als Ziffer (1 bis 7) dar. Die Zuordnung beginnt bei Sonntag mit der Nummer 1, Montag mit Nummer 2 usw. Ein Beispiel zur Verwendung der Funktion folgt:

```
? 'Wochentage in der Form (2 - 6) ',dow(date())
if dow(date()) = 2
   ? 'Heute ist Montag'
endif
```

Wochentag (Name): cdow(datum)

Von der Funktion wird der Name des Wochentages (z.B. Montag) geliefert. Die Funktion eignet sich in erster Linie zur Gestaltung der Bildschirmdarstellung. Das Beispiel zu dieser Funktion:

```
? 'Heute ist ',cdow(date())
```

Monatsnamenfunktion: cmonth(datum)

Die Funktion *cmonth()* entspricht der Funktion *cdow()* auf der Monatsebene. Sie ist, wie *cdow()*, zur Gestaltung der Anzeige geeignet.

```
? 'Monat:',cmonth(date())
? 'Eingang Ihrer letzten Zahlung war: ',cmonth(datum)
```

Umwandlung Zeichen nach Datum/Datum nach Zeichen

Das Datum wird in der Form *jjjjmmtt* gespeichert. Die Datumsvariablen können nach vorheriger Umwandlung vom Typ *Datum* zum Typ *Zeichen* in Verbindung mit Standardtextstrings verwendet werden. Die Umwandlungsfunktion heißt *dtoc()* (Abkürzung für: **d**ate **to** **c**haracter).
In Verbindung mit dem Anzeigebefehl *?* kann *dtoc()* verwendet werden, um folgende Anzeige zu erzeugen:

```
Heute ist der 25.09.1985
```

Der dazu benötigte Befehl lautet:

```
? 'Heute ist der',dtoc(date())
```

Die Umkehrfunktion heißt *ctod()* (Abkürzung für: **c**haracter **to** **d**ate). Üblicherweise wird die Funktion verwendet, um eine Datumsvariable, die über die Tastatur eingegeben wird, zu erzeugen. Eine leere Datumsvariable wird mit folgendem Befehl angelegt:

```
MDATUM = ctod("  .  .  ")
```

Weshalb ist dieser Umstand überhaupt nötig? In dBASE werden Variablen nicht deklariert. Die meisten anderen Programmiersprachen verlangen eine Deklaration (Spezifikation von Typ und Größe) von Variablen, ehe sie verwendet werden können. In dBASE wird die Größe des benötigten Speicherplatzes sowie der Typ der Variablen bei der Zuweisung eines Wertes festgelegt. dBASE macht dabei Annahmen bezüglich des Typs. Zeichen, die von Anführungszeichen umgeben sind, werden als Typ *Zeichen* abgelegt; Zahlen (ohne Anführungszeichen) werden als numerische Eingabe behandelt. Ein Datum, das ohne Anführungszeichen eingegeben wird, erkennt dBASE als Zahl. Die zwei Punkte zur Trennung von Tag, Monat und Jahr kann dBASE nicht interpretieren. Bei der Verwendung des amerikanischen Formats (Trennung erfolgt durch Schrägstriche) erkennt und behandelt dBASE das Datum als mathematischen Ausdruck. Durch den Einschluß in Anführungszeichen wird das Datum zu einer gültigen Zeichenfolge. Die Funktion *ctod()* wurde nur verwendet, um die eingegebenen Zeichen für dBASE als Datum kenntlich zu machen.

Zeit

Über die Funktion *time()* erhalten Sie Zugriff auf die von der Systemuhr bereitgestellte Systemzeit. Die Zeit wird im 24-Stunden-Format in der Form *ss:mm:ss* geliefert. Die Funktion gibt eine Zeichenkette aus. Auf diese Weise kann die Zeit direkt in einen Zeichenstring eingefügt werden. Auf dem Bildschirm erscheint folgendes:

```
Zeit beim Programmstart 11:45:15
```

Der dazugehörige Befehl lautet:

```
? 'Zeit beim Programmstart',time()
```

Über die Funktion *substr()* kann die Zeit in Stunden, Minuten und Sekunden zerlegt werden. Die Anzahl der seit Mitternacht vergangenen Sekunden wird mit folgender Anweisung errechnet:

```
SEKUNDEN =(val(substr(time(),1,2))*3600)+;
          (val(substr(time(),4,2))*60)+val(substr(time(),7,2))
```

Die Minuten seit Mitternacht können nach dieser Berechnung einfach durch die Anweisung

```
MINUTEN = SEKUNDEN/60
```

berechnet werden. Die Ermittlung der seit Mitternacht vergangenen Stunden ist Ihnen nun sicher kein Geheimnis mehr:

```
STUNDEN = SEKUNDEN/3600
```

Zur Anzeige der Uhrzeit im 12-Stunden-Format kann folgender Programmausschnitt verwendet werden:

```
do case
  case time()<'12'
    AMPM = time()+'am'
  case time()='12'
    AMPM = time()+'pm'
  case time()>'12'
    AMPM = str(val(time())-12,2)+substr(time(),3,6)+'pm'
endcase
```

Über unser Jahrhundert hinaus

Es gibt vielerlei Gründe, weshalb wir uns für frühere oder zukünftige Jahrhunderte interessieren. So können Geldanleihen oder Versicherungspolicen bereits auf das nächste Jahrhundert vorgreifen. Ein 30 Jahre währender Kredit für ein Eigenheim ist erst im Jahre 2017 abgezahlt.

dBASE behandelt im seitenorientierten Editiermodus jedes Datum als dem zwanzigsten Jahrhundert (19..) zugehörig. Natürlich kann dBASE jedes Datum (auch das eines anderen Jahrhunderts) verarbeiten. Das Datum wird (ohne Separatoren wie Punkte oder Schrägstriche) als achtstellige Zahl in der Form *jjjjmmtt* gespeichert.

Ein in einem anderen Jahrhundert liegendes Datum kann durch die Spezifikation des Steuerparameters *set century on/off* gespeichert werden. Bei der Einstellung *set century on* wird eine vierstellige Jahreszahl erwartet und angezeigt, was die Spezifikation anderer Jahrhunderte ermöglicht. Bei *set century off* kann nur mit zweistelligen Jahresangaben gearbeitet werden, dabei wird angenommen, daß das zwanzigste Jahrhundert angesprochen wird.

Die Angabe 13 ist gleich der Jahresangabe 1913, wenn *set century* auf *off* geschaltet ist. Für das Jahr 1713 muß *set century* auf *on* gesetzt und die vollständige Jahreszahl eingegeben (oder wie hier: berechnet) werden:

```
set century on
? date()
03.09.87

? date() - 100000
18.11.1713

set century off
? date() - 100000
18.11.13
```

Die Verwendung des Steuerparameters *set century on/off* ändert nicht die Länge einer Datumsvariablen (acht Bytes), da ein Datum intern in der Form *jjjjmmtt* gepeichert wird.

Kapitel 15

Debugging und Formatierhilfen

Ein Debugger dient der Endbearbeitung eines Programmes. In einem Programm sind grundsätzlich zwei Arten von Fehlern möglich: allgemeine Fehler und Entwurfsfehler. Allgemeine Fehler sind einfacher zu finden. Üblicherweise arbeitet das Programm nicht, bis sie behoben sind. Entwurfsfehler (logische Fehler) sind schwerer zu finden, das Programm kann ausgeführt werden, liefert aber falsche Ergebnisse. Noch schlimmer wird es, wenn ein Programm nur manchmal eine falsche Antwort ausgibt.

Allgemeine Fehler

Beispiel eines allgemeinen Fehlers sind falsch geschriebene Befehle, Fehler in der Programmstruktur (Syntaxfehler) und verbotene Operationen (Teilen durch Null). Die meisten allgemeinen Fehler werden von dBASE entdeckt und teilweise diagnostiziert. Den Fehler zu erkennen und zu beheben ist Aufgabe des Programmierers.

Ein allgemeiner Fehler könnte die Eingabe des Befehls *display* als *dispay* sein. dBASE IV reagiert auf diesen Fehler mit der Unterbrechung des Programms und der Anzeige der folgenden Meldungen:

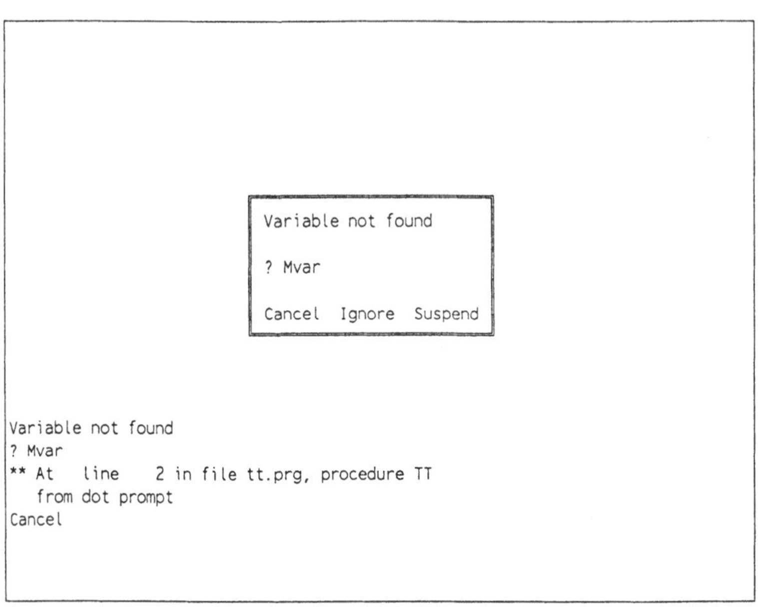

Bild 15.1 - eine dBASE IV Fehlermeldung

dBASE teilt dem Programmierer mit, in welchem Programm ein Fehler aufgetreten ist. Bei einem Fehler in einer Prozedurdatei wird nur der Name der Prozedurdatei angezeigt. In welcher Prozedur der Fehler vorliegt, muß der Programmierer selbst herausfinden.

Die Fehlersuche ist eine zeitraubende Tätigkeit, die die Strafe für unkonzentriertes Programmieren ist. Eine weitere Fehlermeldung könnte wie folgt aussehen:

```
Ungültiges Datenformat.
                                                    ?
display for RAUM = "6" .and. KLASSE = 5
Aufgerufen von - C:schule.prg
Abbruch, Ignorieren oder Unterbrechen? (A,I,U)
```

Im Beispiel ist der Fehler nicht klar ersichtlich. dBASE zeigt, in welchem Programm sich der Fehler befindet. Das Fragezeichen über der Befehlszeile ist ein Hinweis auf den Fehler. Welcher der beiden Datentypen mit der Spezifikation nicht übereinstimmt, wird nicht mitgeteilt. Mit Hilfe der Funktionen *?* und *type()* kann jedoch der Datentyp der Felder festgestellt werden. Die Funktion *type()* liefert den Datentyp des/der spezifizierten Feldes/Variablen. Die Ausgabe der Funktion besteht aus einem der Buchstaben C, D, N oder L oder dem Buchstaben U, wenn das Feld oder die Variable nicht existiert.

```
? type(RAUM),type(KLASSE)
  C C
```

Der Test zeigt, daß beide Felder existieren und den Typ *Zeichen* besitzen. Die im Befehl verwendete Syntax spezifiziert den Inhalt des Feldes KLASSE als numerisch - es sind keine Begrenzungen (Anführungszeichen oder Hochkommata) vorhanden. Fehlende Begrenzungen sind oft der Grund für eine Fehlermeldung. Das Problem kann behoben werden, indem der Wert *5* hinter *KLASSE* = von Begrenzungen umschlossen wird.

Nicht alle dBASE-Meldungen bieten so viel Hilfestellung bei der Fehlersuche. Die folgenden Zeilen von einem Programm aus gestartet, ergeben eine Fehlermeldung.

```
select 1
use schule
select 2
use SCHULE
```

Die Fehlermeldung sieht so aus:

```
Datei ist bereits geöffnet.
        ?
use SCHULE
Aufgerufen von - C:test.prg
Abbruch, Ignorieren oder Unterbrechen? (A,I,U)
```

Der Programmierer kann das Programm beenden. Der hier aufgetretene Fehler macht deutlich, warum alle nicht benötigten Dateien am Ende eines Programmes immer geschlossen werden sollten. Der Fehler ist leicht zu finden: Eine Datei darf nicht gleichzeitig auf zwei Arbeitsflächen geöffnet sein.

Es gibt Fehler, die das Programm beenden; teilweise wird die Kontrolle direkt an DOS zurückgegeben. Der Programmierer hat dann keinen Anhaltspunkt, wo der Fehler liegt, und der Fehler ist nur schwer zu finden.

Ein seltsames Verhalten eines Programms läßt sich oft auf eine fehlende zweite Hälfte eines Befehls (*endif*, *endcase* oder *enddo*) zurückführen. In diesem Fall kommt die Programmlogik durcheinander. Meldungen bezüglich solcher Fehler sind selten aussagekräftig. Hier einige Richtlinien, die Ihnen in einem Fehlerfall helfen sollen. Prüfen Sie,

ob jedem *if* ein *endif* zugeordnet ist;

ob jedem *do while* ein *enddo* zugeordnet ist;

ob jedem *do case* ein *endcase* zugeordnet ist;

daß eine Prozedurdatei kein *return* enthält.

Entwurfsfehler

Nach Eingabe einer Reihe gültiger dBASE-Befehle erscheint immer noch nicht das richtige Ergebnis - was nun? Ein allgemeiner Fehler befindet sich nicht mehr im Programm; dann kann nur noch ein Entwurfsfehler in Frage kommen. Der einfache Programmverlauf in Listing 15.1 zeigt ein Programm zum Ausdruck von Plänen mit den Informationen der Schuldatenbank.

```
use SCHULE
index on KLASSE + RAUM + NAME to PLAN
do while bof()
   store KLASSE+RAUM to KLASS
   set margin to 30
   display off NAME while KLASSE + RAUM = KLASS
  set margin to 0
enddo
```

Listing 15.1 - Beispiel eines Programmes mit Entwurfsfehler

Das Starten des Programms erzeugt keine Ausgabe. Allgemeine Fehler sind nicht vorhanden. dBASE hat genau das ausgeführt, was im Programm spezifiziert wurde. Nachdem dBASE den Indizierbefehl abgearbeitet hat, wird der Datensatzzeiger auf den ersten logischen Datensatz gerichtet. Der Befehl *do while BOF()* führt seine Aufgabe korrekt aus, er tut nichts. Die

Bedingung *BOF()* wird niemals wahr. Abhilfe wird durch die Ersetzung der Bedingung *BOF()* durch *.not. EOF()* geschaffen, in diesem Fall funktioniert das Programm wie erwartet.

Das Debugging (Fehlersuche) setzt voraus, daß die Programme sorgfältig überprüft und der gesunde Menschenverstand eingesetzt werden. Die meisten Fehler sind einfach und fallen sofort auf. Bei schwierigeren Fällen gibt es einige Dinge, die Sie nicht unversucht lassen sollten.

Was Sie versuchen können, wenn ein Programm nicht richtig läuft

Entwerfen Sie eigene Fehlermeldungen. Sie können Befehle zur Anzeige von Variablen oder Zeichenketten einfügen. Solche Hilfsmeldungen sollten Sie einsetzen, wenn dBASE keine Anhaltspunkte über den Fehler liefert.

Mit der im folgenden erklärten Technik werden die Akkumulatorinhalte während der Bearbeitung einer *do*-Schleife fortlaufend angezeigt, sollte die nach Beendigung der Schleife ausgedruckte Zwischensumme nicht mit dem von Ihnen berechneten Wert übereinstimmen. Der Prozeß kann beobachtet werden, indem der Akkumulatorinhalt bei jedem Schritt angezeigt wird. Sie erkennen genau, wann der Fehler auftritt.

Fügen Sie die Anweisung *suspend* ein, das Programm wird dadurch unterbrochen. Die Variableninhalte können untersucht und das Programm mit *resume* weiter abgearbeitet werden. Die Anweisung *suspend* wird vor dem Programmstart eingefügt und das Programm gestartet. Die Ergebnisse können eingesehen und das Programm weiterbearbeitet werden. Die Anweisung wird anschließend verlagert, bis der Fehler gefunden ist.

Sie können auch mit den anderen Standarddebughilfen arbeiten. dBASE stellt vier Leistungsmerkmale bereit, die beim Debuggen hilfreich sein können:

```
set step on
set echo on
set talk on
set debug on
```

set echo on zeigt die gerade bearbeitete Programmzeile auf dem Bildschirm an. *set talk on* zeigt die dBASE-Antworten auf die Befehle an. Mit *set step on* kann ein Programm schrittweise abgearbeitet werden. Zusammen verwendet sind die Befehle eine nützliche Debugging-Hilfe. Sie können ein Programm Zeile für Zeile abarbeiten lassen und erhalten jedesmal die von dBASE gegebene Antwort angezeigt. Beachten Sie, daß die Verarbeitungsparameter in der Debugging-Phase in das Programm eingebaut werden können.

set debug on/off leitet die Ausgabe der Verarbeitungsparameter *echo*, *talk* und *step* im seitenorientierten Editiermodus auf den Drucker um. Der

Bildschirm wird dann nicht von einer Vielzahl von Meldungen überschwemmt.

Das Debugging wird oftmals überbewertet. Die Probleme sind meist Syntaxfehler oder einfach Tippfehler. Die Fehlersuche vereinfacht sich ausserdem, wenn das Programm aus Modulen aufgebaut ist. Das Programm kann wie folgt aussehen:

```
DO TEIL1
DO TEIL2
DO TEIL3
DO TEIL4
```

Die Entwicklung eines Programms in Modulen besitzt den Vorteil, daß sich selten schwer auffindbare Fehler einschleichen. Der Nachteil darf aber nicht verschwiegen werden: Das Programmsystem wird langsamer, weil ständig Programmdateien geöffnet und geschlossen werden müssen. Dieser Nachteil kann nach der Fertigstellung des Programms behoben werden, indem Programmteile in eine Datei zusammengefaßt werden. Das Programm wird dadurch wesentlich schneller.

Formatierhilfen

Eingabemasken oder ausgedruckte Berichte sind das Ergebnis eines Programms. dBASE berücksichtigt nicht die Fähigkeiten Ihres Druckers und nutzt nur einige Bildschirmattribute.

Die Funktion *chr()* bietet eine Zugriffsmöglichkeit auf die Leistungsmerkmale des angeschlossenen Druckers, sie entspricht der BASIC-Funktion CHR$. Steuerzeichen (nicht darstellbare ASCII-Zeichen), die in Felder oder Variablen eingegeben werden sollen, werden von dBASE üblicherweise herausgefiltert. Die Funktion *chr()* erlaubt die Eingabe von Steuerzeichen in Variablen. Die in den Variablen enthaltenen Steuerzeichen können zum Bildschirm oder Drucker geschickt werden, ohne daß dBASE wie ein Filter wirkt.

Drucker

Moderne Drucker bieten eine Vielzahl von Möglichkeiten, die äußere Erscheinung eines Ausdrucks zu verbessern. Der erste Eindruck eines zum Verkauf angebotenen Programmsystems entscheidet vielleicht über einen größeren Auftrag, der zugunsten eines anderen Programmierers erfolgt, wenn die Bildschirme und Ausdrucke nicht durchdacht und benutzerfreundlich erscheinen. Die Druckerkontrolle erfolgt entweder über Einstellungen, die am Drucker selbst vorgenommen werden oder über die Software (Steuerzeichen). Die meisten Drucker lassen folgende Spezifikationen zu:

Druckdichte und Schärfe;

horizontale und vertikale Tabulatoren;

Seitenlayout (linker, rechter, oberer und unterer Rand);

Zeilenvorschub;

Auszeichnungen (fett, kursiv usw.) und Unterstreichen;

Farbauswahl (bei Farbdruckern).

Druckauslegung

Bei vielen Druckern besteht die Möglichkeit, verschiedene Optionen anzusprechen. So kann die Druckdichte (Zeichen pro Zoll) und Fett- oder Normalschrift eingestellt werden. Fettschrift wird durch doppeltes Überschreiben eines Zeichens erreicht.

Diese Eigenschaften können zur Hervorhebung wichtiger Punkte verwendet werden. Falls mehr Informationen auf einer Seite erscheinen sollen kann enger gedruckt werden. Am Beispiel des Epson FX-80 soll die Druckersteuerung unter dBASE demonstriert werden. Die Leistungsmerkmale des FX-80 ähneln denen anderer vergleichbarer Drucker - natürlich unterscheiden sich die Steuersequenzen.

Der FX-80 befindet sich normalerweise in einem Status, in dem jedes Zeichen nur einmal mit der Dichte von 10 Zeichen/Zoll gedruckt wird. Es stehen sechs Optionen zur Verfügung, die mit den in Tabelle 15.1 angegebenen Zeichenfolgen angewählt werden können.

Druckdichte	**ASCII-Folge**	**dBASE IV Code**
PICA (cpi)	Esc P	chr(27)+'P'
Elite (12 cpi)	Esc M	chr(27)+'M'
Komprimiert (17 cpi)	SI	chr(15)
Gedehnt (5 cpi)	SO	chr(14)
Gedehnt Elite (6 cpi)	EscMSO	chr(27)+'M'+chr(14)
Gedehnt komprimiert (8,5 cpi)	SOSI	chr(15)+chr(14)

Tabelle 15.1 - Druckersteuerzeichen des Epson FX-80

Im Epson-Handbuch werden BASIC-Beispiele zur Verwendung der Steuerzeichen gegeben. Die Schrift *Elite* wird mit folgendem Befehl angewählt:

```
LPRINT CHR$(27);"M"
```

Die Anweisung wird bei *set print on* in dBASE zu:

```
? chr(27)+'M'
```

Die Escape-Sequenz wird häufig verwendet, um Peripheriegeräten mitzuteilen, daß die nachfolgenden Zeichen als Steuerzeichen zu interpretieren sind. Der Drucker erkennt, wann die Steuerzeichenfolge endet und der auszugebende Text beginnt. Der Text *Wie geht es Ihnen?* kann wie folgt ausgegeben werden:

```
? chr(27) + 'MWie geht es Ihnen?'
```

oder

```
? chr(27)+'M'+'Wie geht es Ihnen?'
```

Liegt der auszugebende Text als Feld oder Variable vor, können Steuer- und Felddaten mit

```
? chr(27)+'M'+FELDNAME
```

verknüpft werden. Das Steuerzeichen für normale Druckdichte muß nur zu Beginn des Druckvorgangs ausgegeben werden. Diese Grundeinstellung wird erst verändert, wenn ein Steuerzeichen für eine andere Druckdichte ausgegeben oder der Drucker ausgeschaltet wird. Eventuelle Ausnahmen werden im Druckerhandbuch beschrieben.

Die Steuerzeichen können auch mit Hilfe der Anweisung *@...say* ausgegeben werden. Dazu wird das Steuerzeichen mit der ersten Ausgabezeile angegeben. Beachten Sie, daß der Parameter *set device to print* gesetzt sein muß, da die Übergabe von Steuerzeichen sonst nicht funktioniert.

```
@ 5,10 say chr(27)+'M'+FELDNAME
```

Mit den meisten Druckern ist auch Unterstreichung, Hoch- und Tiefstellung und Kursivschrift möglich. In der folgenden Auflistung werden die

Steuersequenzen für den Epson FX-80 gezeigt:

Druckbild	**dBASE IV-Sequenz**
Unterstreichung an	Chr(27)+"-1"
Unterstreichung aus	Chr(27)+"-0"
Hochstellung an	Chr(27)+"S0"
Tiefstellung an	Chr(27)+"S1"
Hoch-/Tiefstellung aus	Chr(27)+"T"
Kursiv an	Chr(27)+"4"
Kursiv aus	Chr(27)+"5"

Die genannten Steuersequenzen gehören zum Epson FX-80. Die meisten Drucker verfügen über ähnliche Steuerzeichen und Leistungsmerkmale, der Ansprechmechanismus ist aber immer gleich.

Moderne Drucker bieten oftmals mehr als die hier aufgeführten Leistungsmerkmale. Meist stehen dem Benutzer Fähigkeiten wie Steuerzeichen zur Tabulator-, Randkontrolle und Grafikfähigkeit zum Zeichnen von Rahmen zur Verfügung. Weitere Informationen zu den Leistungsmerkmalen Ihres Druckers finden Sie im Druckerhandbuch. Der Schlüssel zur Verwendung von Druckern liegt in der Funktion *chr()*.

Beachten Sie, daß das Zeichen Null (^@) unter dBASE IV nicht an den Drucker geschickt werden kann. Viele Anwendungsprogramme sind nicht in der Lage, das Zeichen Null an ein Peripheriegerät zu schicken, die Druckerhersteller bieten daher oftmals eine Alternative zur Verwendung von Null. Weitere Informationen bietet Ihnen auch hier das Druckerhandbuch.

Der Bildschirm

Der Bildschirm bietet, wie der Drucker, die Möglichkeit zwischen bestimmten Darstellungsarten zu wählen. Auch hier ist die Funktion *chr()* der Schlüssel zum Erfolg. In dBASE gibt es weiterhin die *set*-Befehle, die eine Reihe spezieller Bildschirmcharakteristika überwachen:

Normaldarstellung;

Inversdarstellung;

Halbintensive Darstellung;

Unterstreichen;

Blinken;

Farbe;

Zeichnen von Linien;

Grafikfähigkeit.

Dem IBM PC steht der erweiterte ASCII-Zeichensatz zur Verfügung (siehe Anhang A). Der erweiterte und der Standard-ASCII-Zeichensatz bestehen aus 255 darstellbaren Zeichen. Mit den Zeichen des erweiterten Zeichensatzes (ASCII-Codes 128 bis 255) können fremdsprachliche Worte in korrekter Schreibweise dargestellt und einfache Grafiken (Rahmen, Linien) erstellt werden.

Farbe, Unterstreichen, Blinken und Intensität

Die Bildschirmdarstellungen sind immer das erste, was ein Benutzer von Ihrem Programm sieht. Sie können interessanter gestaltet werden, indem mit Attributen wie Farbe, Unterstreichen, Blinken oder Intensität gearbeitet wird. Jedem Zeichen auf dem Bildschirm sind zwei Bytes zugeordnet, ein Byte für das Zeichen selbst und ein Byte für die Attribute, mit denen das Zeichen angezeigt werden soll. Bildschirmattribute für Monochrom- und Farbmonitore werden über die Anweisung *set color to* gesetzt.

Der einzige Unterschied zwischen Monochrom- und Farbbildschirm liegt in der Farbe und im Unterstreichen. Farbbildschirme ermöglichen die Auswahl verschiedener Farben, lassen aber keine Unterstreichung von Zeichen zu. Zur Steuerung beider Monitorarten werden dieselben Befehle verwendet.

Monochrom	**Farbe**
Unterstreichen	Farbe
Blinken	Blinken
Intensität	Intensität
Inversdarstellung	Inversdarstellung

Mit der Anweisung *set color to* werden die Bildschirmattribute für drei Bereiche gesteuert: Standardbereich (*standard*), erweiterter Bereich (*enhanced*) und Rand (*border*). Der *Standardbereich* bezieht sich auf den normalen Text (Antworten zu *?*, *list* oder *display*). Der *erweiterte Bereich* bezieht sich auf die Teile der Bildschirmanzeige, die üblicherweise invers dargestellt werden (zum Beispiel der Dateneingabebereich zu *edit*, *browse* oder *change*). Der Ausdruck *Rand* bezieht sich auf den von dBASE nicht genutzten Teil des Bildschirms. Die Befehlssyntax zu *set color to* lautet

```
set color to standard,[erweitert],[rand]
```

Standard- und erweiterter Bereich erwarten je zwei Farbdefinitionen (für Vorder- und Hintergrund). Die Vordergrundfarbe wird zuerst definiert und von der Hintergrundfarbe durch einen Schrägstrich getrennt:

```
vordergrund/hintergrund
```

Der Farbmonitor

Die Farben werden über einen Farbcode angewählt. Der Farbcode besteht aus einer Zahl oder einem Buchstaben. Die Buchstabencodes besitzen den Vorteil, universell einsetzbar zu sein, das heißt, sie erzeugen eine korrekte Darstellung auf verschiedenen Computersystemen. Die Farbcodes sind eine Verknüpfung aus rot, grün und blau.

Die folgende Anweisung bewirkt, daß der Bildschirmhintergrund in der Farbe blau angezeigt wird, während die Schrift (Vordergrund) weiß erscheint. Im erweiterten Bereich liegt ein brauner Hintergrund mit schwarzen Zeichen (Vordergrund) vor; der Rand erscheint in grün. Beachten Sie das Leerzeichen vor dem Schrägstrich zur Definition des erweiterten Bereichs.

```
set color to W/B, /GR,G
```

Eine höhere Intensität der Vordergrundfarbe wird durch das Hinzufügen eines Pluszeichens + spezifiziert.

```
set color to W+/B, /GR,G
```

Farbe	**Buchstabencode**	**Zahlencode**
Schwarz	Leertaste	0
Blau	B	1
Grün	G	2
Türkis	BG	3
Rot	R	4
Magenta	BR	5
Gelb	GR	6
Weiß	W	7

Tabelle 15.2 Farbauswahltabelle

Die Intensität des Hintergrundes kann nicht verändert werden; der Code GR+ entspricht der Farbe Gelb.

Das Attribut *Blinken* wird durch ein Asteriskzeichen * bei der Vordergrundfarbe spezifiziert. Das folgende Beispiel erzeugt einen erweiterten Bereich, dessen schwarze Zeichen auf braunem Hintergrund blinken.

```
set color to W/B,*/GR
```

Der Monochrommonitor

Der Monochrombildschirm erlaubt die Anzeige *blinkender, unterstrichener* und *intensivierter* Zeichen. Die Unterstreichung wird durch den Buchstaben *U* als Vordergrundattribut ausgelöst. Die Standarddefinitionen für Monochrombildschirme sind das *Leerzeichen* (schwarz) und *W* (weiß). Die Normalkonfiguration erscheint wie folgt:

```
set color to w/ , /w
```

Die Unterstreichung wird durch den Buchstabencode *U* ausgelöst; die Spezifikation erzeugt auf einem Farbbildschirm die Farbe Blau. Mit der folgenden Anweisung wird die übliche Inversdarstellung in Unterstreichen der betroffenen Zeichen verändert.

```
set color to u/ , /u
```

Die Steuerung von Intensität und Blinken erfolgt analog den Farbbildschirmen.

Allgemeine Hinweise

Die Definitionen für Standard- und erweiterten Bereich sollten jedesmal angegeben werden, wenn der Befehl *set color to* verwendet wird. Das gilt auch, wenn nur einer der beiden genannten Bereiche verändert wird. Andererseits ist es nicht nötig, die Randfarbe erneut anzugeben, wenn die Farbe der beiden erstgenannten Bereiche verändert wird.

Zur Eingabe von Paßwörtern kann für Vorder- und Hintergrund dieselbe Farbe gewählt werden. Ein Beobachter kann auf dem Bildschirm nicht erkennen, welche Zeichen eingegeben wurden. Vorder- und Hintergrund des erweiterten Bereichs werden mit dem folgenden Befehl auf Blau gesetzt.

```
set color to rg+/ , b/b
```

Normal- und Inversdarstellung

Die Standardbildschirmdarstellung ist weiß auf schwarz. In den seitenorientierten Bildschirmmodi ist die Darstellung invers, das heißt, schwarz auf weiß.

```
set intensity on/off
```

Der Ausdruck *intensity* bezieht sich auf Inversdarstellung und ist üblicherweise aktiviert (*on*). Die Felder lassen sich in dBASE auch anders als in Inversdarstellung andeuten: durch Begrenzungszeichen.

```
set delimiters on/off
set delimiters to "[]"
```

Durch diese Befehle werden die Feldbegrenzungen durch eckige Klammern angedeutet. Ebenso können Doppelpunkte oder Hochkommata zu diesem Zweck verwendet werden. Die Anweisung *set delimiters* ist von der Inversdarstellung unabhängig.

Üblicherweise ist die Inversdarstellung zur Kennzeichnung von Dateneingabebereichen gut geeignet. Auf Farbbildschirmen kann es aber zu Problemen kommen, da (je nach Auflösung) das erste und letzte Zeichen eines invers dargestellten Blocks unleserlich sein können.

Auf Monochommonitoren kann Unterstreichen zu einer interessanten Alternative führen. Unterstreichen wird ebenfalls mit dem Befehl *set* ermöglicht, bzw. mit *set color to*, wenn die Kennzeichnung aus Programmen heraus erfolgt.

Bildschirmdarstellungen und Menüs

Die im Programm entwickelten Bildschirmdarstellungen sind einfach gehalten, um mit dem äußeren Rahmen nicht den eigentlichen Inhalt des Programms zu sprengen. Für komplexere Bildschirmdarstellungen stehen Ihnen zwei Arten von Grafikzeichen (siehe Tabelle 15.3) zur Verfügung: einfache und doppelte Linien.

In Listing 15.2 sehen Sie ein Programm zur Erstellung eines einfachen Rahmens mit gegebenen Koordinaten. Das Zeichnen von Rahmen ist ein sehr langsamer Vorgang. Der Vorzug einer besseren Bildschirmgestaltung ist daher gegen die Verzögerung durch das Zeichnen abzuschätzen.

Das Programm wird mit numerischen Werten für Zeile und Spalte der oberen linken Ecke aufgerufen. Das Programm überprüft, ob die angegebenen Werte die Bildschirmgrenzen nicht überschreiten und nimmt gegebenenfalls Anpassungen vor. Die Höhe des Rahmens ist die Anzahl der Zeilen, die im Rahmen angezeigt werden können, ohne mit den Rändern zu kollidieren.

Die Breite des Rahmens nimmt keinen wesentlichen Einfluß auf die Zeichengeschwindigkeit, wohl aber die Höhe. Die *do*-Schleife, die die vertikalen Linien ausgibt, verlangsamt das Zeichnen.

Vertikale Linie
Horizontale Linie
Obere linke Ecke
Obere rechte Ecke
Untere linke Ecke
Untere rechte Ecke
T-Stück
Umgekehrtes T-Stück
T-Stück nach links gedreht
T-Stück nach rechts gedreht
Kreuzstück

Tabelle 15.3 - Zeichen zum Zeichnen von Grafiken und Linien

Die Tastatur

Die Funktionstasten können in dBASE mit einer beliebigen Zeichenfolge belegt sein. Beim Systemstart belegt dBASE die Funktionstasten mit bestimmten Befehlen wie *edit* oder *display*, die aber jederzeit mit der Anweisung *set function* verändert werden können. Beim Ablauf von Programmen sollten die Funktionstasten mit einem Leerzeichen oder einem Wagenrücklauf belegt werden, damit beim versehentlichen Betätigen einer Funktionstaste keine unerwünschten Reaktionen auftreten.

Eine Ausnahme stellt die Funktionstaste F1 dar, die mit der dBASE-Hilfsfunktion belegt ist und vom Benutzer nicht neu belegt werden kann.

Der Funktionstaste F2 wird mit den folgenden Anweisungen der Inhalt *edit* zugewiesen. Das Semikolon steht dabei für einen Wagenrücklauf. Wird das Semikolon nicht mit eingegeben, muß die der Funktionstaste zugeordnete Zeichenkette mit der Return-Taste ausgelöst werden.

```
set function 2 to "edit;"
```

Den Funktionstasten können Steuercodes und Zeichen des erweiterten ASCII-Zeichensatzes zugeordnet werden. In den Kapitel 5 und 10 finden Sie Beispiele zu Steuercodes.

```
* box.prg
clear
parameter ZEIL,SPAL,HOCH,BREIT

if ZEIL + HOCH > 23
   HOCH = 23 - ZEIL
endif
LETZTZEIL = ZEIL + HOCH + 1

if SPAL + BREIT > 77
   BREIT = 77 - SPAL
endif
LETZTSPAL = SPAL + BREIT + 1

STRICH = chr(205)
do while len(STRICH) < BREIT
   STRICH = STRICH + STRICH
enddo
STRICH = substr(STRICH,1,BREIT)

@ ZEIL,SPAL say chr(201)+STRICH+chr(187)
do while ZEIL() < LETZTZEIL
   @ row()+1,SPAL    say chr(186)
   @ row(),LETZTSPAL say chr(186)
enddo
@ LETZTZEIL,SPAL say chr(200)+STRICH+chr(188)
@ 10,1
```

Listing 15.2 - Programm zum Zeichnen von Rahmen

Kapitel 16

Programmierwerkzeuge

Compiler und Assemblercode sind die wichtigsten Werkzeuge zur Entwicklung von kommerziell vermarktbaren Produkten. In der dBASE IV-Entwicklungsbibliothek hat jedes dieser Leistungsmerkmale seinen eigenen Platz. Die Werkzeuge dienen der Reduzierung der Größe der Programme ebenso wie dem Schützen und Beschleunigen von Programmen. Dem Programm kann ein professionelleres Aussehen gegeben werden.

Der integrierte dBASE IV Compiler

Aus den von einem Editor erstellten ASCII Dateien, in denen der dBASE IV Programmcode enthalten ist, erzeugt dBASE automatisch eine Objektdatei. Diese Objektdateien enthalten die Tokens (Zahlenäquivalente zu den dBASE IV Befehlen und Funktionen), hierdurch wird bei der Abarbeitung des Programms das Laufzeitverhalten erheblich verbessert. Bei der Kompilierung wird der Dateinamen geändert, aus

```
programm.prg
```

wird

```
programm.dbo
```

Aus der kompilierten Version des Programms sind ebenfalls alle Leerzeichen, Kommentare und Leerzeilen entfernt. Anhand des in der Datei verzeichneten letzten Änderungszeitpunktes erkennt dBASE IV beim Aufruf eines Programms, ob die Ojektdatei noch aktuell ist (Datum und Zeit des Kompilats ist 'jünger' als das der Quelldatei). Durch die Kompilation wird ebenfalls die Dateigröße geändert, sie beträgt dann etwa 50 % der Quelldatei.

Assembler

Assemblercode ist oftmals die letzte Lösung eines Programmierproblems. Dieses Programmierwerkzeug kann mit dBASE IV und den dBASE-Compilern genau wie mit jeder anderen Programmiersprache verwendet werden. Assembler bietet die Möglichkeit zur Entwicklung von Programmen, die unter dBASE zu langsam sind oder nicht kodiert werden können. Auch Spezialeffekte können so in Programme eingebaut werden. In Assembler kann die Farbe des gesamten oder eines Teils des Bildschirms ohne Störung der Anzeige sofort ausgeführt werden.

dBASE IV stellt drei Befehle bereit, die die Verwendung von Assemblerprogrammen unter dBASE ermöglichen. Die Assemblerprogramme müssen nach bestimmten Regeln vorbereitet werden (die aber einfach sind und sogar von Anfängern schnell beherrscht werden).

Befehle, die in Verbindung mit Assemblerprogrammen verwendet werden, sind *load*, *call* und *release*.

LOAD Dateiname

Der Befehl lädt ein Assemblerprogramm in den Speicher. Es können bis zu 16 Assemblerprogramme gleichzeitig im Hauptspeicher gehalten werden (auch wenn im dBASE-Handbuch nur die Zahl 5 angegeben ist). Die Anweisung arbeitet mit Programmen, die die Dateinamenerweiterung .BIN tragen. Jedes Assemblerprogramm kann bis zu 32.000 Bytes Länge haben, was für eine .BIN Datei sehr groß ist.

CALL Dateiname with Variable

Dieser Befehl aktiviert ein bereits geladenes Assemblerprogramm. Die optionale Anweisung *with Variable* wird zur Übergabe von Parametern an das Assemblerprogramm verwendet.

RELEASE Dateiname

Mit diesem Befehl wird ein geladenes Assemblerprogramm aus dem Speicher entfernt.

Erstellung eines Assemblerprogramms für dBASE IV

Zur Erstellung eines Assemblerprogramms zur Nutzung unter dBASE IV müssen einfache Regeln berücksichtigt werden. Das Beispiel zeigt ein Muster eines Assemblerprogramms:

```
                public          NAME

_prog           segment         byte
                assume          cs:_prog

NAME            proc            far             ; NAME ist der Name der Prozedur
                push            BP
                mov             BP,SP
                push            DS
                push            ES
                push            BX

                ;       hier das eigentliche Programm einfügen

                pop             BX
                pop             ES
                pop             DS
                pop             BP

                ret                             ; FAR-Rücksprung (return)
NAME            endp                    ; NAME ist der Name der Prozedur
_prog           ends
                end
```

Bild 16.1 Muster eines Assembler-Moduls

Für die Verwendung unter dBASE ist es nicht nötig, ein Assembler-Modul als *public* zu deklarieren. Trotzdem sollte die Deklaration erfolgen, damit das Modul auch unter anderen Programmen lauffähig ist; es kann so nahezu überall eingesetzt werden. dBASE IV setzt das Registerpaar DS:BX auf den Beginn einer Variable, die an das Assemblerprogramm übergeben wird.

dBASE-Limitierung

dBASE fordert die Einhaltung bestimmter Regeln bei der Verwendung eines Assemblerprogramms:

Der Aussprung aus dem Assemblerprogramm muß mit *far return* erfolgen;

Die Inhalte der Stapel- und Code-Register müssen beim Aussprung wieder geladen werden;

Es darf kein Programmoffset verwendet werden;

Die Größe einer Variable, die zur Übergabe von Daten an und von einem Assembler-Modul verwendet wird, darf nicht verändert werden. Das Ende der dBASE-Variable wird durch eine binäre Null gekennzeichnet;

Es darf kein Speicherbereich außerhalb der Programmgrenzen belegt werden. dBASE liest das Programm nicht und kann so kein Speicherbelegungschema erkennen.

Ein Beispielprogramm

Das dBASE IV-Handbuch liefert ein einfaches Beispiel eines Assemblerprogramms zum Aufruf unter dBASE. Das Programm ändert die Größe und Form des Cursors. In Bild 16.2 sehen Sie eine veränderte Version dieses Beispielprogramms.

Zuerst einige Informationen über den Cursor, der aus Rasterzeilen zusammengesetzt ist. Ein Monochrommonitor verwendet bis zu 14 Rasterzeilen (0 bis 13) für die Darstellung eines Zeichens, so auch für den Cursor, während ein Graphikmonitor üblicherweise maximal acht Rasterzeilen (0 bis 7) verwendet. Der normale Cursor besteht aus 2 Rasterzeilen am unteren Ende eines Zeilenfeldes (Rasterzeilen 6 und 7 für Farb-/Graphik- und 12 und 13 für Monochrommonitore).

Die Form des Cursors wird durch das Laden der Start- und Endrasterzeilen in die Register CH und CL verändert; Register AH wird dazu auf 1 gesetzt und der Interrupt 10h aufgerufen. Das Setzen des Registers CH auf 32 führt dazu, daß kein Cursor angezeigt wird. Falls das Register CL auf einen niedrigeren Wert als CH gesetzt wird, so teilt sich der Cursor (Umschlag hinter dem Zeichenfeld); ein zweigeteilter Cursor ist entstanden.

Das Programm in Bild 16.2 erwartet die Übergabe einer dBASE-Variable, die Informationen zum Setzen des Cursors enthält. Das erste Byte der Variable enthält die Startrasterzeile des Cursors, das optionale zweite Byte enthält die Endrasterzeile. Im Beispiel des dBASE IV-Handbuches wird der Wert 18 zur Darstellung eines Blockcursors an das Programm übergeben.

Parameter werden als Zeichenketten übergeben. Zur Übergabe numerischer Daten wird die Funktion *chr* verwendet.

```
        title     Cursorsteuerprogramm
        public    cursor
_prog   segment byte
        assume   cs:_prog
cursor  proc     far           ; cursor ist der Name der Prozedur
        push     BP
        mov      BP,SP
        push     DS
        push     ES
        push     BX
                                ; bx zeigt auf die dBASE-Variable
        mov      ch,[bx]        ; Byte 1 der Variable nach Register ch
        inc      bx             ; Zeiger auf Byte 2 der Variable richten
        mov      cl,[bx]        ; Byte 2 der Variable nach Register cl
        mov      ah,1           ; Initialisierung zur Cursorveränderung
        int      10h            ; Bildschirminterrupt

        pop      BX
        pop      ES
        pop      DS
        pop      BP
        ret                    ; far (return)
cursor  endp                   ; cursor ist der Name der Prozedur
_prog   ends
        end
```

Bild 16.2 Assemblerquellcode zur Veränderung der Cursorform

Kompilieren des Assemblerprogrammes

Zur Kompilierung des Quellcodes in Bild 16.2 in ein Programm, das unter dBASE IV ausgeführt werden kann, werden der Microsoft Macro Assembler MASM.EXE und der Microsoft Linker LINK.EXE sowie das Programm EXE2BIN verwendet.

Die Kompilierung des Programmes erfolgt mit dem Kommando

```
C>MASM CURSOR
```

und der viermaligen Betätigung der Return-Taste. Erstellt wird eine .OBJ-Datei. Falls das Programm mit Clipper kompiliert werden soll, muß der Vorgang an dieser Stelle unterbrochen werden.

Als nächstes wird das Programm gelinkt:

```
C> LINK CURSOR
```

Die Return-Taste wird wiederum viermal betätigt. Das Ergebnis ist eine ausführbare .EXE-Datei (versuchen Sie nicht, diese unter DOS auszuführen).

Die .EXE Datei wird schließlich in eine .BIN-Datei umgewandelt.

```
C> EXE2BIN CURSOR
```

Das hieraus entstandene Programm kann aus dBASE heraus geladen (*load*) und aufgerufen (*call*) werden.

Die Verwendung des Assemblerprogramms

Zur Verwendung des Assemblerprogramms unter dBASE IV muß das Modul zuerst mit *load* geladen werden:

```
LOAD CURSOR
```

Nach dem Laden des Programms in den Hauptspeicher kann es beliebig oft aufgerufen werden, ohne daß der Ladevorgang wiederholt werden muß. Das Beispielprogramm erfordert die Übergabe von Parametern in Form von Zeichenketten. Die Parameterübergabe wird nicht geprüft. Stellen Sie also sicher, daß tatsächlich eine Zeichenkette übergeben wird. Durch die Verwendung von Assemblercode erreichen Sie eine hohe Effizienz und Leistungsfähigkeit Ihrer Programme, sie bieten aber auch gleichzeitig schwerwiegende Fehlerquellen.

```
CALL CURSOR WITH chr(6) + chr(7)
```

Dieser Aufruf erzeugt einen Cursor, der aus zwei Rasterzeilen (6 und 7) besteht.

Parameter können entweder als Zeichenketten oder in Form von Variablen übergeben werden. Falls das Programm mit den von Ihnen übergebenen Parametern ausgeführt werden und einen Funktionswert zurückgeben soll, müssen die Parameter als Variable übergeben werden. Beachten Sie, daß die Größe der Variable nicht verändert werden darf.

```
BLOCK = chr (3) + chr (7)
CALL CURSOR with BLOCK
```

Zeichenketten und Variablen sollten bei der Parameterübergabe nicht gemeinsam verwendet werden.

Vorsicht: Bei der Verwendung der Anweisung run oder eines anderen als des internen Editors (Aufruf mit modify command) muß MAXMEM angepaßt werden, damit die Assembler-Module nicht überschrieben werden. Der Versuch, ein überschriebenes Assembler-Modul aufzurufen, führt zu einem Systemabsturz. Obwohl Sie bei der Assembler-Programmierung unter dBASE das System oftmals zum Absturz bringen werden, ist dies eine gute Art und Weise zum Erlernen von Assembler. Die Ergebnisse sind den Aufwand wohl wert.

Erwähnenswert ist, daß alle Assembleroperationen vollkommen unabhängig von dBASE sind. Wenn Sie die Farben der Bildschirmdarstellung ändern oder den Cursor durch das Assemblerprogramm verschieben, werden diese Veränderungen von dBASE nicht erkannt. Bei der erneuten Übernahme der Kontrolle von dBASE werden wieder die ursprünglich gesetzten Farben und die ursprüngliche Cursorposition verwendet.

Weitere Programmierwerkzeuge

Auf dem Markt sind viele Hilfswerkzeuge zu dBASE erhältlich. Darunter befinden sich Assemblerprogramme zum Speichern und Laden von Bildschirm-(teil)-darstellungen, der Erstellung von Spezialeffekten und zum Schützen von Datenbankdateien. Auch Programme zur Analyse von Programmsystemen und zur Wiedergewinnung beschädigter Datenbankdateien sind erhältlich.

Anhänge

Anhang A

Anweisungen und Funktionen

Syntax der Anweisungen

?/?? <Ausdruck>

??? <Ausdruck>

@ <zeile>,<spalte> SAY/GET

@ CLEAR <zeile>,<spalte> CLEAR <zeile>,<spalte>

@ FILL <zeile>,<spalte> FILL <zeile>,<spalte>

@ TO <zeile>,<spalte> DOUBLE <zeile>,<spalte>

ACCEPT [<ausdrC>] TO <memvar>

ACTIVATE MENU <manu name> [PAD <pad name>]

ACTIVATE POPUP <popup name>

ACTIVATE SCREEN

ACTIVATE WINDOW <window name list>/ALL

APPEND [BLANK]

APPEND FROM <filename>/?[[TYPE]<file type>][FOR <Bedingung>]

APPEND FROM ARRAY <array name> [FOR <Bedingung>]

APPEND MEMO <memo field name> FROM <filename> [OVERWRITE]

ASSIST

AVERAGE [<ausdrN Liste>][<scope>][FOR <bedingung>][WHILE <bedingung>] [TO <Variablenliste>/TO ARRAY <array name>]

BEGIN/END TRANSACTION [<path name> <transaction commands>]

BROWSE [NOINIT] [NOFOLLOW] [NOAPPEND] [NOMENU] [NOEDIT] [NODELETE] [NOCLEAR] [COMPRESS] [FORMAT] [LOCK <expN>] [WIDTH <expN>] [FREEZE <field name>] [WINDOW <window name>] [FIELDS <Feldname>[Definitionsliste]/...]

CALCULATE [scope] <Liste der Optionen> [FOR <Bedingung>] [WHILE <Bedingung>] [TO <Variablenliste>/TO ARRAY <Arrayname>]

CALL <Name des Moduls> [WITH <Parameterliste>]

CANCEL

CHANGE [NOINIT] [NOFOLLOW] [NOAPPEND] [NOMENU] [NOEDIT] [NODELETE] [NOCLEAR] [<Datensatznummer>] [FIELDS <Liste der Felder>[scope]] [FOR <Bedingung>] [WHILE <Bedingung>]

CLEAR [ALL/FIELDS/GETS/MEMORY/MENUS/POPUPS/TYPEAHEAD/WINDOWS]

CLOSE [ALL/ALTERNATE/DATABASES/FORMAT/INDEX/PROCEDURES]

COMPILE <Datei> [RUNTIME]

CONTINUE

CONVERT [TO <expN>]

COPY TO <Datei> [[TYPE] <Dateityp>] [FIELDS <Feldliste>] [scope] [FOR <Bedingung>] [WHILE <Bedingung>]]

COPY FILE <Quelldatei> TO <Zieldatei>

COPY INDEXES <Liste Indexdateien> TO <.mdx Datei>

COPY MEMO <Name des Memofelds> TO <Datei> [ADDITIVE]

COPY STRUCTURE TO <Datei> [FIELDS <Feldliste>]

COPY TO <Datei> STRUCTURE EXTENDED

COPY TAG <TAG-name> [OF <.mdx Datei>] TO <Indexdatei>

COPY TO ARRAY <Name des Arrays> [FIELDS <Feldliste>] [scope]
[FOR <Bedingung>]
[WHILE <Bedingung>]]

COUNT [TO <Variable>] [scope] [FOR <Bedingung>] [WHILE
<Bedingung>]

CREATE/MODIFY STRUCTURE <Datei>

CREATE <Datei> FROM <Strukturdefinition>

CREATE VIEW <Namen der .vue-Datei> FROM ENVIRONMENT

CREATE/MODIFY APPLICATION <Datei>/?

CREATE/MODIFY LABEL <Datei>/?

CREATE/MODIFY QUERY/VIEW <Datei>/?

CREATE/MODIFY REPORT <Datei>/?

CREATE/MODIFY SCREEN <Datei>/?

DEACTIVATE MENU

DEACTIVATE POPUP

DEACTIVATE WINDOW <Liste der Windows>/ALL

DEBUG <Datei>/<Prozedurnamen>/[WITH <Parameterliste>]

DECLARE <Name des Arrays>[<Zeilen>,<Spalten>] ...

DEFINE BAR <Position> OF <Name des POPUP's> PROMPT
<Menütext> [MESSAGE
<Nachricht>] [SKIP [FOR <Bedingung>]]

DEFINE BOX FROM <Spalte> TO <Spalte> HEIGHT <Höhe> [AT LINE <Zeile>]
[SINGLE/DOUBLE/<Randdefinition>]

DEFINE MENU <Name des Menüs> [MESSAGE <Nachricht>]

DEFINE PAD <Name des PAD's> OF <Name des Menüs> PROMPT <Text> [AT
<Zeile>,<Spalte>] [MESSAGE <Nachricht>]

DEFINE POPUP <Name des POPUP's> FROM <Zeile>,<Spalte> [TO <Zeile>,<Spalte>]
[PROMPT FIELD <Feldname>/PROMPT FILES [LIKE <Schema>]/PROMPT STRUCTURE] [MESSAGE <Nachricht>]

DEFINE WINDOW <Name des WINDOW's>FROM <Zeile>,<Spalte> [TO <Zeile>,<Spalte>]
[DOUBLE/PANEL/NONE/<Randdefinition>] [COLOR [<Standard>][,<erhöht>][, <Rahmen>]]

DELETE [scope] [FOR <Bedingung>] [WHILE <Bedingung>]

DELETE TAG <TAG-Name> [OF <.mdx-Datei>] ...

DIR [[ON] <Laufwerk>:] [[LIKE] [<Pfad>] <Schema>]

DISPLAY commands (siehe LIST)

DO <dbase - Programm>/<Prozedur> [WITH <Parameterliste>]

DO CASE CASE <Bedingung> <Kommandos> [...] [OTHERWISE <Kommandos>] ENDCASE

DO WHILE <Bedingung> <Kommandos> [LOOP] [EXIT] ENDDO

EDIT [NOINIT] [NOFOLLOW] [NOAPPEND] [NOMENU] [NOEDIT] [NODELETE] [NOCLEAR]
[<Datensatznummer>] [FIELDS <Liste der Felder>[scope]] [FOR <Bedingung>] [WHILE
<Bedingung>]

EJECT

EJECT PAGE

ERASE <Datei>/?

EXPORT TO <Datei> [TYPE] PFS/DBASEII/FW2/RPD [FIELD <Feldliste>] [scope] [FOR <Bedingung>] [WHILE <Bedingung>]

FIND <Ausdruck>

FUNCTION <Prozedurname>

GO/GOTO [BOTTOM/TOP]/[[RECORD]<Datensatznummer>][IN <Alias>]

HELP <dbase Schlüsselwort>

IF <Bedingung> <Kommandos> [ELSE <Kommandos>] ENDIF

IMPORT FROM <Datei> [TYPE] PFS/DBASEII/FW2/RPD/WK1

INDEX ON <Ausdruck> TO <Indexdatei>/TAG <TAG-Name> [OF <.mdx-Datei>] [UNIQUE][DESCENDING]

INPUT [<Nachricht>] TO <Variable>

INSERT [BEFORE][BLANK]

JOIN WITH <Alias> TO <Datei> FOR <Bedingung> [FIELDS <Feldliste>]

LABEL FORM <Name der Labeldatei>/? [FOR <Bedingung>] [WHILE <Bedingung>] [SAMPLE] [To PRINTER][TO FILE <Datei>]

LIST/DISPLAY [[FIELDS <Ausdruck>] [OFF] [<scope>] [FOR <Bedingung>] [WHILE <Bedingung>] [SAMPLE] [TO PRINTER][TO FILE <Datei>]

LIST/DISPLAY FILES [LIKE <Schema> [TO PRINTER][TO FILE <Datei>]

LIST/DISPLAY HISTORY [LAST <Anzahl>] [TO PRINTER][TO FILE <Datei>]

LIST/DISPLAY MENORY [TO PRINTER][TO FILE <Datei>]

LIST/DISPLAY STATUS [TO PRINTER][TO FILE <Datei>]

LIST/DISPLAY STRUCTURE [IN <Alias>] [TO PRINTER][TO FILE <Datei>]

LIST/DISPLAY USERS

LOAD <Binärprogramm>

LOCATE [FOR <Bedingung>] [WHILE <Bedingung>]

LOGOUT

MODIFY COMMAND/FILE <Datei> [WINDOW <Windownamen>]

MOVE WINDOW <Windownamen> TO <Zeile>,<Spalte>/BY <Anzahl Zahlen>, <Anzahl Spalten>

NOTE/*/&&

ON ERROR <Kommando>

ON ESCAPE <Kommando>

ON KEY [LABEL <Funktionstastennamen>] <Kommando>

ON PAD <PAD-Namen> OF <Menünamen> [ACTIVATE POPUP <POPUP-Namen>]

ON PAGE [AT LINE <Zeilennummer> <Kommando>

ON READERROR <Kommando>

ON SELECTION PAD <PAD-Namen> OF <Menünamen> <Kommando>

ON SELECTION POPUP <POPUP-Namen>/ALL [<Kommando>]

PACK

PARAMETERS <Parameterliste>

PLAY MACRO <Makronamen>

PRINTJOB <Kommandos>

ENDPRINTJOB

PRIVATE ALL [LIKE/EXCEPT <Schema>]

PROCEDURE <Name der Prozedur>

PROTECT

PUBLIC <Liste der Variablen>/ARRAY <Liste der Arrays>

QUIT

READ

RECALL [<scope>] [FOR <Bedingung>] [WHILE <Bedingung>]

REINDEX

RELEASE <Variablenliste>

RELEASE ALL [LIKE/EXCEPT <Schema>]

RELEASE MODULE [<Liste der Module>]/MENUS [<Liste der Menüs>]/POPUPS [<Liste der POPUP's>]/WONDOWS [<Liste der Windows>]

RENAME <alter Datei> TO <neuer Datei>

REPLACE [<scope>] [FOR <Bedingung>] [WHILE <Bedingung>] <Feldnamen> WITH <Ausdruck> [ADDITIVE] [, ...]

REPORT FORM <Report-Datei>/? [PLAIN] [HEADING <Ausdruck>] [NOEJECT] [SUMMARY] [<scope>] [FOR <Bedingung>] [WHILE <Bedingung>] [TO PRINTER][TO FILE <Datei>]

RESET [IN <Alias>]

RESTORE FROM <Datei> [ADDITIVE]

RESTORE MACROS FROM <Datei>

RESTORE WINDOW <Liste der Windowdateien>/ALL FROM <Datei>

RESUME

RETRY

RETURN <Ausdruck>/TO MASTER/TO <Prozedur>

ROLLBACK <Datei>

RUN/! <DOS-Kommando>

SAVE TO <Datei> ALL [LIKE/EXCEPT <Schema>]

SAVE MACROS TO <Datei>

SAVE WINDOW <Liste der Windowdateien>/ALL TO <Datei>

SCAN [<scope>] [FOR <Bedingung>] [WHILE <Bedingung>]
[<Kommandos>] [LOOP][EXIT]
ENDSCAN

SEEK <Ausdruck>

SELECT <Arbeitsbereich>/<Alias>

SHOW MENU <menu name> [PAD <pad name>]

SHOW POPUP <popup name>

SKIP <AusdruckN> [IN <Alias>]

SORT TO <Datei> ON <Feld> [/A][/C][/D] [, ...]
[ASCENDING]/[DESCENDING]
[<scope>] [FOR <Bedingung>] [WHILE <Bedingung>]

STORE <Ausdruck> TO <Variablenliste>/<Array>

SUM [<Variablenliste>] [TO <Variablenliste>/TO <Array>] [<scope>] [FOR <Bedingung>] [WHILE <Bedingung>]

SUSPEND

TEXT <Text> ENDTEXT

TOTAL ON <Schlüsselfeld> TO <Datei> [FIELDS <Feldliste>] [<scope>]
[FOR
<Bedingung>] [WHILE <Bedingung>]

TYPE <Datei> [TO PRINTER/TO FILE <Datei>][NUMBER]

UNLOCK [ALL/IN <Alias>]

UPDATE ON <Schlüsselfeld> FROM <Alias> REPLACE <Feldnamen> WITH <Ausdruck> [,
...] [RANDOM]

USE <Datenbank> [IN <Arbeitsbereich>] [[INDEX <Indexdatei>] [ORDER [TAG]
<Indexdatei>]/[OF <.mdx-DAtei>]] [ALIAS <Alias>] [EXCLUSIVE] [NOUPDATE]

WAIT [<Nachricht>][TO <Variable>]

ZAP

SET Kommandos

SET ALTERNATE ON/OFF

SET ALTERNATE TO <Datei>

SET AUTOSAVE ON/OFF

SET BELL ON/OFF

SET BELL TO [<Frequenz>,<Dauer>]

SET BLOCKSIZE TO <Blockgröße>

SET BORDER TO [SINGLE/DOUBLE/PANEL/NONE/ <Rand>]

SET CARRY ON/OFF

SET CARRY TO [<Liste der Feldnamen> [ADDITIVE]]

SET CATALOG ON/OFF

SET CATALOG TO [<Datei>/?]

SET CENTURY ON/OFF

SET CLOCK ON/OFF

SET CLOCK TO [<Zeile>,<Spalte>]

SET COLOR TO [Farbdefinition...]

SET COLOR OF NORMAL/MESSAGES/TITLES/HIGHLIGHT/BOX /INFORMATION/
FIELDS TO [<Attribut>]

SET CONFIRM ON/OFF

SET CONSOLE ON/OFF

SET CURRENCY TO [<Währungssymbol>]

SET CURRENCY LEFT/RIGHT

SET DATE [TO] AMERICAN/ANSI/BRITISH/FRENCH/GERMAN/ITALIAN/JAPAN/
USA/MDY/DMY/YMD

SET DEBUG ON/OFF

SET DECIMALS TO <Anzahl der Nachkommastellen>

SET DEFAULT TO <Laufwerk>

SET DELETED ON/OFF

SET DELIMITERS ON/OFF

SET DELIMITERS TO <Ausdruck>/DEFAULT

SET DESIGN ON/OFF

SET DEVELOPEMENT ON/OFF

SET DEVICE TO SCREEN/PRINTER/FILE <Datei>

SET DISPLAY TO MONO/COLOR/EGA25/EGA43/MONO43

SET DOHISTORY (keine Funktion)

SET ECHO ON/OFF SET ECHO ON/OFF

SET ENCRYPTION ON/OFF

SET ESCAPE ON/OFF

SET EXACT ON/OFF

SET EXCLUSIVE ON/OFF

SET FIELDS ON/OFF

SET FIELDS TO [<Feldname>[/R]/<Feld-ID>] [, ...]

SET FILTER TO [FILE <Datei>/?][<Bedingung>]

SET FIXED ON/OFF

SET FORMAT TO <Formatdatei>/?

SET FULLPATH ON/OFF

SET FUNCTION <Nummer> TO <String>

SET HEADING ON/OFF

SET HELP ON/OFF

SET HISTORY ON/OFF

SET HISTORY TO <Anzahl>

SET HOURS TO [12/24]

SET INDEX TO <Liste der Indexdateien>/? [ORDER <Indexdatei/TAG><.mdx-Datei> [OF <.mdx-Datei>]]

SET INSTRUCT ON/OFF

SET INTENSITY ON/OFF

SET LOCK ON/OFF

SET MARGIN TO <linker Rand>

SET MARK TO <Trennzeichen in der Datumsangabe>

SET MEMOWIDTH TO <Anzahl der Zeichen>

SET MENU ON/OFF

SET MESSAGE TO <Nachricht>

SET NEAR ON/OFF

SET ODOMETER TO <Intervall>

SET ORDER TO

SET ORDER TO <Nummer der Indexdatei>

SET ORDER TO [TAG <.mdx TAG> [OF <.mdx-Datei>]]

SET PATH TO <Liste der Pfadangaben>

SET PAUSE ON/OFF

SET POINT TO <z.B. Punkt oder Komma>

SET PRECISION TO <Stellenzahl bei Festkommazahlen>

SET PRINTER ON/OFF

SET PRINTER TO <DOS-Gerätenamen>

SET PRINTER TO \\<Computer Name>\<Druckername>

SET PRINTER TO \\SPOOLER

SET PRINTER TO \\CAPTURE

SET PRINTER TO FILE <Datei>

SET PROCEDURE TO <Prozedurdatei>

SET REFRESH TO <Intervall>

SET RELATION TO [<Ausdruck> INTO <Alias>][, ...]

SET REPROCESS TO <Anzahl Versuche>

SET SAFETY ON/OFF

SET SCOREBOARD ON/OFF

SET SEPARATOR TO <Separator für Vorkommaanteil>

SET SKIP TO [<Alias>[, ...]]

SET SPACE ON/OFF

SET SQL ON/OFF

SET STATUS ON/OFF

SET STEP ON/OFF

SET TALK ON/OFF

SET TITLE ON/OFF

SET TRAP ON/OFF

SET TYPEAHEAD TO <Anzahl>

SET UNIQUE ON/OFF

SET VIEW TO <Query Datei>/View Datei>/?

SET WINDOW OF MEMO TO <Window Name>

Funktionen

&	Makrosubstitution
ABS()	Absolutwert
ACCESS()	Zugriffsebene (bei PROTECT)
ACOS()	Arcus Cosinus
ALIAS()	Alias der aktuellen Datenbank
ASC()	Dezimaläquivalent
ASIN()	Arcus Sinus
AT()	Suche nach Teilstring

ATAN()	Arcus Tangens
ATN2()	Quadrantenfunktion
BAR()	ausggewählter POPUP Balken
BOF()	Dateianfang
CALL()	Ausführen eines Binärmoduls
CDOW()	Wochentag
CEILING()	kleinste ganze Zahl
CHANGE()	Record wurde geändert
CHR()	ASCII Äquivalent
CMONTH()	Monatsname
COL()	Cursorspalte auf dem Bildschirm
COMPLETED()	TRANSACTION beendet
COS()	Cosinus
CTOD()	Konvertierung String > Datum
DATE()	Systemdatum
DAY()	Nummer eines Tages
DBF()	Name der gewählten Datenbank
DELETED()	Record ist zum Löschen markiert
DIFFERENCE()	Stringvergleich
DISKSPACE()	freier Platz auf Diskette
DMY()	Konvertierung Systemdatum nach DD.MM.YY
DOW()	Wochentag
DTOC()	Konvertierung Systemdatum > String

DTOR()	Konvertierung Grad > Radianten
DTOS()	Konvertierung Systemdatum > YYYMMDD
EOF()	Dateiende
ERROR()	Fehlernummer der letzten Operation
EXP()	Exponent
FIELD()	Feldname
FILE()	Datei existiert
FIXED()	Konvertierung float > int
FKLABEL()	Name der Funktionstaste
FKMAX()	Anzahl der Funktionstasten
FLOAT()	Konvertierung int > float
FLOCK()	Datenbank blockieren, alleiniger Zugriff
FLOOR()	gößte int <= dem übergebenen Wert
FOUND()	Suche in einer Datenbank erfolgreich
FV()	Ergebnisvorraussage (Finanzrechnung)
GETENV()	lese Environmentvariable
IIF()	immediate-if Funktion
INKEY()	Dezimalwert der letzten gedrückten Taste
INT()	Konvertierung float > int
ISALPHA()	ist ein ASCII-Zeichen
ISCOLOR()	Existenz einer Farbgrafik
ISLOWER()	Zeichen ist Kleinbuchstabe
ISMARKED()	Record ist zum Löschen markiert

ISUPPER()	Zeichen ist Großbuchstabe
KEY()	Schlüsselfeld für Indexdatei
LASTKEY()	Tastencode beim Beenden eines Full-Screen Kommandos
LEFT()	Teilstring von links
LEN()	Länge eines Strings
LIKE()	Stringvergleich
LINENO()	Nummer der nächsten auszuführenden Programmzeile
LKSYS()	Holen der Fileinformationen auf einem Netzwerk
LOG()	natürlicher Logarithmus zur Basis e
LOG10()	Logarithmus zur Basis 10
LOOKUP()	Inhalt eines zu suchenden Records übergeben
LOWER()	Stringumwandlung in Kleinbuchstaben
LTRIM()	String linksbündig machen
LUPDATE()	letztes Änderungsdatum
MAX()	übergibt den größeren von zwei Werten
MDX()	Name der offenen .mdx-Datei
MDY()	Konvertierung Systemdatum > MMDDYY
MEMLINES()	Anzahl der Zeilen in einem Memo-Feld
MENORY()	RAM Größe in KBytes
MENU()	Name des aktiven Menüs
MESSAGE()	letzte Fehlermeldung
MIN()	übergibt den kleineren von zwei Werten

MLINE()	spezifiziert eine Zeile eines Memofeldes
MOD()	Modulo-Division
MONTH()	aktueller Monat
NDX()	Name der geöffneten Indexdatei
NETWORK()	System läuft auf einem Netzwerk
ORDER()	Name des Masterindexes
OS()	Name des Betriebsystems
PAD()	Auswahlfeld im aktiven Menü
PAYMENT()	Finanzierungsrechnung
PCOL()	aktuelle Spalte des Druckkopfes
PI()	3.1415...
POPUP()	Name des aktiven POPUP's
PRINTSTATUS()	Status des angeschlossenen Druckers
PROGRAM()	Name des Programms, in dem eine Fehler auftrat
PROMPT()	Prompt des letzten POPUP's oder Menüs
PROW()	aktuelle Zeile des Druckkopfes
PV()	Finanzierungsrechnung
RAND()	Zufallszahl
READKEY()	Tastencode beim Beenden eines Full-Screen Menüs
RECCOUNT()	Anzahl Records in einer Datenbank
RECNO()	Nummer des aktuellen Records
RECSIZE()	Größe eines Records
REPLICATE()	Zeichen wiederholen

RIGHT()	Teilstring von rechts
RLOCK,LOCK()	Blockieren von Records im Netzwerk
ROLLBACK()	Ergebnis des letzten ROLLBACKS
ROUND()	Zahl runden
ROW()	Cursorzeile auf dem Bildschirm
RTOD()	Konvertierung Radianten > Grad
RTRIM()	siehe trim()
SEEK()	Test, ob die Suche erfolgreich war
SELECT()	Nummer des nächsten unbenutzten Arbeitsbereiches
SET()	Anzeige eines Switches
SIGN()	Vorzeichen
SIN()	Sinusfunktion
SOUNDEX()	Berechnung des phonetischen Äquivalentes eines Strings
SPACE()	Leerstring erzeugen
SQRT()	Quadratwurzel
STR()	Zahl in String konvertieren
STUFF()	String in einen amderen einfügen
SUBSTR()	Teilstring isolieren
TAG()	Namen eines TAG's holen
TAN()	Tangensfunktion
TIME()	Systemzeit
TRANSFORM()	allgemeine Konvertierung und Formatierung
TYPE()	Datentyp anzeigen

UPPER()	Stringumwandlung in Großbuchstaben
USER()	Namen des eingeloggten Teilnehmers (nur PROTECT)
VAL()	String in Zahl wandeln
VARREAD()	Name der momentan editierten Variable
VERSION()	dbase IV Versionsnummer
YEAR()	Jahresangabe aus einem Datum isolieren

Parameter zur Druckersteuerung

_alignment	N	Ausgabe mit '?' und '??' linksbündig, zentriert oder rechtsbündig bezogen auf die mit _lmargin und _rmargin eingestellten Ränder. _wrap muß auf .T. stehen. Syntax: '_alignment = "left"/"center"/"right"'
_box	L	Boxausgabe abschalten
_indent	N	Absatz um N Stellen einrücken.
_lmargin	N	linker Rand
_padvance	C	legt die Art des Seitenvorschubs fest.
_pageno	N	aktuelle Seitennummer
_pbpage	N	erste zu druckende Seite
_pcolno	N	aktuelle Druckspalte
_pcopies	N	Anzahl auszudruckender Kopien
_pdriver	C	Name des Druckertreibers
_pecode	C	Endesequenz Printjob (Drucker definiert ausschalten)
_peject	C	Seitenvorschub vor und/oder nach einem

		Printjob
_pepage	N	letzte auszudruckende Seite
_pform		
_plength	N	Seitenlänge, Anzahl der Zeilen pro Seite
_plineno	N	aktuelle Zeilennummer
_ploffset	N	Offset linker Druckrand
_ppitch	C	am Drucker eingestellte Schreibdichte
_pquality	L	NLQ oder Datendruckqualität
_pscode	C	Initialisierungssequenz zum Anfang eines Printjobs
_pspacing	N	einfacher, doppelter oder dreifacher Zeilenvorschub am Ende jeder Zeile
_pwait	L	die Augabe auf den Drucker kann nach jeder Seite angehalten werden, um z.B. das Papier zu wechseln
_rmargin	N	rechter Rand
_tabs	C	setzen der Tabulatoren
_wrap	L	Text, der über den rechten Rand herausgeht, wird in die nächste Zeile übernommen

Anhang B

Anpassung von dBASE IV mit CONFIG.DB

Die Konfigurationsdatei CONFIG.DB wird zur Anpassung des System dBASE IV an Benutzerwünsche verwendet. Die Datei CONFIG.DB muß im Verzeichnis aus dem dBASE IV gestartet wird, vorliegen. In der Datei können Steuerparameter (*set*) gesetzt und Funktionstasten belegt werden. Einige der einstellbaren Steuerparameter können nicht unter dBASE IV gesetzt werden.
Im folgenden sehen Sie ein Beispiel für eine Konfigurationsdatei :

```
bell = off
escape = off
device = screen
F2 = chr(0)
F3 = chr(0)
F4 = chr(0)
F5 = chr(0)
F6 = chr(0)
F7 = chr(0)
F8 = chr(0)
F9 = chr(0)
F10 = chr(0)
help = off
margin = 10
menu = on
safety = off
talk = off

PROMPT = $

WP = WP.EXE
TEDIT = WS.COM

command = do MEN
```

Listing C.1 - Beispiel für dBASE IV-Konfigurationsdatei

Die *set*-Befehle werden in der Form *befehlswort* = *einstellung* gesetzt; *set talk off* wird in der Konfigurationsdatei zu *talk* = *off*. Die Belegung der Funktionstasten ändert sich gegenüber der Ausführung des gleichen Befehls unter dBASE IV zu *Fn* = *einstellung* (statt *set function n to einstellung*). Beachten Sie, daß die Verwendung von Anführungszeichen in der Konfigurationsdatei zur Funktionstastenbelegung nicht notwendig ist.

Aus der Konfigurationsdatei heraus kann mit *command* = ein Befehl ausgeführt werden (hier DO MEN zur Ausführung des Auftragsbearbeitungsprogrammes). Nur der letzte mit *command* angegebene Befehle wird ausgeführt.

In der dBASE IV-Konfigurationsdatei können sieben Steuerparameter gesetzt werden, die aus dBASE IV heraus nicht beeinflußt werden können: BUCKET, GETS, MAXMEM, MVARSIZ, PROMPT, TEDIT und WP. In Listing C.1 werden die drei zuletzt genannten Parameter gesetzt.

PROMPT erlaubt die Spezifikation einer Eingabeaufforderung, die statt der Standardeingabeaufforderung (Punkt) in dBASE IV verwendet wird. Die Eingabeaufforderung darf nicht in Anführungszeichen eingeschlossen werden. Bei der Verwendung eines Editors oder Textverarbeitungssystems, das die Eingabe von Steuercodes erlaubt, kann ein beliebiges Zeichen des erweiterten ASCII-Codes als Eingabeaufforderung definiert werden (zum Beispiel das Symbol *Herz*).

WP erlaubt die Ersetzung des Editors zur Bearbeitung von Memofeldern durch ein externes System. Im Beispiel wurde das Textverarbeitungssystem Wordperfect eingesetzt. Nicht alle externen Editoren können hier verwendet werden. Probieren Sie einfach, ob sich der von Ihnen bevorzugte Editor hier einsetzen läßt.

TEDIT erlaubt die Ersetzung des Editors, der mit *modify command* aufgerufen wird. Im Beispiel wird das Textverarbeitungssystem WordStar eingesetzt. Beachten sie, daß der verwendete Editor ASCII-Dateien anlegen können muß und beim Aufruf in diesem Modus arbeitet.

Mit dem Steuerparameter BUCKET wird die Anzahl der 1-Kbyte-Bereiche festgelegt, die zur Bearbeitung der Anweisungen *picture* und *range* zur Verfügung stehen. Der für diese Anweisungen vorgesehene Standardbereich hat eine Größe von 2 Kbyte. Der Speicherbereich sollte (auf bis zu 31 Kbyte) vergrößert werden, wenn Probleme bei der Ausführung von *picture*- oder *range*-Anweisungen auftreten. Mit der folgenden Anweisung werden 4 Kbyte des Hauptspeichers zur Ausführung von *picture*- und *range*-Anweisungen belegt:

```
BUCKET = 4
```

GETS begrenzt die Anzahl der aktiven *get*-Anweisungen. Eine aktive get-Anweisung kann mit *read* bearbeitet werden. Falls keine anderweitige Angabe erfolgt, sind die aktiven *get*-Anweisungen auf 128 begrenzt. Diese Zahl wird mit folgender Anweisung auf 217 erhöht:

```
GETS = 217
```

Mit MAXMEM wird die Größe des Speicherbereichs festgelegt, den dBASE IV beim Aufruf eines anderen Programmes (mit *run*) zurückbehält. Der standardmäßig zurückbehaltene Speicherbereich hat eine Größe von 256 Kbyte. Falls die Werte der Steuerparameter BUCKET, GETS oder MVARSIZ erhöht wurden, sollte der durch MAXMEM festgelegte zurückzubehaltende Speicherbereich angepaßt werden.

MVARSIZ legt den für Variablen belegten Speicherbereich fest. Es werden sechs Kbyte belegt, wenn keine anderweitige Angabe erfolgt. Der maximal hierfür zulässige Wert ist 31 (für 31 Kbyte). Der über sechs Kbyte hinaus belegte Speicherbereich für Variablen wird nicht zu den standardmäßig von dBASE IV zurückbehaltenen 256 Kbyte gerechnet. Falls der Wert für MVARSIZ vergrößert wurde, sollte der Wert von MAXMEM entsprechend erhöht werden.

Anhang C

Die vollständige Prozedurdatei

```
* MENPROZ.PRG     Prozedurdatei des Menüsystems
* uebschr       - druckt Bildschirmüberschriften
* drwahl        - fragt, ob Drucker betriebsbereit
* wahl          - wählt Menüoption
* doptest       - Test auf doppelte, von findkund aufgerufene
*                 Datensätze
* findkund      - Suche nach richtigem Kunden - Doppelt vorhandene
*                 Kunden können berücksichtigt werden
* findisbn      - Suche nach der ISBN-Nummer
* datsafind     - Suche nach Rechnungs- oder
*                 Nachbestellungsdatensatz
* datsahol      - Suche nach Auftrag oder Rechnung
* isbntest      - Prüfung auf gültige ISBN-Nummer
* nstdatei      - Nächster Dateiname vom Verzeichnis holen
* ltrim         - Führende Leerzeichen löschen
* seite         - Seitennummer drucken
* mengpruef     - Bestand austesten
* mengedit      - Liefermenge in Auftragserfüllung editieren
* frage         - Antwort Ja/Nein-Fragen
* duplizier     - Dupliziert n Zeichen in einer Zeile
* zeiltest      - Rollt Bildschirm bis zur Unterkante hoch
* suche         - Binäre Suchroutine
* gueltauf      - Prüfung auf gültige Auftragsnummer

procedure UEBSCHR
parameter UEBSCHR
clear
@ 2,2  say cdow(date())
@ 2,(78-LEN(UEBSCHR))/2 say UEBSCHR
@ 2,78 - len(CDATUM) say CDATUM
@ 3,1  say STRICH
return
```

```
procedure DRWAHL
@ 08,20 say 'Ist der Drucker betriebsbereit (J/N)? '
do wahl with 58,'JN'
clear gets
drwahl=wahl
return

procedure WAHL
parameters SPAL, BEREICH
WAHL = ' '
ZEIL = row()
do while .not. WAHL $ BEREICH
   @ ZEIL,SPAL get WAHL picture '!'
   read
enddo
return

procedure DOPTEST
set function 9 to "ABORT;"
skip
if NAME = trim(SNAME)
   SKUNDNR = space(6)
   skip -1
   do while NAME = trim(SNAME) .and. SKUNDNR = space(6) .and. .not. eof()
      clear
      ? 'Es gibt mehrere Datensätze mit '+SNAME
      display off next 15 KUNDNR,NAME,ADRESSE while NAME = trim(SNAME)
      ?
      ? 'Auswahl:   Geben Sie eine Kundennummer ein '
      ? 'Abbruch:   Drücken Sie die Funktionstaste F9'
      ? 'ansonsten: Drücken Sie die Return-Taste'
      @ row(), col()+2 get SKUNDNR
      read
   enddo
   set index to KUNDNR
   seek SKUNDNR
   ENDATEI=eof()
   POSITION = recno()
   if eof() .and. .not. SKUNDNR $ 'ABORT'+space(6)
      ?? GLOCKE
      wait "&SKUNDNR ist ungültig - Return betätigen"
   endif
   set index to KUNDNAME, KUNDNR
   if .not. ENDATEI
      go POSITION
   else
```

```
      seek chr(13)
   endif
else
   skip -1
endif
set function 9 to ";"
return

procedure FINDKUND
parameters LEGENDE,SNAME
do while .T.
   SNAME = space(30)
   @ 23,2  say  LEGENDE get SNAME pict '@!'
   read
   if SNAME = space(30)
      exit
   endif
   seek trim(SNAME)
   if eof()
      @ 21,2 say 'Kein Datensatz mit '+SNAME
      ?? GLOCKE
      loop
   endif
   @ 21,2
   do doptest
   exit
enddo
return

procedure FINDISBN
parameters LEGENDE, SISBN
do while .T.
   private all
   GUELTTEST = .F.
   @ 23,2 say LEGENDE get SISBN picture '@!'
   read
   @ 23,50
   if SISBN = space(13)
      exit
   endif
   seek SISBN
   if .not. eof()
      exit
   endif

   do ISBNTEST with SISBN, 'BOGIE', GUELTTEST
```

```
   @ 23,50 say 'ist '
   ?? iif(GUELTTEST,'nicht in der Datenbank','ungültig')
   ?? chr(7)
enddo
return

procedure DATSAFIND
parameters LEGENDE,  FELDNAME
private all
do while .T.
   GUELTTEST = .F.
   SPEIVAR    = space(6)
   @ 23,2 say LEGENDE get SPEIVAR picture "999999"
   read
   if SPEIVAR = space(6)
      if .not. eof()
         go bottom
         skip
      endif
      exit
   endif
   do GUELTAUF with SPEIVAR,GUELTTEST
   if .not. GUELTTEST
      @ 22,2 say SPEIVAR + ' ist ungültig  '
      ?? chr(7)
      loop
   endif
   @ 22,2
   do SUCHE with SPEIVAR, "&FELDNAME"
   if eof()
      @ 22,2 say SPEIVAR + ' nicht gefunden'
      ?? chr(7)
      loop
   endif
   exit
enddo
return
```

```
procedure DATSAHOL
parameters LEGENDE, SPEIVAR, FELDNAME
private all
do while .T.
   GUELTTEST = .F.
   SPEIVAR    = space(6)
   clear gets
   @ 23,2 say LEGENDE get SPEIVAR picture "999999"
   read
   if SPEIVAR = space(6)
      exit
   endif
   do GUELTAUF with SPEIVAR,GUELTTEST
   if (.not. GUELTTEST) .or. (val(SPEIVAR)<100000)
                  @ 22,2 say SPEIVAR + ' ist ungültig'
      ?? chr(7)
      loop
   endif
   @ 22,2
   go BOTTOM
   ZIEL  = (val(&FELDNAME) - val(SPEIVAR))/17
   if (recno() - ZIEL < -1) .and. (val(SPEIVAR)>100000)
      go recno() -  ZIEL
   else
      go top
   endif
   locate next 1000000 for &FELDNAME >= SPEIVAR
   if &FELDNAME = SPEIVAR
      exit
   endif
   @ 22,2 say SPEIVAR + ' nicht gefunden'
   ?? chr(7)
enddo
return

procedure ISBNTEST
parameters SISBN,SVERLEG,TEST
private all
PRUEFSTELLE = substr(SISBN,13,1)
RESTE=SUBSTR(SISBN,1,11)
if PRUEFSTELLE $ '0123456789X' .and. '-' $ RESTE
   BINDSTRICH  = at('-',RESTE)
   GRUPPE = substr(RESTE,1,BINDSTRICH-1)
   RESTE   = substr(RESTE,BINDSTRICH+1,len(RESTE)-BINDSTRICH)

   if '-' $ RESTE
```

```
        BINDSTRICH  = at('-',RESTE)
        SVERLEG     = substr(RESTE,1,BINDSTRICH-1)
        BUCHNR   = substr(RESTE,BINDSTRICH + 1,len(RESTE)-BINDSTRICH)
        ISBNTEST = GRUPPE + SVERLEG + BUCHNR

        PRUEF=iif(PRUEFSTELLE = 'X',10,val(PRUEFSTELLE))

        X = 1
        do while X <= 9
           PRUEF = PRUEF + val(substr(ISBNTEST,X,1)) * (11-X)
           X = X+1
        enddo
        if PRUEF = int(PRUEF/11)*11
           TEST = .T.
        endif
    endif
endif
return

procedure LTRIM
parameter SVAR
do while SVAR = space(1)
   SVAR = substr(SVAR,2)
enddo
return

procedure SEITE
parameter ZEIL,SPAL
SEITE = SEITE + 1
SSEITE = str(SEITE,3)
do LTRIM with SSEITE
@ ZEIL,SPAL say 'Seite:  ' + SSEITE
return

procedure NSTDATEI
SDATEI = substr(DATEI,1,at(space(1),DATEI))
select 3
use &SDATEI
return
```

```
procedure MENGPRUEF
parameter SRECHNUNG, SDATENSATZ
private all
set relation to ISBN into INVENTAR
clear
? ' Bücher zur Nachbestellung eingeben '
? ' ISBN           Bestellt  Versandt Titel '
ZEIL = 3
do while .T.
   go SDATENSATZ
   SISBN = space(13)
   @ ZEIL,1 get SISBN picture '@!'
   read
   if SISBN = space(13)
      exit
   endif
   locate for ISBN = SISBN while RECHNUNG = SRECHNUNG
   if .not. (RECHNUNG=SRECHNUNG .and. ISBN = SISBN)
      @ ZEIL,40 say SISBN+' nicht gefunden'
      loop
   endif
   @ ZEIL,18 say MENGE
   @ ZEIL,28 get MENGLOESCH range 0,MENGE
   @ ZEIL,35 say INVENTAR->TITEL
   read
   do ZEILTEST with ZEIL
enddo
set relation to
return

procedure MENGEDIT
parameter SVAR, ERSTDATSA
private ERSTDATSA,START,LETZTDATSA,X
set relation to ISBN into INVENTAR
ANTWORT  = "J"
START    = ERSTDATSA
do while ANTWORT = "J"
   do UEBSCHR with "Editieren, Rechnung " + SVAR
   ? ' ISBN-Nummer      Titel '
   @ row(),col()+28 say 'Bestellt Versandt  Preis'
   ? ' '+STRICH
   go START
   x = 10
```

```
   do while RECHNUNG = SVAR .and. x < 27 .and. .not. eof()
      SPEIVAR = 'S'+str(x,2)
      store MENGLOESCH to &SPEIVAR
      X = X+1
      ? ' '+ISBN+'   ',INVENTAR->TITEL,str(menge,8),str(preis,18,2)
      @ row(),63 get &SPEIVAR picture '###' range 0,MENGE
      skip
   enddo
   read
   x=10
   go START
   do while RECHNUNG = SVAR .and. x < 27 .and. .not. eof()
      SPEIVAR = 'S'+str(x,2)
      if &SPEIVAR # MENGLOESCH
         select INVENTAR
         replace BESTAND with BESTAND - (&SPEIVAR - RECHGEN->MENGLOESCH),;
         VERKDIESJR with VERKDIESJR+(&SPEIVAR - RECHGEN->MENGLOESCH)
         select RECHGEN
         replace MENGLOESCH with &SPEIVAR
      endif
      X = X+1
      skip
   enddo
   if RECHNUNG # SVAR .or. eof()
      do FRAGE with "Möchten Sie noch verbessern (J/N)? ",23,2,ANTWORT
      @ 23,2
      START = ERSTDATSA
   else
      START = recno()
   endif
enddo
set relation to
go ERSTDATSA
return

procedure FRAGE
parameters LEGENDE, ZEIL, SPAL, ANTWORT
ANTWORT = ' '
@ ZEIL,SPAL
do while .not. ANTWORT $ 'JN'
   @ ZEIL,SPAL say LEGENDE get ANTWORT picture '!'
   read
enddo
return

procedure DUPLIZIER
```

```
parameter ZEICHEN, WIEVIEL, ZEIL, SPAL
do while len(ZEICHEN) < WIEVIEL
   ZEICHEN = ZEICHEN + ZEICHEN
enddo
@ ZEIL, SPAL say substr(ZEICHEN,1,WIEVIEL)
return

procedure ZEILTEST
parameter ZEIL
clear gets
if ZEIL >= 22
   ?
   ?
else
   ZEIL = ZEIL+1
endif
return

procedure SUCHE
parameters SUCHVAR, SUCHFELD
Private all
go bottom
DATSAZAEHL = recno()
SPRUNGWEIT = recno()-1
do while SPRUNGWEIT > 1
   if SUCHVAR = &SUCHFELD
      exit
   endif
   if SUCHVAR < &SUCHFELD .and. recno() - sprungweit > 0
      go recno() - sprungweit
   endif
   if SUCHVAR > &SUCHFELD .and. recno() + sprungweit <= DATSAZAEHL
      go recno() + sprungweit
   endif
                sprungweit = int(round(sprungweit/2,0))
enddo
do while .not. bof()
   skip -1
   if &SUCHFELD < SUCHVAR
      exit
   endif
enddo
locate next 1000000 for &SUCHFELD >= SUCHVAR
```

```
if &SUCHFELD # SUCHVAR .and. .not. eof()
   go bottom
   skip
endif
return

procedure GUELTAUF
parameter SAUFTRNUM,GUELTAUFTR
GUELTAUFTR = .F.
BASIS     = (val(SAUFTRNUM)-100000)/17
RESTE      = BASIS - INT(BASIS)
if  RESTE = 0
   GUELTAUFTR = .T.
endif
return
```

Anhang D

Die Benutzung des Auftragsbearbeitungssystems

Erstellen Sie als erstes eine Sicherheitskopie der Begleitdiskette. Die Dateien sollten dabei im ursprünglichen Zustand vorliegen und das System noch nicht aufgerufen worden sein.

Bei der Benutzung des Auftragsbearbeitungssystems ist folgendes zu beachten:

> Das Programm funktioniert nur unter DOS-Versionen ab 3.0. Bei niedrigeren Versionsnummern kann es zu Fehlermeldungen bezüglich der Anzahl der geöffneten Dateien kommen.
>
> In der DOS-Konfigurationsdatei müssen die folgenden beiden Befehle erscheinen, damit das Auftragsbearbeitungssystem erfolgreich ausgeführt werden kann:
>
> BUFFERS = 15
> FILES = 20
>
> Falls diese Minimalwerte beim Systemstart nicht in der Datei CONFIG.SYS, der Systemkonfigurationsdatei, angegeben sind, erhalten Sie beim Ablauf der Auftragsbearbeitung Fehlermeldungen bezüglich zu vieler geöffneter Dateien, und das Programm muß abgebrochen werden.
>
> Starten Sie dBASE IV immer aus dem Unterverzeichnis \BUCH heraus. Bei Verwendung einer Festplatte ist dies das Verzeichnis C:\BUCH. Die Programmdateien müssen im Unterverzeichnis C:\BUCH\PROGRAMM zu finden sein (außer MENU.PRG, das in C:\BUCH vorliegt), während die Datenbanken und Indexdateien in C:\BUCH\DATEN abgelegt sein müssen. Bei Verwendung eines Systems mit zwei Diskettenlaufwerken wird dBASE IV vom Unterverzeichnis B:\BUCH aus aufgerufen (Startprogramm hierfür ist MEN.PRG). Die Programm- und Datendateien liegen in den Unterverzeichnissen B:\BUCH\PROGRAMM und B:\BUCH\DATEN vor. Der DOS-Pfad muß so gesetzt werden, daß dBASE IV (in Laufwerk A oder einem beliebigen Unterverzeichnis der Festplatte) gefunden wird. Falls Sie keine Unterverzeichnisse in Ihrem System verwenden, müssen alle Referenzen auf Unterverzeichnisse aus den Programmen gelöscht werden.

Die mitgelieferte Konfigurationsdatei enthält nur einen Befehl, den Aufruf des Menüprogramms für ein Festplattensystem (MENU.PRG). Falls Sie weitere Steuerparameter in der Datei setzen wollen, kann die Editierung mit jedem Textverarbeitungssystem oder Editor erfolgen, das/der ASCII-Dateien lesen und schreiben kann. Falls Sie bereits eine Datei CONFIG.DB verwenden, kann der entsprechende Startbefehl auch in Ihre Konfigurationsdatei aufgenommen werden.

Beachten Sie, daß das Auftragsbearbeitungssystem auf Systemdatum und -zeit zugreift. Falls Ihr Computer keine eingebaute Systemuhr besitzt, müssen Datum und Zeit vor dem Aufruf von dBASE IV mit den Befehlen DATE und TIME gesetzt werden. Alternativ können Datum und Zeit aus dBASE IV heraus mit *run* festgelegt werden. Falls das aktuelle Datum vor dem letzten vom System verwendeten liegt, kommt es im allgemeinen zu irreparablen Problemen, die das System unbenutzbar machen. Aus diesem Grund sollten Sie vor der Verwendung des Systems eine Sicherheitskopie der Begleitdiskette erstellen, in der die Datendateien in unverändertem, konsistentem Zustand vorliegen.

Nach Aufruf des Menüsystems werden die Systemdatenbanken getestet und verifiziert, wurde dieser Test erfolgreich durchlaufen, wird das Hauptmenü aktiviert. Wählen Sie dann mit den Tasten *Cursor links* und *Cursor rechts* (Pfeil links bzw. rechts) und innerhalb eines POPUP Menüs mit den Tasten *Cursor Up* und *Cursor Down* (Pfeil nach oben bzw. Pfeil nach unten) den gewünschten Menüpunkt aus, mit *Return* wird er dann aktiviert. Nach Beenden der selektierten Funktion kehrt das Programm wieder hierhin zurück.

Teilweise wird nach einer Eingabe (zum Beispiel eines Kundennamens) die Betätigung der Return-Taste erwartet. In anderen Fällen (Eingabe einer ISBN-Nummer) darf die Return-Taste nicht betätigt werden, da das Feld durch die Eingabe vollständig ausgefüllt wurde und der Tastenanschlag als Antwort auf die nächste Benutzeranfrage gewertet wird. Vor dem Anschlagen einer Taste (insbesondere Return) sollten Sie immer die Anzeige erwarten, auch wenn dies eine zeitliche Verzögerung des Ablaufs um einige Sekunden mit sich bringt. Oftmals springt das System dann aus dem gewählten Modus, der durch die Betätigung der Return-Taste ohne andere Eingaben beendet wird, und der Prozeß muß erneut gestartet werden.

Einige der Unterprogramme können zusammengefaßt werden, das System wird dadurch schneller. Eine Erweiterung des Systems durch die Einbeziehung anderer Funktionen ist möglich, indem ein neues Modul entwickelt und in den Programmablauf aufgenommen wird. Beachten Sie bei der Erweiterung, daß niemals mehr als 15 Dateien geöffnet sein dürfen. Gegebenenfalls müssen mehrere Programme in einer Datei zusammengefaßt werden. Der Aufruf kann dann über einen Steuerparameter erfolgen, der festlegt, welcher Teil der Programmdatei ausgeführt wird (Realisierung: *if*-Anweisung).

Sachwortverzeichnis

Hinweis: In diesem Sachwortverzeichnis sind nur dBASE IV Funktionen aufgeführt, die verwendet bzw. erläutert werden. Eine Übersicht über die dBASE IV Kommandos und Funktionen finden Sie im Anhang B. In diesem Anhang befinden sich auch alle SET Kommandos.

Eine Übersicht der mathematischen, logischen und stringbezogenen Operatoren und Funktionen befindet sich ab Seite 35.

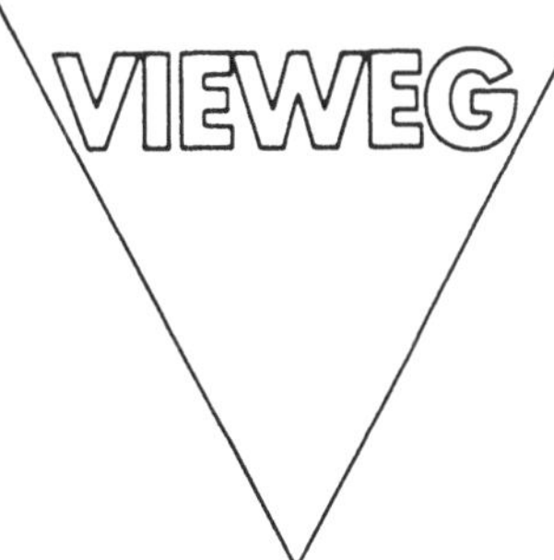

Dick Andersen und Janet McBeen

MultiMate

Eine Einführung in die Anwendung von MultiMate.

(MultiMate – Tips and Techniques, dt.) Aus dem Amerikanischen übersetzt und bearbeitet von Andreas Dripke, Harald Massmig und Angelika Schätzel. Ein Ashton Tate/ Vieweg-Buch. 1989. Ca. 280 Seiten. 16,2 x 22,9 cm. (Software Trainer Grundstufe.) Kartoniert.

Inhalt: Beschreibung von MultiMate – Arbeitsbeginn – Texteingabe und Textverarbeitung – Befehle – Textformatierung – Druckerausgabe – Datenübertragung – Tastatur-Makros.

Das Buch beschreibt den Umgang mit dem Textverarbeitungssystem MultiMate von Ashton-Tate. Anhand detaillierter Beispiele werden die Leistungsmerkmale des Textverarbeitungssystems herausgestellt. Für Anwender, die mit MultiMate bereits vertraut sind, ist das Buch ein informatives Nachschlagewerk mit vielen Hinweisen und Methoden zur effektiven Nutzung. Für Anfänger ist es eine solide Einführung.